神戸大の数学
15ヵ年［第5版］

林 明裕 編著

教学社

はじめに

　神戸大学の数学の問題については，標準的な良問が中心である，とよく言われます。これは，特別な発想やテクニックを必要とする難問はほとんど出題されていない，ということであり，決して，易しい問題が出題されている，ということではありません。標準的な良問であるがゆえに受験生の数学の学力が答案にはっきりと反映され，得点差となって表れるものが中心であるといえます。したがって，神戸大学合格を目指す受験生にとって，数学の対策はとても重要になってきます。

　対策としては，まず，数学的基礎力の確認です。教科書や参考書で，基本的概念，公式とその使い方，基本的な解法をしっかりと身につけましょう。そのためには，教科書で定義，定理を確認するとともに，参考書の標準的な例題を繰り返し解くことなどが有効でしょう。その上で，実際の入試問題に取り組み，論理的思考力，記述力および計算力を養う必要があります。

　本書には 2008 年度から 2022 年度までの 15 年間にわたる神戸大学前期日程の数学の全問題を分野別に分類して収めてあります。文系と理系の問題を併せて収録してありますが，文系・理系にかかわらず解いてみるべき問題が多くあり，標準的な良問を集めた問題集といえるかもしれません。これらの問題を解き，解法を身につけることにより，神戸大学の数学の特徴や傾向を実感しながら，数学の学力を高め，確実なものとすることができるでしょう。

　本書を十分に活用し，自信を持って入学試験に臨んでください。合格を勝ち取られることを心から願っています。

林　明裕

本書の構成と活用法

問題編

◇分類

　§1から§8まで分野ごとに分けて収録しました。同じセクション内では，文系，文理共通，理系の順に出題年度の新しいものから並べています。また，複数の分野にわたる融合問題については，内容的に主要であると思われる分野に分類しています。なお，高校の教育課程の変更に伴い，2015年度入試から理系において，「§7複素数平面」が出題範囲に含まれ，「§8行列」が出題範囲外となっています。本書では，2002〜2004年度出題の複素数平面に関する問題も併せて収録しています。

◇問題レベル

　A，B，C，Dの4つのレベルに分けました。あくまでも目安ですが，各レベルの難易度は次の通りです。

　A：やや易　（必ず完答したい問題）

　B：標準　　（完答を目指したい問題）

　C：やや難　（煩雑で完答は時間的に厳しい）

　D：難　　　（ほとんどの受験生が完答できない）

解答編

◇ポイント　問題の着眼点，前提となる知識など，問題を解く上で重要なポイントや指針を示しています。

◇解法　問題の解法は，受験生にとって無理のない自然なものにしています。解法が複数あるものについては〔解法2〕のようにして示しています。

◇注　解法についての注意点や補足，部分的な別解などです。

◇参考　解法の理解を深めるための参考事項，関連事項などです。

活用法

　まず，問題編を自力で解いてみることが大切です。その上で解答編を読み，解法のポイントなどをしっかり身につけましょう。また，解けなかった問題については，きちんと解法を理解した上で，再度，問題編を見て自分の答案を作成してみることが重要です。解法を読んでわかった気になっただけでは解けるようにはなりません。

　文系，理系の受験生とも，それぞれの過去問を解いていくことが基本ですが，§1から§5については，文系，理系で内容的に大きな差はありません。余裕があれば全問を解き，さらに力をつけるようにしてください。

（編集部注）本書に掲載されている入試問題の解答・解説は，出題校が公表したものではありません。

目 次

問題編

§1　2次関数

	内　　　容	年度	レベル
1	絶対値記号を含む2次関数のグラフ，面積，不等式が成立する条件	2016 文系〔2〕	B
2	放物線と直線，2次関数の最大・最小	2010 文系〔1〕	B
3	2次関数の最大値，放物線と線分が共有点を持つ条件	2009 文系〔2〕	B
4	絶対値記号を含む2次関数のグラフ，不等式が成立する条件	2016 理系〔2〕	B

　2次関数としての出題は主に文系であり，多くは出題されていない。しかし，いずれも係数に文字を含み，軸の位置などで場合分けを必要とするものであり，高校数学で必ず身につけておかなければならない考え方，解き方が含まれている。また，図を描いて考えることも要求される。したがって，理系の受験生も含めて，この分野の問題を解いておくことは他の分野の問題を解く上でも役に立つだろう。

　問題1（2016文系〔2〕）の(1)・(3)と4（2016理系〔2〕）の(1)・(2)は共通問題。

1 2016年度 文系〔2〕 Level B

aを正の定数とし，$f(x)=|x^2+2ax+a|$ とおく。以下の問に答えよ。

(1) $y=f(x)$ のグラフの概形をかけ。

(2) $y=f(x)$ のグラフが点 $(-1,\ 2)$ を通るときの a の値を求めよ。また，そのときの $y=f(x)$ のグラフと x 軸で囲まれる図形の面積を求めよ。

(3) $a=2$ とする。すべての実数 x に対して $f(x)\geqq 2x+b$ が成り立つような実数 b の取りうる値の範囲を求めよ。

2 2010年度 文系〔1〕 Level B

実数 $a,\ b$ に対して，$f(x)=a(x-b)^2$ とおく。ただし，a は正とする。放物線 $y=f(x)$ が直線 $y=-4x+4$ に接している。このとき，以下の問に答えよ。

(1) b を a を用いて表せ。

(2) $0\leqq x\leqq 2$ において，$f(x)$ の最大値 $M(a)$ と，最小値 $m(a)$ を求めよ。

(3) a が正の実数を動くとき，$M(a)$ の最小値を求めよ。

3 2009年度 文系〔2〕 Level B

a を正の実数とし，$f(x)=-a^2x^2+4ax$ とする。このとき，以下の問に答えよ。

(1) $0\leqq x\leqq 3$ における $f(x)$ の最大値を求めよ。

(2) 2点 $A(2,\ 3)$，$B(3,\ 3)$ を端点とする線分を l とする。曲線 $y=f(x)$ と線分 l（端点を含む）が共有点を持つような a の値の範囲を求め，数直線上に図示せよ。

4 2016年度 理系〔2〕 Level B

a を正の定数とし，$f(x) = |x^2 + 2ax + a|$ とおく。以下の問に答えよ。

(1) $y = f(x)$ のグラフの概形をかけ。

(2) $a = 2$ とする。すべての実数 x に対して $f(x) \geqq 2x + b$ が成り立つような実数 b の取りうる値の範囲を求めよ。

(3) $0 < a \leqq \dfrac{3}{2}$ とする。すべての実数 x に対して $f(x) \geqq 2x + b$ が成り立つような実数 b の取りうる値の範囲を a を用いて表せ。また，その条件をみたす点 (a, b) の領域を ab 平面上に図示せよ。

§2 整数，数列，式と証明

	内　　容	年度	レベル
5	指数・対数関数と等式の証明，不定方程式の解	2022 文系〔3〕	B
6	複素数の虚部の整数を 10 で割った余り，$(3+i)^n$ が虚数であることの証明	2021 文系〔1〕	B
7	4つの文字を含む2次不等式の証明	2021 文系〔2〕	B
8	2次関数の最大値・最小値，漸化式と数列の一般項	2020 文系〔2〕	B
9	3次関数の接線，漸化式と数列の一般項，常用対数の利用	2018 文系〔2〕	B
10	条件をみたす2次式の決定，不定方程式	2017 文系〔2〕	A
11	定積分の計算，漸化式で定義された数列の一般項	2015 文系〔2〕	B
12	相加平均・相乗平均，不等式の証明	2012 文系〔3〕	B
13	3の倍数であることの証明	2010 文系〔3〕	B
14	自然数の和に関する整数問題	2008 文系〔2〕	B
15	3個の自然数が繰り返される数列の和	2019 文系〔2〕理系〔4〕	B
16	三平方の定理をみたす整数，6で割り切れることの証明	2014 文系〔2〕理系〔2〕	B
17	隣接3項間の漸化式をみたす数列，極限	2022 理系〔1〕	B
18	正多角形とその外接円で挟まれた部分の面積，和の極限	2022 理系〔2〕	B
19	指数・対数関数と等式の証明，不定方程式の解	2022 理系〔5〕	B
20	複素数の虚部の整数を 10 で割った余り，$(2+i)^n$ が虚数であることの証明	2021 理系〔1〕	B
21	絶対値を含む漸化式で定義された数列の一般項，周期性の証明	2020 理系〔5〕	C
22	正四面体内部に作られた三角柱の体積，無限級数	2017 理系〔3〕	B
23	ユークリッドの互除法と漸化式で定義された数列	2016 理系〔4〕	C
24	一般項が分数式で表される数列の和とその極限	2015 理系〔4〕	B
25	複素数と三角関数，数列の和	2011 理系〔1〕	B
26	整式の割り算，有理数と無理数	2011 理系〔4〕	A
27	素数 p の倍数であることの証明	2010 理系〔2〕	B
28	漸化式で定義された数列についての証明	2009 理系〔5〕	C
29	不等式に関する命題の真偽	2008 理系〔1〕	A
30	自然数の和に関する整数問題	2008 理系〔3〕	A

　神戸大学では，証明問題あるいは，証明問題でなくとも論理的な記述を要求される問題が多く出題されている。§2に含まれている問題はほとんどが証明問題あるいは論理的な記述を要求される問題であるが，どの問題についても，特別な発想やテクニックを必要とするものではない。また，これらの分野については，文系と理系で大きな内容の差はないので，文系・理系にかかわらず全問にアタックし，しっかりした論述力を養ってほしい。問題5と19（2022文系〔3〕と理系〔5〕），6と20（2021文系〔1〕と理系〔1〕），13と27（2010文系〔3〕と理系〔2〕）は類似問題，14と30（2008文系〔2〕と理系〔3〕）は(1)・(2)が共通問題。なお，文系の受験生は17，22，24（2022理系〔1〕，2017理系〔3〕，2015理系〔4〕）の(3)および18（2022理系〔2〕）の(2)・(3)を除いて演習するとよい。

5 2022 年度 文系〔3〕 Level B

a, b を実数とし, $1<a<b$ とする。以下の問に答えよ。

(1) x, y, z を 0 でない実数とする。$a^x=b^y=(ab)^z$ ならば $\dfrac{1}{x}+\dfrac{1}{y}=\dfrac{1}{z}$ であることを示せ。

(2) m, n を $m>n$ をみたす自然数とし, $\dfrac{1}{m}+\dfrac{1}{n}=\dfrac{1}{5}$ とする。m, n の値を求めよ。

(3) m, n を自然数とし, $a^m=b^n=(ab)^5$ とする。b の値を a を用いて表せ。

6 2021 年度 文系〔1〕 Level B

i を虚数単位とする。以下の問に答えよ。

(1) $n=2$, 3, 4, 5 のとき $(3+i)^n$ を求めよ。またそれらの虚部の整数を 10 で割った余りを求めよ。

(2) n を正の整数とするとき $(3+i)^n$ は虚数であることを示せ。

7 2021 年度 文系〔2〕 Level B

k, x, y, z を実数とする。k が以下の(1), (2), (3)のそれぞれの場合に, 不等式
$$x^2+y^2+z^2+k(xy+yz+zx)\geqq 0$$
が成り立つことを示せ。また等号が成り立つのはどんな場合か。

(1) $k=2$

(2) $k=-1$

(3) $-1<k<2$

14   問題編

8 2020 年度　文系〔2〕　　　　　　　　　　　Level B

n を自然数とし，数列 $\{a_n\}$, $\{b_n\}$ を次の(i), (ii)で定める。

(i) $a_1 = b_1 = 1$ とする。

(ii) $f_n(x) = a_n(x+1)^2 + 2b_n$ とし，$-2 \leqq x \leqq 1$ における $f_n(x)$ の最大値を a_{n+1}，最小値を b_{n+1} とする。

以下の問に答えよ。

(1) すべての自然数 n について $a_n > 0$ かつ $b_n > 0$ であることを示せ。

(2) 数列 $\{b_n\}$ の一般項を求めよ。

(3) $c_n = \dfrac{a_n}{2^n}$ とおく。数列 $\{c_n\}$ の一般項を求めよ。

9 2018 年度　文系〔2〕　　　　　　　　　　　Level B

$f(x) = (2x-1)^3$ とする。数列 $\{x_n\}$ を次のように定める。

　　$x_1 = 2$ であり，x_{n+1} $(n \geqq 1)$ は点 $(x_n, f(x_n))$ における曲線 $y = f(x)$ の接線と x 軸の交点の x 座標とする。

以下の問に答えよ。

(1) 点 $(t, f(t))$ における曲線 $y = f(x)$ の接線の方程式を求めよ。また $t \neq \dfrac{1}{2}$ のときに，その接線と x 軸の交点の x 座標を求めよ。

(2) $x_n > \dfrac{1}{2}$ を示せ。また x_n を n の式で表せ。

(3) $|x_{n+1} - x_n| < \dfrac{3}{4} \times 10^{-5}$ を満たす最小の n を求めよ。ただし $0.301 < \log_{10}2 < 0.302$, $0.477 < \log_{10}3 < 0.478$ は用いてよい。

10 2017年度 文系〔2〕 Level A

次の2つの条件をみたす x の2次式 $f(x)$ を考える。

(i) $y=f(x)$ のグラフは点 $(1, 4)$ を通る。

(ii) $\displaystyle\int_{-1}^{2} f(x)\,dx = 15$。

以下の問に答えよ。

(1) $f(x)$ の1次の項の係数を求めよ。

(2) 2次方程式 $f(x)=0$ の2つの解を α, β とするとき, α と β のみたす関係式を求めよ。

(3) (2)における α, β がともに正の整数となるような $f(x)$ をすべて求めよ。

11 2015年度 文系〔2〕 Level B

数列 $\{a_n\}$, $\{b_n\}$, $\{c_n\}$ が $a_1=5$, $b_1=7$ をみたし, さらにすべての実数 x とすべての自然数 n に対して

$$x(a_{n+1}x + b_{n+1}) = \int_{c_n}^{x+c_n} (a_n t + b_n)\,dt$$

をみたすとする。以下の問に答えよ。

(1) 数列 $\{a_n\}$ の一般項を求めよ。

(2) $c_n = 3^{n-1}$ のとき, 数列 $\{b_n\}$ の一般項を求めよ。

(3) $c_n = n$ のとき, 数列 $\{b_n\}$ の一般項を求めよ。

12 2012 年度　文系〔3〕　　　　　　　　　　Level B

以下の問に答えよ。

(1)　正の実数 x, y に対して

$$\frac{y}{x}+\frac{x}{y}\geqq 2$$

が成り立つことを示し，等号が成立するための条件を求めよ。

(2)　n を自然数とする。n 個の正の実数 a_1, $\cdots$, a_n に対して

$$(a_1+\cdots+a_n)\left(\frac{1}{a_1}+\cdots+\frac{1}{a_n}\right)\geqq n^2$$

が成り立つことを示し，等号が成立するための条件を求めよ。

13 2010 年度　文系〔3〕　　　　　　　　　　Level B

a, b を自然数とする。以下の問に答えよ。

(1)　ab が3の倍数であるとき，a または b は3の倍数であることを示せ。

(2)　$a+b$ と ab がともに3の倍数であるとき，a と b はともに3の倍数であることを示せ。

(3)　$a+b$ と a^2+b^2 がともに3の倍数であるとき，a と b はともに3の倍数であることを示せ。

14 2008 年度　文系〔2〕　　　　　　　　　　Level B

1から n までの自然数1，2，3，$\cdots$，n の和を S とするとき，次の問に答えよ。

(1)　n を4で割った余りが0または3ならば，S が偶数であることを示せ。

(2)　S が偶数ならば，n を4で割った余りが0または3であることを示せ。

(3)　n を8で割った余りが3または4ならば，S が4の倍数でないことを示せ。

15 2019年度 文系〔2〕・理系〔4〕 Level B

次のように1, 3, 4を繰り返し並べて得られる数列を $\{a_n\}$ とする。

$$1, 3, 4, 1, 3, 4, 1, 3, 4, \cdots$$

すなわち, $a_1=1$, $a_2=3$, $a_3=4$ で, 4以上の自然数 n に対し, $a_n=a_{n-3}$ とする。この数列の初項から第 n 項までの和を S_n とする。以下の問に答えよ。

(1) S_n を求めよ。

(2) $S_n=2019$ となる自然数 n は存在しないことを示せ。

(3) どのような自然数 k に対しても, $S_n=k^2$ となる自然数 n が存在することを示せ。

16 2014年度 文系〔2〕・理系〔2〕 Level B

m, n $(m<n)$ を自然数とし,

$$a=n^2-m^2, \quad b=2mn, \quad c=n^2+m^2$$

とおく。三辺の長さが a, b, c である三角形の内接円の半径を r とし, その三角形の面積を S とする。このとき, 以下の問に答えよ。

(1) $a^2+b^2=c^2$ を示せ。

(2) r を m, n を用いて表せ。

(3) r が素数のときに, S を r を用いて表せ。

(4) r が素数のときに, S が6で割り切れることを示せ。

17 2022 年度　理系〔1〕 Level B

数列 $\{a_n\}$ を $a_1=1$, $a_2=2$, $a_{n+2}=\sqrt{a_{n+1}\cdot a_n}$ $(n=1,\ 2,\ 3,\ \cdots)$ によって定める。以下の問に答えよ。

(1) すべての自然数 n について $a_{n+1}=\dfrac{2}{\sqrt{a_n}}$ が成り立つことを示せ。

(2) 数列 $\{b_n\}$ を $b_n=\log a_n$ $(n=1,\ 2,\ 3,\ \cdots)$ によって定める。b_n の値を n を用いて表せ。

(3) 極限値 $\lim\limits_{n\to\infty}a_n$ を求めよ。

18 2022 年度　理系〔2〕 Level B

m を 3 以上の自然数，$\theta=\dfrac{2\pi}{m}$，C_1 を半径 1 の円とする。円 C_1 に内接する（すべての頂点が C_1 上にある）正 m 角形を P_1 とし，P_1 に内接する（P_1 のすべての辺と接する）円を C_2 とする。同様に，n を自然数とするとき，円 C_n に内接する正 m 角形を P_n とし，P_n に内接する円を C_{n+1} とする。C_n の半径を r_n，C_n の内側で P_n の外側の部分の面積を s_n とし，$f(m)=\sum\limits_{n=1}^{\infty}s_n$ とする。以下の問に答えよ。

(1) r_n, s_n の値を θ, n を用いて表せ。

(2) $f(m)$ の値を θ を用いて表せ。

(3) 極限値 $\lim\limits_{m\to\infty}f(m)$ を求めよ。

ただし，必要があれば $\lim\limits_{x\to 0}\dfrac{x-\sin x}{x^3}=\dfrac{1}{6}$ を用いてよい。

19 2022 年度 理系〔5〕 Level B

a, b を実数, p を素数とし, $1<a<b$ とする。以下の問に答えよ。

(1) x, y, z を 0 でない実数とする。$a^x=b^y=(ab)^z$ ならば $\dfrac{1}{x}+\dfrac{1}{y}=\dfrac{1}{z}$ であることを示せ。

(2) m, n を $m>n$ をみたす自然数とし, $\dfrac{1}{m}+\dfrac{1}{n}=\dfrac{1}{p}$ とする。m, n の値を p を用いて表せ。

(3) m, n を自然数とし, $a^m=b^n=(ab)^p$ とする。b の値を a, p を用いて表せ。

20 2021 年度 理系〔1〕 Level B

i を虚数単位とする。以下の問に答えよ。

(1) $n=2$, 3, 4, 5 のとき $(2+i)^n$ を求めよ。またそれらの虚部の整数を 10 で割った余りを求めよ。

(2) n を正の整数とするとき $(2+i)^n$ は虚数であることを示せ。

21 2020 年度 理系〔5〕 Level C

p を 2 以上の自然数とし, 数列 $\{x_n\}$ は

$$x_1=\dfrac{1}{2^p+1}, \quad x_{n+1}=|2x_n-1| \quad (n=1,\ 2,\ 3,\ \cdots)$$

をみたすとする。以下の問に答えよ。

(1) $p=3$ のとき, x_n を求めよ。

(2) $x_{p+1}=x_1$ であることを示せ。

22 2017年度　理系〔3〕 Level B

　1辺の長さがa_0の正四面体$OA_0B_0C_0$がある。図のように，辺OA_0上の点A_1，辺OB_0上の点B_1，辺OC_0上の点C_1から平面$A_0B_0C_0$に下ろした垂線をそれぞれ$A_1A'_1$，$B_1B'_1$，$C_1C'_1$としたとき，三角柱$A_1B_1C_1-A'_1B'_1C'_1$は正三角柱になるとする。ただし，ここでは底面が正三角形であり，側面が正方形である三角柱を正三角柱とよぶことにする。同様に，点A_2，B_2，C_2，A'_2，B'_2，C'_2，……を次のように定める。正四面体$OA_kB_kC_k$において，辺OA_k上の点A_{k+1}，辺OB_k上の点B_{k+1}，辺OC_k上の点C_{k+1}から平面$A_kB_kC_k$に下ろした垂線をそれぞれ$A_{k+1}A'_{k+1}$，$B_{k+1}B'_{k+1}$，$C_{k+1}C'_{k+1}$としたとき，三角柱$A_{k+1}B_{k+1}C_{k+1}-A'_{k+1}B'_{k+1}C'_{k+1}$は正三角柱になるとする。辺$A_kB_k$の長さを$a_k$とし，正三角柱$A_kB_kC_k-A'_kB'_kC'_k$の体積を$V_k$とするとき，以下の問に答えよ。

(1)　点Oから平面$A_0B_0C_0$に下ろした垂線をOHとし，$\theta=\angle OA_0H$とするとき，$\cos\theta$と$\sin\theta$の値を求めよ。

(2)　a_1をa_0を用いて表せ。

(3)　V_kをa_0を用いて表し，$\displaystyle\sum_{k=1}^{\infty}V_k$を求めよ。

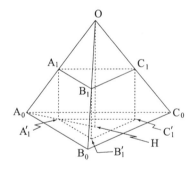

23　2016年度　理系〔4〕　　　　　　　　　　Level C

約数, 公約数, 最大公約数を次のように定める。

- 2つの整数 a, b に対して, $a = bk$ をみたす整数 k が存在するとき, b は a の約数であるという。
- 2つの整数に共通の約数をそれらの公約数という。
- 少なくとも一方が 0 でない 2 つの整数の公約数の中で最大のものをそれらの最大公約数という。

以下の問に答えよ。

(1) a, b, c, p は 0 でない整数で $a = pb + c$ をみたしているとする。

　(i) $a = 18$, $b = 30$, $c = -42$, $p = 2$ のとき, a と b の公約数の集合 S, および b と c の公約数の集合 T を求めよ。

　(ii) a と b の最大公約数を M, b と c の最大公約数を N とする。M と N は等しいことを示せ。ただし, a, b, c, p は 0 でない任意の整数とする。

(2) 自然数の列 $\{a_n\}$ を
$$a_{n+2} = 6a_{n+1} + a_n \quad (n = 1, 2, \cdots), \quad a_1 = 3, \quad a_2 = 4$$
で定める。

　(i) a_{n+1} と a_n の最大公約数を求めよ。

　(ii) a_{n+4} を a_{n+2} と a_n を用いて表せ。

　(iii) a_{n+2} と a_n の最大公約数を求めよ。

24 2015年度 理系〔4〕 Level B

a, b を実数とし, 自然数 k に対して $x_k = \dfrac{2ak + 6b}{k(k+1)(k+3)}$ とする。以下の問に答えよ。

(1) $x_k = \dfrac{p}{k} + \dfrac{q}{k+1} + \dfrac{r}{k+3}$ がすべての自然数 k について成り立つような実数 p, q, r を, a, b を用いて表せ。

(2) $b = 0$ のとき, 3以上の自然数 n に対して $\displaystyle\sum_{k=1}^{n} x_k$ を求めよ。また, $a = 0$ のとき, 4以上の自然数 n に対して $\displaystyle\sum_{k=1}^{n} x_k$ を求めよ。

(3) 無限級数 $\displaystyle\sum_{k=1}^{\infty} x_k$ の和を求めよ。

25 2011年度 理系〔1〕 Level B

$i = \sqrt{-1}$ とする。以下の問に答えよ。

(1) 実数 α, β について, 等式
$$(\cos\alpha + i\sin\alpha)(\cos\beta + i\sin\beta) = \cos(\alpha+\beta) + i\sin(\alpha+\beta)$$
が成り立つことを示せ。

(2) 自然数 n に対して,
$$z = \sum_{k=1}^{n}\left(\cos\frac{2\pi k}{n} + i\sin\frac{2\pi k}{n}\right)$$
とおくとき, 等式
$$z\left(\cos\frac{2\pi}{n} + i\sin\frac{2\pi}{n}\right) = z$$
が成り立つことを示せ。

(3) 2以上の自然数 n について, 等式
$$\sum_{k=1}^{n}\cos\frac{2\pi k}{n} = \sum_{k=1}^{n}\sin\frac{2\pi k}{n} = 0$$
が成り立つことを示せ。

26 2011 年度 理系〔4〕 Level A

a は正の無理数で, $X = a^3 + 3a^2 - 14a + 6$, $Y = a^2 - 2a$ を考えると, X と Y はともに有理数である。以下の問に答えよ。

(1) 整式 $x^3 + 3x^2 - 14x + 6$ を整式 $x^2 - 2x$ で割ったときの商と余りを求めよ。

(2) X と Y の値を求めよ。

(3) a の値を求めよ。ただし, 素数の平方根は無理数であることを用いてよい。

27 2010 年度 理系〔2〕 Level B

p を 3 以上の素数, a, b を自然数とする。以下の問に答えよ。ただし, 自然数 m, n に対し, mn が p の倍数ならば, m または n は p の倍数であることを用いてよい。

(1) $a + b$ と ab がともに p の倍数であるとき, a と b はともに p の倍数であることを示せ。

(2) $a + b$ と $a^2 + b^2$ がともに p の倍数であるとき, a と b はともに p の倍数であることを示せ。

(3) $a^2 + b^2$ と $a^3 + b^3$ がともに p の倍数であるとき, a と b はともに p の倍数であることを示せ。

28　2009 年度　理系〔5〕　　　　　　　　　　　　Level　C

t を実数として，数列 a_1, a_2, … を

$a_1 = 1$, $a_2 = 2t$,

$a_{n+1} = 2ta_n - a_{n-1}$ 　$(n \geq 2)$

で定める。このとき，以下の問に答えよ。

(1) $t \geq 1$ ならば，$0 < a_1 < a_2 < a_3 < \cdots$ となることを示せ。

(2) $t \leq -1$ ならば，$0 < |a_1| < |a_2| < |a_3| < \cdots$ となることを示せ。

(3) $-1 < t < 1$ ならば，$t = \cos\theta$ となる θ を用いて，

$$a_n = \frac{\sin n\theta}{\sin\theta} \quad (n \geq 1)$$

となることを示せ。

29　2008 年度　理系〔1〕　　　　　　　　　　　　Level　A

実数 x, y に関する次の各命題の真偽を答えよ。さらに，真である場合には証明し，偽である場合には反例をあげよ。

(1) $x > 0$ かつ $xy > 0$ ならば，$y > 0$ である。

(2) $x \geq 0$ かつ $xy \geq 0$ ならば，$y \geq 0$ である。

(3) $x + y \geq 0$ かつ $xy \geq 0$ ならば，$y \geq 0$ である。

30　2008 年度　理系〔3〕　　　　　　　　　　　　Level　A

1 から n までの自然数 1，2，3，…，n の和を S とするとき，次の問に答えよ。

(1) n を 4 で割った余りが 0 または 3 ならば，S が偶数であることを示せ。

(2) S が偶数ならば，n を 4 で割った余りが 0 または 3 であることを示せ。

(3) S が 4 の倍数ならば，n を 8 で割った余りが 0 または 7 であることを示せ。

§3 場合の数と確率

	内　　容	年度	レベル
31	さいころを4回振ったときの，2つずつの目の積についての確率	2016 文系〔3〕	B
32	2個のさいころの出た目の差に関する確率	2013 文系〔3〕	B
33	取り出したカードに書かれた数の合計に関する確率	2011 文系〔3〕	B
34	拡張したじゃんけんの勝敗の確率	2009 文系〔3〕	B
35	平面上の円と直線との関係，確率の計算	2008 文系〔3〕	B
36	和が30になる3つの自然数の順列と組合せの総数	2020 文系〔3〕理系〔3〕	B
37	さいころの目によって係数を定めた2次方程式が整数解をもつ確率	2018 文系〔3〕理系〔3〕	B
38	4つの空間ベクトルの方向に移動する点についての確率 ((4)は理系のみ)	2017 文系〔3〕理系〔4〕	C
39	三角形の成立条件をみたす自然数の組の個数	2015 文系〔3〕理系〔5〕	C
40	2個のさいころを投げて出た目の積についての確率	2019 理系〔3〕	C
41	取り出したカードの数字の和についての確率	2014 理系〔4〕	B
42	さいころをふって正方形の頂点を移動する点についての確率	2013 理系〔5〕	B
43	2色のカードを取り出して並べるときの確率，期待値	2010 理系〔4〕	B
44	さいころのゲームの得点と期待値	2009 理系〔4〕	B

　文系，理系ともほぼ毎年のように出題されており，十分に準備しておかなければならない分野の一つである。

　出題の特徴としては，オーソドックスな問題も出題されるが，新たなルールや規則が設定され，それにもとづく確率を求めるものが多い。したがって，問題が長文であり，読解力，理解力が試されることになる。まず，問題文を丁寧に読み，理解しにくい場合には，具体例を考えるなどするとよい。いずれにしても，参考書等で基本事項を十分復習した上で取り組んでもらいたい。この分野についても，文系・理系で内容的に大きく異なることはないので，全問に取り組むとよいだろう（文系の受験生は問題42（2013理系〔5〕）の(4)を除く）。

　なお，期待値は2015〜2024年度の神戸大学の出題範囲からは外れている。

31 2016 年度　文系〔3〕 Level B

さいころを 4 回振って出た目を順に a, b, c, d とする。以下の問に答えよ。

(1) $ab \geqq cd + 25$ となる確率を求めよ。

(2) $ab = cd$ となる確率を求めよ。

32 2013 年度　文系〔3〕 Level B

赤色，緑色，青色のさいころが各 2 個ずつ，計 6 個ある。これらを同時にふるとき，

赤色の 2 個のさいころの出た目の数 r_1, r_2 に対し $R = |r_1 - r_2|$

緑色の 2 個のさいころの出た目の数 g_1, g_2 に対し $G = |g_1 - g_2|$

青色の 2 個のさいころの出た目の数 b_1, b_2 に対し $B = |b_1 - b_2|$

とする。次の問いに答えよ。

(1) R がとりうる値と，R がそれらの各値をとる確率をそれぞれ求めよ。

(2) $R \geqq 4$, $G \geqq 4$, $B \geqq 4$ が同時に成り立つ確率を求めよ。

(3) $RGB \geqq 80$ となる確率を求めよ。

33 2011年度 文系〔3〕 Level B

袋の中に 0 から 4 までの数字のうち 1 つが書かれたカードが 1 枚ずつ合計 5 枚入っている。4 つの数 0，3，6，9 をマジックナンバーと呼ぶことにする。次のようなルールをもつ，1 人で行うゲームを考える。

[ルール] 袋から無作為に 1 枚ずつカードを取り出していく。ただし，一度取り出したカードは袋に戻さないものとする。取り出したカードの数字の合計がマジックナンバーになったとき，その時点で負けとし，それ以降はカードを取り出さない。途中で負けとなることなく，すべてのカードを取り出せたとき，勝ちとする。

以下の問に答えよ。

(1) 2 枚のカードを取り出したところで負けとなる確率を求めよ。

(2) 3 枚のカードを取り出したところで負けとなる確率を求めよ。

(3) このゲームで勝つ確率を求めよ。

34 2009年度　文系〔3〕　　　　　　　　　　　　　　Level B

以下の問に答えよ。

⑴　A，Bの2人がそれぞれ，「石」，「はさみ」，「紙」の3種類の「手」から無作為に1つを選んで，双方の「手」によって勝敗を決める。「石」は「はさみ」に勝ち「紙」に負け，「はさみ」は「紙」に勝ち「石」に負け，「紙」は「石」に勝ち「はさみ」に負け，同じ「手」どうしは引き分けとする。AがBに勝つ確率と引き分ける確率を求めよ。

⑵　上の3種類の「手」の勝敗規則を保ちつつ，これらに加えて，4種類目の「手」として「水」を加える。「水」は「石」と「はさみ」には勝つが「紙」には負け，同じ「手」どうしは引き分けとする。A，Bがともに4種類の「手」から無作為に1つを選ぶとき，Aが勝つ確率と引き分けの確率を求めよ。

⑶　上の4種類の「手」の勝敗規則を保ちつつ，これらに加え，さらに第5の「手」として「土」を加える。Bが5種類の「手」から無作為に1つを選ぶとき，Aの勝つ確率がAの選ぶ「手」によらないようにするためには，「土」と「石」「はさみ」「紙」「水」との勝敗規則をそれぞれどのように定めればよいか。ただし，同じ「手」どうしの場合，しかもその場合にのみ引き分けとする。

35 2008年度　文系〔3〕　　　　　　　　　　　　　　Level B

次の問に答えよ。

⑴　xy 平面において，円 $(x-a)^2+(y-b)^2=2c^2$ と直線 $y=x$ が共有点をもたないための a, b, c の条件を求めよ。ただし，a, b, c は定数で $c \neq 0$ とする。

⑵　1個のサイコロを3回投げて出た目の数を，順に a, b, c とする。a, b, c が⑴で求めた条件をみたす確率を求めよ。

36
2020 年度　文系〔3〕・理系〔3〕　　　　　　　Level B

以下の問に答えよ。

(1)　和が 30 になる 2 つの自然数からなる順列の総数を求めよ。

(2)　和が 30 になる 3 つの自然数からなる順列の総数を求めよ。

(3)　和が 30 になる 3 つの自然数からなる組合せの総数を求めよ。

37
2018 年度　文系〔3〕・理系〔3〕　　　　　　　Level B

さいころを 3 回ふって，1 回目に出た目の数を a，2 回目と 3 回目に出た目の数の和を b とし，2 次方程式

$$x^2 - ax + b = 0 \quad \cdots\cdots(*)$$

を考える。以下の問に答えよ。

(1)　$(*)$ が $x=1$ を解にもつ確率を求めよ。

(2)　$(*)$ が整数解をもつとする。このとき $(*)$ の解は共に正の整数であり，また少なくとも 1 つの解は 3 以下であることを示せ。

(3)　$(*)$ が整数を解にもつ確率を求めよ。

38

2017 年度　文系〔3〕・理系〔4〕（（4）は理系のみ）　　　**Level　C**

$\vec{v_1} = (1,\ 1,\ 1)$, $\vec{v_2} = (1,\ -1,\ -1)$, $\vec{v_3} = (-1,\ 1,\ -1)$, $\vec{v_4} = (-1,\ -1,\ 1)$ とする。座標空間内の動点 P が原点 O から出発し，正四面体のサイコロ $\left(1,\ 2,\ 3,\ 4 \right.$ の目がそれぞれ確率 $\frac{1}{4}$ で出る $\left. \right)$ をふるごとに，出た目が k $(k=1,\ 2,\ 3,\ 4)$ のときは $\vec{v_k}$ だけ移動する。すなわち，サイコロを n 回ふった後の動点 P の位置を P_n として，サイコロを $(n+1)$ 回目にふって出た目が k ならば

$$\overrightarrow{P_n P_{n+1}} = \vec{v_k}$$

である。ただし，$P_0 = O$ である。以下の問に答えよ。

(1)　点 P_2 が x 軸上にある確率を求めよ。

(2)　$\overrightarrow{P_0 P_2} \perp \overrightarrow{P_2 P_4}$ となる確率を求めよ。

(3)　4 点 P_0, P_1, P_2, P_3 が同一平面上にある確率を求めよ。

(4)　n を 6 以下の自然数とする。$P_n = O$ となる確率を求めよ。

39

2015 年度　文系〔3〕・理系〔5〕　　　**Level　C**

a, b, c を 1 以上 7 以下の自然数とする。次の条件（∗）を考える。

（∗）　3 辺の長さが a, b, c である三角形と，3 辺の長さが $\frac{1}{a}$, $\frac{1}{b}$, $\frac{1}{c}$ である三角形が両方とも存在する。

以下の問に答えよ。

(1)　$a=b>c$ であり，かつ条件（∗）をみたす a, b, c の組の個数を求めよ。

(2)　$a>b>c$ であり，かつ条件（∗）をみたす a, b, c の組の個数を求めよ。

(3)　条件（∗）をみたす a, b, c の組の個数を求めよ。

40 2019年度 理系〔3〕 Level C

n を2以上の整数とする。2個のさいころを同時に投げるとき，出た目の数の積を n で割った余りが1となる確率を P_n とする。以下の問に答えよ。

(1) P_2, P_3, P_4 を求めよ。

(2) $n \geqq 36$ のとき，P_n を求めよ。

(3) $P_n = \dfrac{1}{18}$ となる n をすべて求めよ。

41 2014年度 理系〔4〕 Level B

n を自然数とする。1から $2n$ までの番号をつけた $2n$ 枚のカードを袋に入れ，よくかき混ぜて n 枚を取り出し，取り出した n 枚のカードの数字の合計を A，残された n 枚のカードの数字の合計を B とする。このとき，以下の問に答えよ。

(1) n が奇数のとき，A と B が等しくないことを示せ。

(2) n が偶数のとき，A と B の差は偶数であることを示せ。

(3) $n = 4$ のとき，A と B が等しい確率を求めよ。

42 2013年度 理系〔5〕 Level B

動点Pが，図のような正方形 ABCD の頂点Aから出発し，さいころをふるごとに，次の規則により正方形のある頂点から他の頂点に移動する。

出た目の数が2以下なら辺 AB と平行な方向に移動する。

出た目の数が3以上なら辺 AD と平行な方向に移動する。

n を自然数とするとき，さいころを $2n$ 回ふった後に動点PがAにいる確率を a_n，Cにいる確率を c_n とする。次の問いに答えよ。

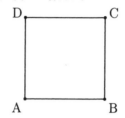

(1) a_1 を求めよ。

(2) さいころを $2n$ 回ふった後，動点PはAまたはCにいることを証明せよ。

(3) a_n, c_n を n を用いてそれぞれ表せ。

(4) $\lim_{n \to \infty} a_n$, $\lim_{n \to \infty} c_n$ をそれぞれ求めよ。

43 2010年度 理系〔4〕 Level B

N を自然数とする。赤いカード2枚と白いカード N 枚が入っている袋から無作為にカードを1枚ずつ取り出して並べていくゲームをする。2枚目の赤いカードが取り出された時点でゲームは終了する。赤いカードが最初に取り出されるまでに取り出された白いカードの枚数を X とし，ゲーム終了時までに取り出された白いカードの総数を Y とする。このとき，以下の問に答えよ。

(1) $n = 0, 1, \cdots, N$ に対して，$X = n$ となる確率 p_n を求めよ。

(2) X の期待値を求めよ。

(3) $n = 0, 1, \cdots, N$ に対して，$Y = n$ となる確率 q_n を求めよ。

44 2009年度 理系〔4〕 Level B

大小2つのサイコロを同時に1回投げて，大きいサイコロの出た目の数 A，および小さいサイコロの出た目の数 B に応じて得点を競うゲームを考える。ただし，このゲームには6種類の得点 X_n（$1 \le n \le 6$）があって，それぞれ，次の規則で定められているとする：

$$X_n = \begin{cases} A & (A \ge n \text{ のとき}) \\ B & (A < n \text{ かつ } A \ne B \text{ のとき}) \\ aA + b & (A < n \text{ かつ } A = B \text{ のとき}) \end{cases}$$

ここで，a, b は実数の定数である。また，得点 X_n の期待値を E_n とする。このとき，以下の問に答えよ。

(1) A, B のとり得る値に対する得点 X_3 および X_4 の値を，答案用紙の表にそれぞれ記入せよ。

〔答案用紙〕

X_3 の表

A\B	1	2	3	4	5	6
1						
2						
3						
4						
5						
6						

X_4 の表

A\B	1	2	3	4	5	6
1						
2						
3						
4						
5						
6						

(2) $E_4 - E_3$ を求めよ。

(3) $E_1 = E_2 = \cdots = E_6$ となるような a, b はあるか。あれば求めよ。なければ，そのことを示せ。

§4 図形と方程式

	内　　　容	年度	レベル
45	円と直線が異なる2点で交わる条件，2交点の中点の軌跡	2022 文系〔2〕	B
46	塔の高さ，塔と道との距離の測量，整数部分	2021 文系〔3〕	B
47	条件をみたす線分の中点に関する問題	2015 文系〔1〕	B
48	放物線上の3点でできる直角三角形の斜辺の最小値	2013 文系〔2〕	B
49	円に内接する四角形の面積	2011 文系〔2〕	B
50	2点からの距離の和が一定である直線	2012 文系〔1〕 理系〔1〕	C
51	双曲線と直線が異なる2点で交わる条件，2交点の中点の軌跡	2022 理系〔4〕	B
52	放物線と円の共有点	2021 理系〔4〕	B
53	放物線上の2点を対角線の両端とする長方形の面積の最大値	2013 理系〔2〕	B
54	領域における最小値	2011 理系〔2〕	C
55	円と円，円と直線が接する条件	2008 理系〔2〕	B

　ここでは，単元としての「図形と方程式」の問題とともに，平面図形に関する問題を扱っている。文系と理系で大きな傾向の差はなく，「図形と方程式」については，軌跡，領域を扱った問題が多い。それ以外では，あまり定型的でない問題の出題もあり，ややレベルの高い問題が多いといえる。問題内容をきちんと把握すること，正確な図を描くことと併せて柔軟な思考力も要求される。問題 45 と 51（2022 文系〔2〕と理系〔4〕）は類似問題。

45

2022 年度　文系〔2〕　　　　　　　　　　Level B

a を正の実数とし，円 $x^2+y^2=1$ と直線 $y=\sqrt{a}\,x-2\sqrt{a}$ が異なる 2 点 P，Q で交わっているとする。線分 PQ の中点を R$(s,\ t)$ とする。以下の問に答えよ。

(1) a のとりうる値の範囲を求めよ。

(2) $s,\ t$ の値を a を用いて表せ。

(3) a が(1)で求めた範囲を動くときに s のとりうる値の範囲を求めよ。

(4) t の値を s を用いて表せ。

図形と方程式と式

46

2021 年度　文系〔3〕　　　　　　　　　　Level B

水平な地面に一本の塔が垂直に建っている（太さは無視する）。塔の先端を P とし，足元の地点を H とする。また，H を通らない一本の道が一直線に延びている（幅は無視する）。道の途中に 3 地点 A，B，C がこの順にあり，BC = 2AB をみたしている。以下の問に答えよ。

(1) $2\mathrm{AH}^2-3\mathrm{BH}^2+\mathrm{CH}^2=6\mathrm{AB}^2$ が成り立つことを示せ。

(2) A，B，C から P を見上げた角度 ∠PAH，∠PBH，∠PCH はそれぞれ 45°，60°，30° であった。AB = 100 m のとき，塔の高さ PH（m）の整数部分を求めよ。

(3) (2)において，H と道との距離（m）の整数部分を求めよ。

47

2015 年度　文系〔1〕　　　　　　　　　　Level B

$s,\ t$ を $s<t$ をみたす実数とする。座標平面上の 3 点 A$(1,\ 2)$，B$(s,\ s^2)$，C$(t,\ t^2)$ が一直線上にあるとする。以下の問に答えよ。

(1) s と t の間の関係式を求めよ。

(2) 線分 BC の中点を M$(u,\ v)$ とする。u と v の間の関係式を求めよ。

(3) $s,\ t$ が変化するとき，v の最小値と，そのときの $u,\ s,\ t$ の値を求めよ。

48 2013 年度 文系〔2〕 Level B

a, b, c は実数とし，$a<b$ とする。平面上の相異なる 3 点 A (a, a^2), B (b, b^2), C (c, c^2) が，辺 AB を斜辺とする直角三角形を作っているとする。次の問いに答えよ。

(1) a を b, c を用いて表せ。

(2) $b-a \geqq 2$ が成り立つことを示せ。

(3) 斜辺 AB の長さの最小値と，そのときのA，B，Cの座標をそれぞれ求めよ。

49 2011 年度 文系〔2〕 Level B

xy 平面上に相異なる 4 点 A，B，C，D があり，線分 AC と BD は原点Oで交わっている。点Aの座標は $(1, 2)$ で，線分 OA と OD の長さは等しく，四角形 ABCD は円に内接している。∠AOD $=\theta$ とおき，点Cの x 座標を a, 四角形 ABCD の面積を S とする。以下の問に答えよ。

(1) 線分 OC の長さを a を用いた式で表せ。また，線分 OB と OC の長さは等しいことを示せ。

(2) S を a と θ を用いた式で表せ。

(3) $\theta = \dfrac{\pi}{6}$ とし，$20 \leqq S \leqq 40$ とするとき，a のとりうる値の最大値を求めよ。

50 2012 年度 文系〔1〕・理系〔1〕 Level C

座標平面上に 2 点 A $(1, 0)$, B $(-1, 0)$ と直線 l があり，Aと l の距離とBと l の距離の和が1であるという。以下の問に答えよ。

(1) l は y 軸と平行でないことを示せ。

(2) l が線分 AB と交わるとき，l の傾きを求めよ。

(3) l が線分 AB と交わらないとき，l と原点との距離を求めよ。

51 2022 年度　理系〔4〕　　　　　　　　　　Level　B

a を正の実数とし，双曲線 $\dfrac{x^2}{4}-\dfrac{y^2}{4}=1$ と直線 $y=\sqrt{a}\,x+\sqrt{a}$ が異なる 2 点 P，Q で交わっているとする。線分 PQ の中点を R $(s,\ t)$ とする。以下の問に答えよ。

(1)　a のとりうる値の範囲を求めよ。

(2)　$s,\ t$ の値を a を用いて表せ。

(3)　a が(1)で求めた範囲を動くときに s のとりうる値の範囲を求めよ。

(4)　t の値を s を用いて表せ。

52 2021 年度　理系〔4〕　　　　　　　　　　Level　B

m を実数とする。座標平面上の放物線 $y=x^2$ と直線 $y=mx+1$ の共有点を A，B とし，原点を O とする。以下の問に答えよ。

(1)　$\angle\mathrm{AOB}=\dfrac{\pi}{2}$ が成り立つことを示せ。

(2)　3 点 A，B，O を通る円の方程式を求めよ。

(3)　放物線 $y=x^2$ と(2)の円が A，B，O 以外の共有点をもたないような m の値をすべて求めよ。

53 2013 年度　理系〔2〕　　　　　　　　　　Level　B

$p,\ r$ を $-r<p<r$ をみたす実数とする。4 点 P$(p,\ p^2)$，Q$(r,\ p^2)$，R$(r,\ r^2)$，S$(p,\ r^2)$ に対し，線分 PR の長さは 1 であるとする。このとき，長方形 PQRS の面積の最大値と，そのときの P，R の x 座標をそれぞれ求めよ。

54
2011 年度　理系〔2〕
Level　C

以下の問に答えよ。

(1)　t を正の実数とするとき，$|x|+|y|=t$ の表す xy 平面上の図形を図示せよ。

(2)　a を $a \geqq 0$ をみたす実数とする。x, y が連立不等式
$$\begin{cases} ax+(2-a)y \geqq 2 \\ y \geqq 0 \end{cases}$$
をみたすとき，$|x|+|y|$ のとりうる値の最小値 m を，a を用いた式で表せ。

(3)　a が $a \geqq 0$ の範囲を動くとき，(2)で求めた m の最大値を求めよ。

55
2008 年度　理系〔2〕
Level　B

xy 平面上に 3 点 A $(1, 0)$，B $(-1, 0)$，C $(0, \sqrt{3})$ をとる。このとき，次の問に答えよ。

(1)　A，B の 2 点を中心とする同じ半径 r の 2 つの円が接する。このような r の値を求めよ。

(2)　(1)で求めた r の値について，C を中心とする半径 r の円が，A，B の 2 点を中心とする半径 r の 2 つの円のどちらとも接することを示せ。

(3)　A，B，C の 3 点を中心とする同じ半径 s の 3 つの円が直線 l に接する。このような s の値と直線 l の方程式をすべて求めよ。

§5 ベクトル

	内　容	年度	レベル
56	空間ベクトル，四面体の頂点から底面に引いた垂線	2010 文系〔2〕	B
57	ベクトルの内積，大きさについての不等式と図形	2009 文系〔1〕	B
58	ベクトルの内積，三角形の重心の軌跡	2019 文系〔3〕理系〔2〕	B
59	正四面体の辺上の3点でできる三角形の面積	2018 文系〔1〕理系〔1〕	A
60	四面体における平面と辺の交点の位置ベクトル	2016 文系〔1〕理系〔1〕	A
61	空間においてベクトルと平面が垂直であることの証明	2014 文系〔3〕理系〔3〕	B
62	空間ベクトルの平行条件，垂直条件	2013 文系〔1〕理系〔1〕	B
63	2つのベクトルのなす角の最大値	2021 理系〔3〕	B

　平面ベクトル，空間ベクトルについての問題がほぼ同じ程度に出題されているが，近年はやや空間ベクトルに関する出題が多い。共通問題もあり，文系・理系の傾向に差はないといえる。したがって，文系・理系にかかわらず，全問に取り組んでおくとよいだろう。内容としては，標準的な出題が多く，基本事項の積み重ねと正確な計算により完答できる問題がほとんどである。ゆえに，ベクトルを苦手とする受験生は特に重点的に取り組むべきだろう。

56 2010年度 文系〔2〕 Level B

空間内に4点O，A，B，Cがあり，

$$OA = 3, \quad OB = OC = 4, \quad \angle BOC = \angle COA = \angle AOB = \frac{\pi}{3}$$

であるとする。3点A，B，Cを通る平面に垂線OHをおろす。このとき，以下の問に答えよ。

(1) $\vec{a} = \overrightarrow{OA}$，$\vec{b} = \overrightarrow{OB}$，$\vec{c} = \overrightarrow{OC}$ とし，$\overrightarrow{OH} = r\vec{a} + s\vec{b} + t\vec{c}$ と表すとき，r, s, t を求めよ。

(2) 直線CHと直線ABの交点をDとするとき，長さの比 CH : HD，AD : DB をそれぞれ求めよ。

57 2009年度 文系〔1〕 Level B

以下の問に答えよ。

(1) xy 平面において，O$(0, 0)$，A$\left(\dfrac{1}{\sqrt{2}}, \dfrac{1}{\sqrt{2}}\right)$ とする。このとき，

$$(\overrightarrow{OP} \cdot \overrightarrow{OA})^2 + |\overrightarrow{OP} - (\overrightarrow{OP} \cdot \overrightarrow{OA})\overrightarrow{OA}|^2 \leqq 1$$

をみたす点P全体のなす図形の面積を求めよ。

(2) xyz 空間において，O$(0, 0, 0)$，A$\left(\dfrac{1}{\sqrt{3}}, \dfrac{1}{\sqrt{3}}, \dfrac{1}{\sqrt{3}}\right)$ とする。このとき，

$$(\overrightarrow{OP} \cdot \overrightarrow{OA})^2 + |\overrightarrow{OP} - (\overrightarrow{OP} \cdot \overrightarrow{OA})\overrightarrow{OA}|^2 \leqq 1$$

をみたす点P全体のなす図形の体積を求めよ。

58　2019 年度　文系〔3〕・理系〔2〕　Level B

$|\overrightarrow{AB}|=2$ をみたす $\triangle$PAB を考え，辺 AB の中点を M，$\triangle$PAB の重心を G とする。以下の間に答えよ。

(1)　$|\overrightarrow{PM}|^2$ を内積 $\overrightarrow{PA}\cdot\overrightarrow{PB}$ を用いて表せ。

(2)　$\angle AGB=\dfrac{\pi}{2}$ のとき，$\overrightarrow{PA}\cdot\overrightarrow{PB}$ の値を求めよ。

(3)　点 A と点 B を固定し，$\overrightarrow{PA}\cdot\overrightarrow{PB}=\dfrac{5}{4}$ をみたすように点 P を動かすとき，$\angle ABG$ の最大値を求めよ。ただし，$0<\angle ABG<\pi$ とする。

59　2018 年度　文系〔1〕・理系〔1〕　Level A

t を $0<t<1$ を満たす実数とする。OABC を 1 辺の長さが 1 の正四面体とする。辺 OA を $1-t:t$ に内分する点を P，辺 OB を $t:1-t$ に内分する点を Q，辺 BC の中点を R とする。また $\vec{a}=\overrightarrow{OA}$，$\vec{b}=\overrightarrow{OB}$，$\vec{c}=\overrightarrow{OC}$ とする。以下の間に答えよ。

(1)　$\overrightarrow{QP}$ と $\overrightarrow{QR}$ を t，$\vec{a}$，$\vec{b}$，$\vec{c}$ を用いて表せ。

(2)　$\angle PQR=\dfrac{\pi}{2}$ のとき，t の値を求めよ。

(3)　t が(2)で求めた値をとるとき，$\triangle$PQR の面積を求めよ。

60   2016年度　文系〔1〕・理系〔1〕   Level　A

四面体 OABC において，P を辺 OA の中点，Q を辺 OB を 2：1 に内分する点，R を辺 BC の中点とする。P，Q，R を通る平面と辺 AC の交点を S とする。$\overrightarrow{OA}=\vec{a}$，$\overrightarrow{OB}=\vec{b}$，$\overrightarrow{OC}=\vec{c}$ とおく。以下の問に答えよ。

(1)　$\overrightarrow{PQ}$，$\overrightarrow{PR}$ をそれぞれ $\vec{a}$，$\vec{b}$，$\vec{c}$ を用いて表せ。

(2)　比 $|\overrightarrow{AS}|$：$|\overrightarrow{SC}|$ を求めよ。

(3)　四面体 OABC を 1 辺の長さが 1 の正四面体とするとき，$|\overrightarrow{QS}|$ を求めよ。

61   2014年度　文系〔3〕・理系〔3〕   Level　B

空間において，原点 O を通らない平面 α 上に一辺の長さ 1 の正方形があり，その頂点を順に A，B，C，D とする。このとき，以下の問に答えよ。

(1)　ベクトル $\overrightarrow{OD}$ を，$\overrightarrow{OA}$，$\overrightarrow{OB}$，$\overrightarrow{OC}$ を用いて表せ。

(2)　OA＝OB＝OC のとき，ベクトル
$$\overrightarrow{OA}+\overrightarrow{OB}+\overrightarrow{OC}+\overrightarrow{OD}$$
が，平面 α と垂直であることを示せ。

62 2013年度 文系〔1〕・理系〔1〕 Level B

空間において，2点 A$(0, 1, 0)$，B$(-1, 0, 0)$ を通る直線を l とする。次の問いに答えよ。

(1) 点Pを l 上に，点Qを z 軸上にとる。$\overrightarrow{PQ}$ がベクトル $(3, 1, -1)$ と平行になるときのPとQの座標をそれぞれ求めよ。

(2) 点Rを l 上に，点Sを z 軸上にとる。$\overrightarrow{RS}$ が $\overrightarrow{AB}$ およびベクトル $(0, 0, 1)$ の両方に垂直になるときのRとSの座標をそれぞれ求めよ。

(3) R，Sを(2)で求めた点とする。点Tを l 上に，点Uを z 軸上にとる。また，$\vec{v} = (a, b, c)$ は零ベクトルではなく，$\overrightarrow{RS}$ に垂直ではないとする。$\overrightarrow{TU}$ が $\vec{v}$ と平行になるときのTとUの座標をそれぞれ求めよ。

63 2021年度 理系〔3〕 Level B

$\vec{0}$ でない2つのベクトル $\vec{a}$, $\vec{b}$ が垂直であるとする。$\vec{a}+\vec{b}$ と $\vec{a}+3\vec{b}$ のなす角を θ $(0 \leq \theta \leq \pi)$ とする。以下の問に答えよ。

(1) $|\vec{a}| = x$，$|\vec{b}| = y$ とするとき，$\sin^2\theta$ を x, y を用いて表せ。

(2) θ の最大値を求めよ。

§6 微・積分法

	内　　容	年度	レベル
64	2次関数のグラフと直線の共有点の個数，囲まれた部分の面積	2022 文系〔1〕	B
65	整式の除法，微分の計算，放物線と直線で囲まれた部分の面積	2020 文系〔1〕	A
66	放物線の接線，囲まれた図形の面積の最大値	2019 文系〔1〕	A
67	3次関数の極値・最小値・最大値	2017 文系〔1〕	A
68	数列の漸化式，3次関数の極値，放物線に関する面積	2014 文系〔1〕	B
69	2つの放物線で囲まれた部分の面積，最大値	2012 文系〔2〕	A
70	円と直線，3次関数の最大・最小	2011 文系〔1〕	A
71	関数値と微分係数の絶対値との関係	2008 文系〔1〕	B
72	対数を含む関数の極値，曲線とx軸で囲まれた部分の面積	2022 理系〔3〕	B
73	定積分の計算	2021 理系〔2〕	A
74	媒介変数表示された平面上を動く点の速度，速さ，道のり	2021 理系〔5〕	B
75	整式が $(x-\alpha)^2$ で割り切れることの証明，不等式の表す部分の面積	2020 理系〔1〕	A
76	媒介変数表示された曲線，回転体の体積	2020 理系〔2〕	B
77	関数が最大となるxの値とその値に関する極限	2020 理系〔4〕	B
78	関数の最大値，2曲線が接する条件，大小比較	2019 理系〔1〕	A
79	媒介変数表示された曲線の凹凸，概形，囲まれた領域の面積	2019 理系〔5〕	B
80	分数関数のグラフの概形，漸近線，漸化式と数列の極限	2018 理系〔2〕	B
81	座標空間において，立体に含まれる点の座標がみたす不等式，立体の体積	2018 理系〔5〕	C
82	方程式の解の存在と解に関する極限	2017 理系〔1〕	B
83	数列の和，定積分と不等式，無限級数	2017 理系〔2〕	B
84	媒介変数で表された曲線が交差しないための必要十分条件	2017 理系〔5〕	D
85	2曲線が接する条件，回転体の体積	2016 理系〔3〕	B
86	カージオイド（心臓形）の概形と曲線の長さ	2016 理系〔5〕	C
87	分数関数のグラフと放物線で囲まれた図形の面積	2015 理系〔1〕	A

88	三角関数を含む分数関数の最大値・最小値	2015 理系〔2〕	B
89	4次関数のグラフの変曲点, 変曲点における接線	2015 理系〔3〕	C
90	関数の極値, 2つの曲線の共有点の個数	2014 理系〔1〕	A
91	三角形を回転したときの通過領域, 回転体の体積の最小	2014 理系〔5〕	B
92	2次関数と3次関数のグラフで囲まれた部分の面積の最小	2013 理系〔3〕	A
93	定積分の計算, 関係式をみたす正の数が存在するための条件	2013 理系〔4〕	B
94	定積分で表された関数と微分, 積分の計算	2012 理系〔3〕	B
95	定積分の計算, 大小比較	2012 理系〔4〕	A
96	媒介変数で表された曲線の概形, 回転体の体積	2012 理系〔5〕	B
97	定積分と不等式, 無限級数の和	2011 理系〔3〕	B
98	不等式の証明	2011 理系〔5〕	B
99	三角関数を含む関数が極値をもたない条件	2010 理系〔1〕	A
100	対数関数のグラフの概形, 囲まれた図形の面積	2010 理系〔3〕	B
101	指数関数を含む不等式の証明	2009 理系〔1〕	B
102	3次方程式の解の存在範囲	2009 理系〔2〕	C
103	三角関数のグラフで囲まれた部分の面積, 回転体の体積	2009 理系〔3〕	B
104	回転体の体積とその最小値	2008 理系〔4〕	C

微・積分法

　文系については, 内容としては, 3次関数の接線, 極値, 最大・最小, 放物線で囲まれた部分の面積など, 特に変わったものはないが, 数列の漸化式との融合, 絶対値記号を含んだ問題に注意したい。難易度としては標準的なものが中心である。過去問と同時に, 標準的な入試問題でしっかりとした計算力をつけておくとよいだろう。

　理系については, ほぼ例年, 複数題の出題があり最頻出の項目である。出題内容は特に偏りはなく, 数学Ⅲ「微・積分法」の全般にわたっている。難易度については, やや難しい問題や計算が煩雑なものも含まれており, 十分演習しておくことが望まれる。特に, 積分の計算はしっかり練習しておきたい。なお, 問題 86 (2016 理系〔5〕), 88 (2015 理系〔2〕) ではそれぞれ, 極座標, 2次曲線が扱われているので, 「式と曲線」の基本事項については理解しておかなければならない。また, 過去に微分可能の定義と連続であることとの関係についての出題があったので, 教科書の定義・定理の証明などは一度確認しておくとよいだろう。

64 2022 年度 文系〔1〕 Level B

a を正の実数とする。$x \geq 0$ のとき $f(x) = x^2$, $x < 0$ のとき $f(x) = -x^2$ とし, 曲線 $y = f(x)$ を C, 直線 $y = 2ax - 1$ を l とする。以下の問に答えよ。

(1) C と l の共有点の個数を求めよ。

(2) C と l がちょうど2個の共有点をもつとする。C と l で囲まれた図形の面積を求めよ。

65 2020 年度 文系〔1〕 Level A

a, b, c, p は実数とし, $f(x) = x^3 + ax^2 + bx + c$ は $(x-p)^2$ で割り切れるとする。以下の問に答えよ。

(1) b, c を a, p を用いて表せ。

(2) $f(x)$ の導関数 $f'(x)$ は, $f'\left(p + \dfrac{4}{3}\right) = 0$ をみたすとする。a を p を用いて表せ。

(3) (2)の条件のもとで $p = 0$ とする。曲線 $y = f(x)$ と $y = f'(x)$ の交点を x 座標が小さい方から順に A, B, C とし, 線分 AB と曲線 $y = f'(x)$ で囲まれた部分の面積を S_1, 線分 BC と曲線 $y = f'(x)$ で囲まれた部分の面積を S_2 とする。このとき, $S_1 + S_2$ の値を求めよ。

66 2019年度 文系〔1〕 Level A

a, b, c を実数とし, $a \neq 0$ とする。2 次関数 $f(x)$ を
$$f(x) = ax^2 + bx + c$$
で定める。曲線 $y = f(x)$ は点 $\left(2,\ 2 - \dfrac{c}{2}\right)$ を通り,

$$\int_0^3 f(x)\,dx = \frac{9}{2}$$

をみたすとする。以下の問に答えよ。

(1) 関数 $f(x)$ を a を用いて表せ。

(2) 点 $(1,\ f(1))$ における曲線 $y = f(x)$ の接線を l とする。直線 l の方程式を a を用いて表せ。

(3) $0 < a < \dfrac{1}{2}$ とする。(2)で求めた直線 l の $y \geq 0$ の部分と曲線 $y = f(x)$ の $x \geq 0$ の部分および x 軸で囲まれた図形の面積 S の最大値と,そのときの a の値を求めよ。

67 2017年度 文系〔1〕 Level A

t を正の実数とする。$f(x) = x^3 + 3x^2 - 3(t^2 - 1)x + 2t^3 - 3t^2 + 1$ とおく。以下の問に答えよ。

(1) $2t^3 - 3t^2 + 1$ を因数分解せよ。

(2) $f(x)$ が極小値 0 をもつことを示せ。

(3) $-1 \leq x \leq 2$ における $f(x)$ の最小値 m と最大値 M を t の式で表せ。

68 2014年度 文系〔1〕 Level B

2次方程式 $x^2 - x - 1 = 0$ の2つの解を α, β とし,

$$c_n = \alpha^n + \beta^n, \quad n = 1, 2, 3, \cdots$$

とおく。以下の問に答えよ。

(1) n を2以上の自然数とするとき,

$$c_{n+1} = c_n + c_{n-1}$$

となることを示せ。

(2) 曲線 $y = c_1 x^3 - c_3 x^2 - c_2 x + c_4$ の極値を求めよ。

(3) 曲線 $y = c_1 x^2 - c_3 x + c_2$ と, x 軸で囲まれた図形の面積を求めよ。

69 2012年度 文系〔2〕 Level A

a を正の実数とする。2つの放物線

$$y = \frac{1}{2}x^2 - 3a$$

$$y = -\frac{1}{2}x^2 + 2ax - a^3 - a^2$$

が異なる2点で交わるとし, 2つの放物線によって囲まれる部分の面積を $S(a)$ とする。以下の問に答えよ。

(1) a の値の範囲を求めよ。

(2) $S(a)$ を a を用いて表せ。

(3) $S(a)$ の最大値とそのときの a の値を求めよ。

70 2011 年度 文系〔1〕 Level A

実数 x, y に対して，等式

$$x^2 + y^2 = x + y \quad \cdots\cdots ①$$

を考える。$t = x + y$ とおく。以下の問に答えよ。

(1) ①の等式が表す xy 平面上の図形を図示せよ。

(2) x と y が①の等式をみたすとき，t のとりうる値の範囲を求めよ。

(3) x と y が①の等式をみたすとする。

$$F = x^3 + y^3 - x^2 y - xy^2$$

を t を用いた式で表せ。また，F のとりうる値の最大値と最小値を求めよ。

71 2008 年度 文系〔1〕 Level B

x の2次関数 $f(x) = ax^2 + bx + c$ とその導関数 $f'(x)$ について，次の問に答えよ。ただし，a, b, c は定数で $a \neq 0$ とする。

(1) 実数 α, β について，$f(\alpha) = f(\beta)$ ならば
$|f'(\alpha)| = |f'(\beta)|$ であることを示せ。

(2) 実数 α, β について，$|f'(\alpha)| = |f'(\beta)|$ ならば
$f(\alpha) = f(\beta)$ であることを示せ。

72 2022 年度 理系〔3〕 Level B

a を実数，$0 < a < 1$ とし，$f(x) = \log(1 + x^2) - ax^2$ とする。以下の問に答えよ。

(1) 関数 $f(x)$ の極値を求めよ。

(2) $f(1) = 0$ とする。曲線 $y = f(x)$ と x 軸で囲まれた図形の面積を求めよ。

73 2021年度　理系〔2〕 Level A

次の定積分を求めよ。

(1)　　　$I = \displaystyle\int_0^1 x^2 \sqrt{1 - x^2}\, dx$

(2)　　　$J = \displaystyle\int_0^1 x^3 \log\,(x^2 + 1)\, dx$

74 2021年度　理系〔5〕 Level B

座標平面上を運動する点 P$(x,\ y)$ の時刻 t における座標が

$$x = \frac{4 + 5\cos t}{5 + 4\cos t},\ \ y = \frac{3\sin t}{5 + 4\cos t}$$

であるとき，以下の問に答えよ。

(1)　点 P と原点 O との距離を求めよ。

(2)　点 P の時刻 t における速度 $\vec{v} = \left(\dfrac{dx}{dt},\ \dfrac{dy}{dt}\right)$ と速さ $|\vec{v}|$ を求めよ。

(3)　定積分 $\displaystyle\int_0^\pi \frac{dt}{5 + 4\cos t}$ を求めよ。

75 2020年度 理系〔1〕 Level A

α は実数とし，$f(x)$ は係数が実数である 3 次式で，次の条件(i), (ii)をみたすとする。

(i) $f(x)$ の x^3 の係数は 1 である。

(ii) $f(x)$ とその導関数 $f'(x)$ について，
$$f(\alpha) = f'(\alpha) = 0$$
が成り立つ。

以下の問に答えよ。

(1) $f(x)$ は $(x-\alpha)^2$ で割り切れることを示せ。

(2) $f(\alpha+2) = 0$ とする。$f'(x) = 0$ かつ $x \neq \alpha$ をみたす x を α を用いて表せ。

(3) (2)の条件のもとで $\alpha = 0$ とする。xy 平面において不等式
$$y \geq f(x) \quad かつ \quad y \geq f'(x) \quad かつ \quad y \leq 0$$
の表す部分の面積を求めよ。

76 2020年度 理系〔2〕 Level B

θ を $0 < \theta < \dfrac{\pi}{2}$ をみたす実数とし，原点 O，A $(1, 0)$，B $(\cos 2\theta, \sin 2\theta)$ を頂点とする △OAB の内接円の中心を P とする。また，θ がこの範囲を動くときに点 P が描く曲線と線分 OA によって囲まれた部分を D とする。以下の問に答えよ。

(1) 点 P の座標は $\left(1 - \sin\theta, \dfrac{\sin\theta\cos\theta}{1+\sin\theta}\right)$ で表されることを示せ。

(2) D を x 軸のまわりに 1 回転させてできる立体の体積を求めよ。

77 2020 年度 理系〔4〕 Level B

n を自然数とし，$2n\pi \leqq x \leqq (2n+1)\pi$ に対して $f(x) = \dfrac{\sin x}{x}$ とする。以下の問に答えよ。

(1) $f(x)$ が最大となる x の値がただ１つ存在することを示せ。

(2) (1)の x の値を x_n とする。このとき，$\displaystyle\lim_{n \to \infty} \dfrac{n}{\tan x_n}$ を求めよ。

78 2019 年度 理系〔1〕 Level A

以下の問に答えよ。

(1) 関数

$$f(x) = \dfrac{\log x}{x}$$

の $x>0$ における最大値とそのときの x の値を求めよ。

(2) a を $a \neq 1$ をみたす正の実数とする。曲線 $y=e^x$ と曲線 $y=x^a$ $(x>0)$ が共有点 P をもち，さらに点 P において共通の接線をもつとする。点 P の x 座標を t とするとき，a と t の値を求めよ。

(3) a と t を(2)で求めた実数とする。x を $x \neq t$ をみたす正の実数とするとき，e^x と x^a の大小を判定せよ。

79

媒介変数表示

$$x = \sin t, \quad y = (1 + \cos t) \sin t \quad (0 \leqq t \leqq \pi)$$

で表される曲線を C とする。以下の問に答えよ。

(1) $\dfrac{dy}{dx}$ および $\dfrac{d^2 y}{dx^2}$ を t の関数として表せ。

(2) C の凹凸を調べ，C の概形を描け。

(3) C で囲まれる領域の面積 S を求めよ。

80

k を 2 以上の整数とする。また

$$f(x) = \frac{1}{k}\left((k-1)x + \frac{1}{x^{k-1}}\right)$$

とおく。以下の問に答えよ。

(1) $x > 0$ において，関数 $y = f(x)$ の増減と漸近線を調べてグラフの概形をかけ。

(2) 数列 $\{x_n\}$ が $x_1 > 1$, $x_{n+1} = f(x_n)$ $(n = 1, 2, \cdots)$ を満たすとき，$x_n > 1$ を示せ。

(3) (2)の数列 $\{x_n\}$ に対し，

$$x_{n+1} - 1 < \frac{k-1}{k}(x_n - 1)$$

を示せ。また $\lim_{n \to \infty} x_n$ を求めよ。

81

座標空間において，O を原点とし，A (2, 0, 0)，B (0, 2, 0)，C (1, 1, 0) とする。△OAB を直線 OC の周りに 1 回転してできる回転体を L とする。以下の問に答えよ。

(1) 直線 OC 上にない点 P(x, y, z) から直線 OC におろした垂線を PH とする。$\overrightarrow{OH}$ と $\overrightarrow{HP}$ を x, y, z の式で表せ。

(2) 点 P(x, y, z) が L の点であるための条件は
$$z^2 \leqq 2xy \text{ かつ } 0 \leqq x+y \leqq 2$$
であることを示せ。

(3) $1 \leqq a \leqq 2$ とする。L を平面 $x=a$ で切った切り口の面積 $S(a)$ を求めよ。

(4) 立体 $\{(x, y, z)|(x, y, z) \in L, 1 \leqq x \leqq 2\}$ の体積を求めよ。

82

n を自然数とする。
$$f(x) = \sin x - nx^2 + \frac{1}{9}x^3$$
とおく。$3 < \pi < 4$ であることを用いて，以下の問に答えよ。

(1) $0 < x < \dfrac{\pi}{2}$ のとき，$f''(x) < 0$ であることを示せ。

(2) 方程式 $f(x)=0$ は $0 < x < \dfrac{\pi}{2}$ の範囲に解をただ 1 つもつことを示せ。

(3) (2)における解を x_n とする。$\lim_{n \to \infty} x_n = 0$ であることを示し，$\lim_{n \to \infty} nx_n$ を求めよ。

83 2017 年度 理系〔2〕 Level B

n を自然数とする。以下の問に答えよ。

(1) 実数 x に対して，次の等式が成り立つことを示せ。

$$\sum_{k=0}^{n}(-1)^{k}e^{-kx}-\frac{1}{1+e^{-x}}=\frac{(-1)^{n}e^{-(n+1)x}}{1+e^{-x}}$$

(2) 次の等式をみたす S の値を求めよ。

$$\sum_{k=1}^{n}\frac{(-1)^{k}(1-e^{-k})}{k}-S=(-1)^{n}\int_{0}^{1}\frac{e^{-(n+1)x}}{1+e^{-x}}dx$$

(3) 不等式

$$\int_{0}^{1}\frac{e^{-(n+1)x}}{1+e^{-x}}dx\leqq\frac{1}{n+1}$$

が成り立つことを示し，$\displaystyle\sum_{k=1}^{\infty}\frac{(-1)^{k}(1-e^{-k})}{k}$ を求めよ。

84 2017 年度 理系〔5〕 Level D

$r,\ c,\ \omega$ は正の定数とする。座標平面上の動点 P は時刻 $t=0$ のとき原点にあり，毎秒 c の速さで x 軸上を正の方向へ動いているとする。また，動点 Q は時刻 $t=0$ のとき点 $(0,\ -r)$ にあるとする。点 P から見て，動点 Q が点 P を中心とする半径 r の円周上を毎秒 ω ラジアンの割合で反時計回りに回転しているとき，以下の問に答えよ。

(1) 時刻 t における動点 Q の座標 $(x(t),\ y(t))$ を求めよ。

(2) 動点 Q の描く曲線が交差しない，すなわち，$t_{1}\neq t_{2}$ ならば $(x(t_{1}),\ y(t_{1}))\neq(x(t_{2}),\ y(t_{2}))$ であるための必要十分条件を $r,\ c,\ \omega$ を用いて与えよ。

85 2016 年度　理系〔3〕 Level B

a を正の定数とし，2 曲線 $C_1 : y = \log x$，$C_2 : y = ax^2$ が点 P で接しているとする。以下の問に答えよ。

(1) P の座標と a の値を求めよ。

(2) 2 曲線 C_1，C_2 と x 軸で囲まれた部分を x 軸のまわりに 1 回転させてできる立体の体積を求めよ。

86 2016 年度　理系〔5〕 Level C

極方程式で表された xy 平面上の曲線 $r = 1 + \cos\theta$ $(0 \leqq \theta \leqq 2\pi)$ を C とする。以下の問に答えよ。

(1) 曲線 C 上の点を直交座標 (x, y) で表したとき，$\dfrac{dx}{d\theta} = 0$ となる点，および

$\dfrac{dy}{d\theta} = 0$ となる点の直交座標を求めよ。

(2) $\displaystyle\lim_{\theta \to \pi} \dfrac{dy}{dx}$ を求めよ。

(3) 曲線 C の概形を xy 平面上にかけ。

(4) 曲線 C の長さを求めよ。

87 2015 年度　理系〔1〕 Level A

座標平面上の 2 つの曲線 $y = \dfrac{x-3}{x-4}$，$y = \dfrac{1}{4}(x-1)(x-3)$ をそれぞれ C_1，C_2 とする。以下の問に答えよ。

(1) 2 曲線 C_1，C_2 の交点をすべて求めよ。

(2) 2 曲線 C_1，C_2 の概形をかき，C_1 と C_2 で囲まれた図形の面積を求めよ。

88 2015年度 理系〔2〕 Level B

座標平面上の楕円 $\dfrac{x^2}{4}+y^2=1$ を C とする。$a>2$, $0<\theta<\pi$ とし, x 軸上の点 $\mathrm{A}(a, 0)$ と楕円 C 上の点 $\mathrm{P}(2\cos\theta, \sin\theta)$ をとる。原点を O とし, 直線 AP と y 軸との交点を Q とする。点 Q を通り x 軸に平行な直線と, 直線 OP との交点を R とする。以下の問に答えよ。

(1) 点 R の座標を求めよ。

(2) (1)で求めた点 R の y 座標を $f(\theta)$ とする。このとき, $0<\theta<\pi$ における $f(\theta)$ の最大値を求めよ。

(3) 原点 O と点 R の距離の 2 乗を $g(\theta)$ とする。このとき, $0<\theta<\pi$ における $g(\theta)$ の最小値を求めよ。

89 2015年度 理系〔3〕 Level C

a を正の実数とする。座標平面上の曲線 C を
$$y=x^4-2(a+1)x^3+3ax^2$$
で定める。曲線 C が 2 つの変曲点 P, Q をもち, それらの x 座標の差が $\sqrt{2}$ であるとする。以下の問に答えよ。

(1) a の値を求めよ。

(2) 線分 PQ の中点と x 座標が一致するような, C 上の点を R とする。三角形 PQR の面積を求めよ。

(3) 曲線 C 上の点 P における接線が P 以外で C と交わる点を P' とし, 点 Q における接線が Q 以外で C と交わる点を Q' とする。線分 $\mathrm{P}'\mathrm{Q}'$ の中点の x 座標を求めよ。

90 2014年度 理系〔1〕 Level A

a を実数とし，$f(x) = xe^x - x^2 - ax$ とする。曲線 $y = f(x)$ 上の点 $(0, f(0))$ における接線の傾きを -1 とする。このとき，以下の問に答えよ。

(1) a の値を求めよ。

(2) 関数 $y = f(x)$ の極値を求めよ。

(3) b を実数とするとき，2つの曲線 $y = xe^x$ と $y = x^2 + ax + b$ の $-1 \leq x \leq 1$ の範囲での共有点の個数を調べよ。

91 2014年度 理系〔5〕 Level B

a, b を正の実数とし，xy 平面上に3点 O$(0, 0)$，A$(a, 0)$，B(a, b) をとる。三角形 OAB を，原点 O を中心に $90°$ 回転するとき，三角形 OAB が通過してできる図形を D とする。このとき，以下の問に答えよ。

(1) D を xy 平面上に図示せよ。

(2) D を x 軸のまわりに1回転してできる回転体の体積 V を求めよ。

(3) $a + b = 1$ のとき，(2)で求めた V の最小値と，そのときの a の値を求めよ。

92 2013年度 理系〔3〕 Level A

c を $0 < c < 1$ をみたす実数とする。$f(x)$ を2次以下の多項式とし，曲線 $y = f(x)$ が3点 $(0, 0)$，$(c, c^3 - 2c)$，$(1, -1)$ を通るとする。次の問いに答えよ。

(1) $f(x)$ を求めよ。

(2) 曲線 $y = f(x)$ と曲線 $y = x^3 - 2x$ で囲まれた部分の面積 S を c を用いて表せ。

(3) (2)で求めた S を最小にするような c の値を求めよ。

93 2013年度 理系〔4〕 Level B

a, b を実数とする。次の問いに答えよ。

(1) $f(x) = a\cos x + b$ が,

$$\int_0^\pi f(x)\,dx = \frac{\pi}{4} + \int_0^\pi \{f(x)\}^3 dx$$

をみたすとする。このとき,a, b がみたす関係式を求めよ。

(2) (1)で求めた関係式をみたす正の数 b が存在するための a の条件を求めよ。

94 2012年度 理系〔3〕 Level B

$x > 0$ に対し関数 $f(x)$ を

$$f(x) = \int_0^x \frac{dt}{1+t^2}$$

と定め,$g(x) = f\left(\dfrac{1}{x}\right)$ とおく。以下の問に答えよ。

(1) $\dfrac{d}{dx} f(x)$ を求めよ。

(2) $\dfrac{d}{dx} g(x)$ を求めよ。

(3) $f(x) + f\left(\dfrac{1}{x}\right)$ を求めよ。

95 　2012 年度　理系〔4〕　Level　A

自然対数の底を e とする。以下の問に答えよ。

(1)　$e<3$ であることを用いて，不等式 $\log 2 > \dfrac{3}{5}$ が成り立つことを示せ。

(2)　関数 $f(x) = \dfrac{\sin x}{1+\cos x} - x$ の導関数を求めよ。

(3)　積分

$$\int_0^{\frac{\pi}{2}} \frac{\sin x - \cos x}{1+\cos x}\,dx$$

の値を求めよ。

(4)　(3)で求めた値が正であるか負であるかを判定せよ。

96 　2012 年度　理系〔5〕　Level　B

座標平面上の曲線 C を，媒介変数 $0 \leqq t \leqq 1$ を用いて

$$\begin{cases} x = 1 - t^2 \\ y = t - t^3 \end{cases}$$

と定める。以下の問に答えよ。

(1)　曲線 C の概形を描け。

(2)　曲線 C と x 軸で囲まれた部分が，y 軸の周りに 1 回転してできる回転体の体積を求めよ。

97 2011年度 理系〔3〕 Level B

n を 2 以上の自然数として,

$$S_n = \sum_{k=n}^{n^3-1} \frac{1}{k \log k}$$

とおく。以下の問に答えよ。

(1) $\displaystyle\int_n^{n^3} \frac{dx}{x \log x}$ を求めよ。

(2) k を 2 以上の自然数とするとき,

$$\frac{1}{(k+1)\log(k+1)} < \int_k^{k+1} \frac{dx}{x \log x} < \frac{1}{k \log k}$$

を示せ。

(3) $\displaystyle\lim_{n \to \infty} S_n$ の値を求めよ。

98 2011年度 理系〔5〕 Level B

以下の問に答えよ。

(1) $x \geqq 1$ において,$x > 2\log x$ が成り立つことを示せ。ただし,e を自然対数の底とするとき,$2.7 < e < 2.8$ であることを用いてよい。

(2) 自然数 n に対して,

$$(2n \log n)^n < e^{2n \log n}$$

が成り立つことを示せ。

99 2010年度 理系〔1〕 Level A

a を実数とする。関数 $f(x) = ax + \cos x + \dfrac{1}{2}\sin 2x$ が極値をもたないように,a の値の範囲を定めよ。

100

2010 年度　理系〔3〕

Level B

$f(x) = \dfrac{\log x}{x}$, $g(x) = \dfrac{2\log x}{x^2}$ $(x > 0)$ とする。以下の問に答えよ。ただし，自然対数の底 e について，$e = 2.718\cdots$ であること，$\displaystyle\lim_{x \to \infty} \dfrac{\log x}{x} = 0$ であることを証明なしで用いてよい。

(1) 2 曲線 $y = f(x)$ と $y = g(x)$ の共有点の座標をすべて求めよ。

(2) 区間 $x > 0$ において，関数 $y = f(x)$ と $y = g(x)$ の増減，極値を調べ，2 曲線 $y = f(x)$, $y = g(x)$ のグラフの概形をかけ。グラフの変曲点は求めなくてよい。

(3) 区間 $1 \leqq x \leqq e$ において，2 曲線 $y = f(x)$ と $y = g(x)$，および直線 $x = e$ で囲まれた図形の面積を求めよ。

101

2009 年度　理系〔1〕

Level B

a, b は実数で $a > b > 0$ とする。区間 $0 \leqq x \leqq 1$ で定義される関数 $f(x)$ を次のように定める。
$$f(x) = \log(ax + b(1-x)) - x\log a - (1-x)\log b$$
ただし，log は自然対数を表す。このとき，以下のことを示せ。

(1) $0 < x < 1$ に対して $f''(x) < 0$ が成り立つ。

(2) $f'(c) = 0$ をみたす実数 c が，$0 < c < 1$ の範囲にただ 1 つ存在する。

(3) $0 \leqq x \leqq 1$ をみたす実数 x に対して，
$$ax + b(1-x) \geqq a^x b^{1-x}$$
が成り立つ。

102 2009年度 理系〔2〕 Level C

$f(x) = x^3 - 3x + 1$, $g(x) = x^2 - 2$ とし，方程式 $f(x) = 0$ について考える。このとき，以下のことを示せ。

(1) $f(x) = 0$ は絶対値が2より小さい3つの相異なる実数解をもつ。

(2) α が $f(x) = 0$ の解ならば，$g(\alpha)$ も $f(x) = 0$ の解となる。

(3) $f(x) = 0$ の解を小さい順に α_1, α_2, α_3 とすれば，
$$g(\alpha_1) = \alpha_3, \ g(\alpha_2) = \alpha_1, \ g(\alpha_3) = \alpha_2$$
となる。

103 2009年度 理系〔3〕 Level B

a を $0 \leqq a < \dfrac{\pi}{2}$ の範囲にある実数とする。2つの直線 $x = 0$, $x = \dfrac{\pi}{2}$ および2つの曲線 $y = \cos(x - a)$, $y = -\cos x$ によって囲まれる図形を G とする。このとき，以下の問に答えよ。

(1) 図形 G の面積を S とする。S を a を用いた式で表せ。

(2) a が $0 \leqq a < \dfrac{\pi}{2}$ の範囲を動くとき，S を最大にするような a の値と，そのときの S の値を求めよ。

(3) 図形 G を x 軸の周りに1回転させてできる立体の体積を V とする。V を a を用いた式で表せ。

104　2008 年度　理系〔4〕　　　　　　　　　　　　Level C

xy 平面上に 5 点 A $(0, 2)$，B $(2, 2)$，C $(2, 1)$，D $(4, 1)$，P $(0, 3)$ をとる。点 P を通り傾き a の直線 l が，線分 BC と交わり，その交点は B，C と異なるとする。このとき，次の問に答えよ。

(1)　a の値の範囲を求めよ。

(2)　直線 l と線分 AB，線分 BC で囲まれる図形を x 軸のまわりに 1 回転させてできる回転体の体積を V_1，直線 l と線分 BC，線分 CD で囲まれる図形を x 軸のまわりに 1 回転させてできる回転体の体積を V_2 とするとき，それらの和 $V = V_1 + V_2$ を a の式で表せ。

(3)　(1)で求めた a の値の範囲で，(2)で求めた V は，$a = -\dfrac{3}{4}$ のとき最小値をとることを示せ。

§7 複素数平面 〈2002〜2004年度を含む〉

	内　　容	年度	レベル
105	正三角形をなす3頂点の関係	2003 文系〔1〕	A
106	複素数平面上で3次方程式の解を頂点とする三角形の面積の最大	2018 理系〔4〕	B
107	漸化式で与えられた複素数列とその和	2004 理系〔2〕	B
108	複素数平面上の点の軌跡，3点が同一直線上にあることの証明	2003 理系〔1〕	B
109	複素数平面上の点の軌跡	2002 理系〔1〕	B

　複素数平面については，かつての教育課程に含まれていなかったこともあり，2005年度から2017年度まで出題されていなかった。2018年度に微分法との融合問題が出題されたが，標準的な内容・レベルである。本書では2002〜2004年度の過去問も併せて収録している。また，本書で，「§2 整数，数列，式と証明」に分類してある問題25（2011 理系〔1〕）は複素数平面の問題として解くこともできる。

　2024年度までは数学Ⅲ，2025年度からは数学Cに含まれている分野であるので，引き続き出題されることも十分考えられる。参考書，問題集等で演習を積んでおくべきだろう。

複素数平面

105 2003年度 文系〔1〕 Level A

複素数平面上の3点 A (z_1)，B (z_2)，C (z_3) は正三角形の頂点であり，左まわり（反時計まわり）に並んでいるとする。次の問に答えよ。

(1) 2つの複素数 $\dfrac{z_2-z_1}{z_3-z_1}$，$\dfrac{z_2-z_3}{z_1-z_3}$ の値を求めよ。

(2) $z_1=2i$，$z_2=-2-2\sqrt{2}i$ のとき，z_3 の値を求めよ。ただし，i は虚数単位とする。

106 2018年度 理系〔4〕 Level B

整式 $f(x)$ は実数を係数にもつ3次式で，3次の係数は1，定数項は -3 とする。方程式 $f(x)=0$ は，1と虚数 α，β を解にもつとし，α の実部は1より大きく，α の虚部は正とする。複素数平面上で α，β，1が表す点を順にA，B，Cとし，原点をOとする。以下の問に答えよ。

(1) α の絶対値を求めよ。

(2) θ を α の偏角とする。△ABC の面積 S を θ を用いて表せ。

(3) S を最大にする θ $(0\leqq\theta<2\pi)$ とそのときの整式 $f(x)$ を求めよ。

107 2004年度 理系〔2〕 Level B

$\alpha=\cos\dfrac{360°}{5}+i\sin\dfrac{360°}{5}$ とする。ただし，i は虚数単位である。100個の複素数 z_1，z_2，$\cdots$，z_{100} を

$$z_1=\alpha,\quad z_n=z_{n-1}{}^3 \quad (n=2,\ \cdots,\ 100)$$

で定める。次の問に答えよ。

(1) z_5 を α を用いて表せ。

(2) $z_n=\alpha$ となるような n の個数を求めよ。

(3) $\displaystyle\sum_{n=1}^{100}z_n$ の値を求めよ。

108 2003年度 理系〔1〕　　　　　　　　　　　Level B

次の問に答えよ。ただし，i は虚数単位とする。

(1) 複素数 z に対し，$w = \dfrac{z-i}{z+i}$ とする。z が実軸上を動くとき，複素数平面上で w を表す点が描く図形を求めよ。

(2) 複素数 z とその共役複素数 $\bar{z}$ に対し，$w_1 = \dfrac{z-i}{z+i}$，$w_2 = \dfrac{\bar{z}-i}{\bar{z}+i}$ とする。$z \neq \pm i$ のとき，複素数平面上で w_1 を表す点を P，w_2 を表す点を Q とする。P，Q と原点 O が同一直線上にあることを示せ。

109 2002年度 理系〔1〕　　　　　　　　　　　Level B

0 でない複素数 z に対して，$w = u + iv$ を

$$w = \frac{1}{2}\left(z + \frac{1}{z}\right)$$

とするとき，次の問に答えよ。ただし，u，v は実数，i は虚数単位である。

(1) 複素数平面上で，z が単位円 $|z| = 1$ 上を動くとき，w はどのような曲線を描くか。u，v がみたす曲線の方程式を求め，その曲線を図示せよ。

(2) 複素数平面上で，z が実軸からの偏角 $\alpha \left(0 < \alpha < \dfrac{\pi}{2}\right)$ の半直線上を動くとき，w はどのような曲線を描くか。u，v がみたす曲線の方程式を求め，その曲線を図示せよ。

§8 行 列

	内　　　容	年度	レベル
110	行列の計算，n 乗	2012 理系〔2〕	B
111	行列で表される点の移動，無限級数	2010 理系〔5〕	B
112	二項展開式の応用，2 次正方行列の演算，確率の計算	2008 理系〔5〕	B

　理系の出題範囲に含まれ，以前はほぼ隔年に出題されていた。内容としては，標準的で，特に難しい問題は出題されていない。数列，確率との融合問題も出題されている。

　なお，2015 年度入試からは範囲外となっている。

110 2012 年度 理系〔2〕 Level B

x を実数とし，$A = \begin{pmatrix} 4 & -1 \\ 2 & 1 \end{pmatrix}$，$E = \begin{pmatrix} 1 & 0 \\ 0 & 1 \end{pmatrix}$，$P = A - xE$ とおく。P は $P^2 = P$ をみたす とする。以下の問に答えよ。

(1) x の値を求めよ。

(2) n を自然数とする。
$$A^n = a_n P + b_n E$$
をみたす a_n, b_n を n を用いて表せ。

111 2010 年度 理系〔5〕 Level B

座標平面において，点 $P_n(a_n,\ b_n)$ $(n \geqq 1)$ を
$$\begin{pmatrix} a_1 \\ b_1 \end{pmatrix} = \begin{pmatrix} 1 \\ 0 \end{pmatrix}$$
$$\begin{pmatrix} a_n \\ b_n \end{pmatrix} = \frac{1}{2} \begin{pmatrix} \cos\theta & -\sin\theta \\ \sin\theta & \cos\theta \end{pmatrix} \begin{pmatrix} a_{n-1} \\ b_{n-1} \end{pmatrix} \quad (n \geqq 2)$$
で定める。このとき，以下の問に答えよ。

(1) a_n, b_n を n と θ を用いて表せ。

(2) $\theta = \dfrac{\pi}{3}$ のとき，自然数 n に対して，線分 $P_n P_{n+1}$ の長さ l_n を求めよ。

(3) (2)で求めた l_n に対して，$\displaystyle\sum_{n=1}^{\infty} l_n$ を求めよ。

行
列

112　2008年度　理系〔5〕　Level B

n, k を自然数とする。このとき，次の問に答えよ。

(1)　$(1+x)^n$ の展開式を用いて，次の等式を示せ。

$$2^n = {}_nC_0 + {}_nC_1 + {}_nC_2 + {}_nC_3 + \cdots + {}_nC_n$$
$$0 = {}_nC_0 - {}_nC_1 + {}_nC_2 - {}_nC_3 + \cdots + (-1)^n {}_nC_n$$

(2)　$\begin{pmatrix} 0 & 1 \\ 1 & 0 \end{pmatrix}^k$ を求めよ。

(3)　2次の正方行列 M_1, M_2, M_3, $\cdots$, M_n は，それぞれが $\dfrac{1}{3}$ の確率で，$\begin{pmatrix} 1 & 0 \\ 0 & 1 \end{pmatrix}$, $\begin{pmatrix} 0 & 1 \\ 1 & 0 \end{pmatrix}$, $\begin{pmatrix} 0 & 0 \\ 0 & 0 \end{pmatrix}$ のいずれかになるとする。n 個の行列の積 $M_1M_2M_3\cdots M_n$ が $\begin{pmatrix} 1 & 0 \\ 0 & 1 \end{pmatrix}$ と等しくなる確率を求めよ。

解 答 編

§1 2次関数

a を正の定数とし, $f(x)=|x^2+2ax+a|$ とおく。以下の問に答えよ。

(1) $y=f(x)$ のグラフの概形をかけ。

(2) $y=f(x)$ のグラフが点 $(-1, 2)$ を通るときの a の値を求めよ。また，そのときの $y=f(x)$ のグラフと x 軸で囲まれる図形の面積を求めよ。

(3) $a=2$ とする。すべての実数 x に対して $f(x) \geqq 2x+b$ が成り立つような実数 b の取りうる値の範囲を求めよ。

> **ポイント** (1) $y=x^2+2ax+a$ のグラフが x 軸と共有点をもつかどうかで場合分けする。
> (2) a の値を求め，グラフの概形をかき，積分により求める。公式 $\int_{\alpha}^{\beta}(x-\alpha)(x-\beta)\,dx$
> $=-\dfrac{1}{6}(\beta-\alpha)^3$ が利用できる。
> (3) $y=f(x)$ のグラフと $y=2x+b$ のグラフを用いる。$y=x^2+4x+2$ と $y=2x+b$ が接する場合の接点の x 座標に着目。

解 法

(1) $\quad f(x)=|x^2+2ax+a|=|(x+a)^2-a^2+a|$

$-a^2+a \geqq 0$ とすると $\quad a(a-1) \leqq 0$

$a>0$ より $\quad 0<a \leqq 1$

よって

(i) $0<a \leqq 1$ のとき

$\qquad f(x)=(x+a)^2-a^2+a$

グラフは図(i)のとおり。

(ii) $a>1$ のとき

$\quad x^2+2ax+a=0$ の解は, $x=-a \pm \sqrt{a^2-a}$ より

$$f(x)=\begin{cases} (x+a)^2-a^2+a & (x \leqq -a-\sqrt{a^2-a}, \ -a+\sqrt{a^2-a} \leqq x) \\ -(x+a)^2+a^2-a & (-a-\sqrt{a^2-a} \leqq x \leqq -a+\sqrt{a^2-a}) \end{cases}$$

グラフは図(ii)のとおり。

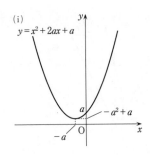

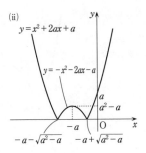

(2) $y=f(x)$ のグラフが $(-1, 2)$ を通るとき

$$|1-2a+a|=2 \qquad |1-a|=2 \qquad 1-a=\pm 2$$

$$a=3, \ -1$$

$a>0$ より $\qquad a=3$ ……(答)

このとき

$$f(x)=|x^2+6x+3|=\begin{cases} x^2+6x+3 \quad (x\leqq -3-\sqrt{6}, \ -3+\sqrt{6}\leqq x) \\ -x^2-6x-3 \quad (-3-\sqrt{6}\leqq x\leqq -3+\sqrt{6}) \end{cases}$$

$y=f(x)$ のグラフは右のようになるので,

$\alpha=-3-\sqrt{6}$, $\beta=-3+\sqrt{6}$ とおくと,求める面積は

$$\int_{\alpha}^{\beta}(-x^2-6x-3)\,dx$$

$$=-\int_{\alpha}^{\beta}(x-\alpha)(x-\beta)\,dx$$

$$=\frac{1}{6}(\beta-\alpha)^3=\frac{1}{6}(2\sqrt{6})^3=8\sqrt{6} \quad \text{……(答)}$$

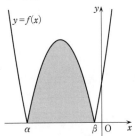

(3) $a=2$ のとき

$$f(x)=|x^2+4x+2|$$

$$=\begin{cases} x^2+4x+2 \quad (x\leqq -2-\sqrt{2}, \ -2+\sqrt{2}\leqq x) \\ -x^2-4x-2 \quad (-2-\sqrt{2}\leqq x\leqq -2+\sqrt{2}) \end{cases}$$

$y=x^2+4x+2$ より $\qquad y'=2x+4$

$y'=2$ とおくと $\qquad 2x+4=2 \qquad x=-1$

よって,$y=x^2+4x+2$ の接線で傾きが2であるものの接点の x 座標は

$$x=-1$$

$-1<-2+\sqrt{2}$ であるので,グラフは次のようになり,すべての実数 x に対して,

$f(x)\geqq 2x+b$ となる b の最大値は,$y=2x+b$ が点 $(-2+\sqrt{2}, \ 0)$ を通るときである。

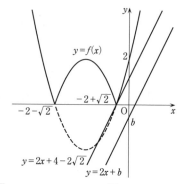

このとき　　$2(-2+\sqrt{2})+b=0$　　　$b=4-2\sqrt{2}$

ゆえに，b の取りうる値の範囲は　　$b \leqq 4-2\sqrt{2}$　……(答)

2 2010年度 文系〔1〕 Level B

実数 a, b に対して，$f(x) = a(x-b)^2$ とおく。ただし，a は正とする。放物線 $y = f(x)$ が直線 $y = -4x + 4$ に接している。このとき，以下の問に答えよ。

(1) b を a を用いて表せ。

(2) $0 \le x \le 2$ において，$f(x)$ の最大値 $M(a)$ と，最小値 $m(a)$ を求めよ。

(3) a が正の実数を動くとき，$M(a)$ の最小値を求めよ。

> **ポイント** (1) 放物線と直線が接する条件を求めるので，2つの方程式から y を消去してできる x の2次方程式の判別式を考える。
> (2) (1)より b を消去したうえで放物線 $y = f(x)$ の軸の位置で場合分けする。最大値と最小値では場合分けのポイントが異なるので，別々に考えればよい。
> (3) $M(a)$ は a の分数式であり，$a > 0$ であることから，相加平均と相乗平均の関係を用いることが考えられる。

解 法

(1) $y = a(x-b)^2$ と $y = -4x + 4$ より y を消去して

$$a(x-b)^2 = -4x + 4$$
$$ax^2 - 2(ab-2)x + ab^2 - 4 = 0$$

この2次方程式が重解をもてばよいから，判別式を D とすると

$$\frac{D}{4} = (ab-2)^2 - a(ab^2-4) = 0$$
$$-4ab + 4a + 4 = 0$$

$a > 0$ なので $b = 1 + \dfrac{1}{a}$ ……(答)

(2) (1)より $f(x) = a\left\{x - \left(1 + \dfrac{1}{a}\right)\right\}^2$ $(0 \le x \le 2)$

$a > 0$ より，放物線 $y = f(x)$ は下に凸で，軸の方程式は

$$x = 1 + \frac{1}{a} > 1$$

したがって，$0 \le x \le 2$ における最大値は

$$M(a) = f(0) = a\left(1 + \frac{1}{a}\right)^2 = a + \frac{1}{a} + 2$$

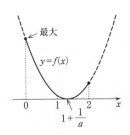

最小値について

(i) $1 < 1 + \dfrac{1}{a} \leqq 2$ すなわち $a \geqq 1$ のとき

$m(a) = f\left(1 + \dfrac{1}{a}\right) = 0$

(ii) $1 + \dfrac{1}{a} > 2$ すなわち $0 < a < 1$ のとき

$m(a) = f(2) = a\left(1 - \dfrac{1}{a}\right)^2 = a + \dfrac{1}{a} - 2$

(i) $a \geqq 1$ のとき   (ii) $0 < a < 1$ のとき

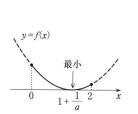

以上より

$M(a) = a + \dfrac{1}{a} + 2, \quad m(a) = \begin{cases} a + \dfrac{1}{a} - 2 & (0 < a < 1) \\ 0 & (a \geqq 1) \end{cases}$ ……(答)

(3) $a > 0$ であるので，相加平均と相乗平均の関係より

$M(a) = a + \dfrac{1}{a} + 2 \geqq 2\sqrt{a \cdot \dfrac{1}{a}} + 2 = 4$

等号成立は $a = \dfrac{1}{a}$ かつ $a > 0$，すなわち $a = 1$ のとき。

よって　　$M(a)$ の最小値は 4　……(答)

〔注〕 (3) 相加平均と相乗平均の関係を用いて最大値や最小値を求める場合，必ず等号成立を確認しておかなければならない。

3 2009 年度 文系〔2〕 Level B

a を正の実数とし，$f(x) = -a^2x^2 + 4ax$ とする。このとき，以下の問に答えよ。

(1) $0 \leqq x \leqq 3$ における $f(x)$ の最大値を求めよ。

(2) 2点 A$(2, 3)$，B$(3, 3)$ を端点とする線分を l とする。曲線 $y = f(x)$ と線分 l （端点を含む）が共有点を持つような a の値の範囲を求め，数直線上に図示せよ。

ポイント (1) $y = f(x)$ のグラフは上に凸な放物線であるので，平方完成し，頂点が $0 \leqq x \leqq 3$ の範囲に含まれるかどうかで場合分けする。
(2) $y = f(x)$ のグラフと直線 $y = 3$ の交点の x 座標，すなわち，$f(x) = 3$ の解が $2 \leqq x \leqq 3$ の範囲にある条件を求める。$f(x) - 3 = 0$ の因数分解に気づくかどうかがポイントとなる。

解 法

(1) $f(x) = -a^2x^2 + 4ax = -a^2\left(x^2 - \dfrac{4}{a}x\right) = -a^2\left(x - \dfrac{2}{a}\right)^2 + 4$

$y = f(x)$ のグラフは上に凸な放物線で，頂点は $\left(\dfrac{2}{a}, 4\right)$

$a > 0$ より $\dfrac{2}{a} > 0$

であるので，$0 \leqq x \leqq 3$ における $f(x)$ の最大値は，次のようになる。

(i) $3 < \dfrac{2}{a}$ すなわち $0 < a < \dfrac{2}{3}$ のとき

最大値は $f(3) = -9a^2 + 12a$

(ii) $0 < \dfrac{2}{a} \leqq 3$ すなわち $a \geqq \dfrac{2}{3}$ のとき

最大値は $f\left(\dfrac{2}{a}\right) = 4$

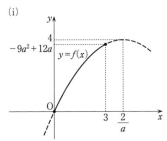

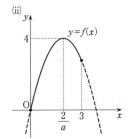

(i), (ii)より，$0 \le x \le 3$ における $f(x)$ の最大値は

$$0 < a < \frac{2}{3} \text{ のとき } \quad -9a^2 + 12a$$

$$\frac{2}{3} \le a \text{ のとき } \quad 4$$

$\left.\begin{array}{}\end{array}\right\}$ ……(答)

(2) $y = f(x)$，$y = 3$ に対して，$f(x) = 3$ をみたす x の値は

$$a^2 x^2 - 4ax + 3 = 0$$

$$(ax - 1)(ax - 3) = 0$$

$$x = \frac{1}{a}, \ \frac{3}{a}$$

曲線 $y = f(x)$ と，2点 A$(2, 3)$，B$(3, 3)$ を端点とする線分 l（$y = 3$，$2 \le x \le 3$）が共有点をもつための条件は，次の(i)または(ii)である。

(i) $2 \le \dfrac{1}{a} \le 3$ 　すなわち 　$\dfrac{1}{3} \le a \le \dfrac{1}{2}$

(ii) $2 \le \dfrac{3}{a} \le 3$ 　すなわち 　$1 \le a \le \dfrac{3}{2}$

よって，求める a の値の範囲は，下の数直線上の太線部分（端点を含む）である。

4 2016年度 理系〔2〕   Level B

a を正の定数とし，$f(x)=|x^2+2ax+a|$ とおく。以下の問に答えよ。

(1) $y=f(x)$ のグラフの概形をかけ。

(2) $a=2$ とする。すべての実数 x に対して $f(x) \geqq 2x+b$ が成り立つような実数 b の取りうる値の範囲を求めよ。

(3) $0<a\leqq\dfrac{3}{2}$ とする。すべての実数 x に対して $f(x)\geqq 2x+b$ が成り立つような実数 b の取りうる値の範囲を a を用いて表せ。また，その条件をみたす点 $(a,\ b)$ の領域を ab 平面上に図示せよ。

> **ポイント** (1) $y=x^2+2ax+a$ のグラフが x 軸と共有点をもつかどうかで場合分けする。
> (2)・(3) $y=f(x)$ のグラフと $y=2x+b$ のグラフを用いる。$y=x^2+2ax+a$ と $y=2x+b$ が接する場合の接点の x 座標に着目。

解 法

(1) $\quad f(x)=|x^2+2ax+a|=|(x+a)^2-a^2+a|$

$-a^2+a\geqq 0$ とすると $\quad a(a-1)\leqq 0$

$a>0$ より $\quad 0<a\leqq 1$

よって

(ⅰ) $0<a\leqq 1$ のとき

$\qquad f(x)=(x+a)^2-a^2+a$

グラフは次頁の図(ⅰ)のとおり。

(ⅱ) $a>1$ のとき

$x^2+2ax+a=0$ の解は，$x=-a\pm\sqrt{a^2-a}$ より

$$f(x)=\begin{cases} (x+a)^2-a^2+a & (x\leqq -a-\sqrt{a^2-a},\ \ -a+\sqrt{a^2-a}\leqq x) \\ -(x+a)^2+a^2-a & (-a-\sqrt{a^2-a}\leqq x\leqq -a+\sqrt{a^2-a}) \end{cases}$$

グラフは次頁の図(ⅱ)のとおり。

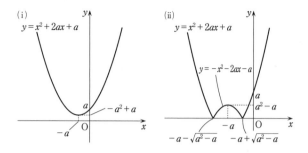

(2)　$a=2$ のとき

$$f(x)=|x^2+4x+2|$$

$$=\begin{cases} x^2+4x+2 & (x\leqq-2-\sqrt{2},\ -2+\sqrt{2}\leqq x) \\ -x^2-4x-2 & (-2-\sqrt{2}\leqq x\leqq-2+\sqrt{2}) \end{cases}$$

$y=x^2+4x+2$ より　　$y'=2x+4$

$y'=2$ とおくと　　$2x+4=2$　　$x=-1$

よって，$y=x^2+4x+2$ の接線で傾きが2であるものの接点の x 座標は

$$x=-1$$

$-1<-2+\sqrt{2}$ であるので，グラフは下のようになり，すべての実数 x に対して，

$f(x)\geqq 2x+b$ となる b の最大値は，$y=2x+b$ が点 $(-2+\sqrt{2},\ 0)$ を通るときである。

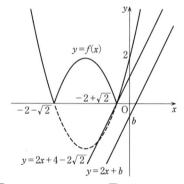

このとき　　$2(-2+\sqrt{2})+b=0$　　$b=4-2\sqrt{2}$

ゆえに，b の取りうる値の範囲は　　$b\leqq 4-2\sqrt{2}$　……(答)

(3) (i) $0<a\leqq1$ のとき

$$f(x)=x^2+2ax+a$$

$y=x^2+2ax+a$ より $y'=2x+2a$

$y'=2$ とおくと

$$2x+2a=2 \qquad x=1-a$$

よって，$y=x^2+2ax+a$ の接線で傾きが 2 である
ものは

$$y=2\{x-(1-a)\}+(1-a)^2+2a(1-a)+a$$
$$=2x-a^2+3a-1$$

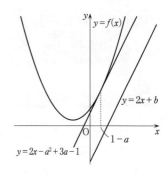

グラフは右上の図のようになるので，すべての実数 x に対して，$f(x)\geqq2x+b$ が成
り立つような実数 b の取りうる値の範囲は $b\leqq-a^2+3a-1$

(ii) $1<a\leqq\dfrac{3}{2}$ のとき

$$f(x)=\begin{cases}x^2+2ax+a & (x\leqq-a-\sqrt{a^2-a},\ -a+\sqrt{a^2-a}\leqq x)\\-x^2-2ax-a & (-a-\sqrt{a^2-a}\leqq x\leqq-a+\sqrt{a^2-a})\end{cases}$$

$y=x^2+2ax+a$ の接線で，傾きが 2 であるものの接点の x 座標は，$x=1-a$ であり

$$(1-a)-(-a+\sqrt{a^2-a})$$
$$=1-\sqrt{a^2-a}$$

ここで，$1<a\leqq\dfrac{3}{2}$ のとき

$$a^2-a=\left(a-\dfrac{1}{2}\right)^2-\dfrac{1}{4}$$

より，$0<a^2-a\leqq\dfrac{3}{4}$ なので

$$1-\sqrt{a^2-a}>0$$

すなわち $-a+\sqrt{a^2-a}<1-a$

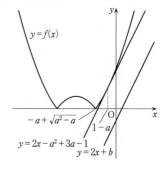

よって，グラフは右上の図のようになるので，b の取りうる値の範囲は

$$b\leqq-a^2+3a-1$$

(i)，(ii)より，$0<a\leqq\dfrac{3}{2}$ において，b の取りうる値の

範囲は

$$b\leqq-a^2+3a-1 \quad\cdots\cdots(答)$$

条件をみたす点 $(a,\ b)$ の領域は右図の網かけ部分
である。ただし，境界は b 軸上を除き，他は含む。

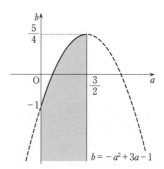

§2　整数，数列，式と証明

5　2022 年度　文系〔3〕　　　　　　　　　　　　　　Level B

a, b を実数とし，$1<a<b$ とする。以下の問に答えよ。

⑴　x, y, z を 0 でない実数とする。$a^x=b^y=(ab)^z$ ならば $\dfrac{1}{x}+\dfrac{1}{y}=\dfrac{1}{z}$ であることを示せ。

⑵　m, n を $m>n$ をみたす自然数とし，$\dfrac{1}{m}+\dfrac{1}{n}=\dfrac{1}{5}$ とする。m, n の値を求めよ。

⑶　m, n を自然数とし，$a^m=b^n=(ab)^5$ とする。b の値を a を用いて表せ。

> **ポイント**　⑴　条件式の各辺の対数をとる（〔解法1〕）。指数法則のみを用いて示すこともできる（〔解法2〕）。
> ⑵　方程式の分母を払い，（　　）×（　　）＝（定数）の形に変形する。
> ⑶　⑴・⑵を利用する。その際，⑵の条件 $m>n$ をみたすことを示す必要がある。

解法 1

⑴　$1<a<b$ より，$a^x=b^y=(ab)^z$ の各辺は正であるので，各辺の底を 2 とする対数をとると

$$\log_2 a^x=\log_2 b^y=\log_2(ab)^z$$
$$x\log_2 a=y\log_2 b=z(\log_2 a+\log_2 b)$$

x, y, z は 0 でなく，$1<a<b$ より $\log_2 a>0$，$\log_2 b>0$ なので

$$\frac{1}{x}=\frac{\log_2 a}{z(\log_2 a+\log_2 b)}, \quad \frac{1}{y}=\frac{\log_2 b}{z(\log_2 a+\log_2 b)}$$
$$\frac{1}{x}+\frac{1}{y}=\frac{\log_2 a}{z(\log_2 a+\log_2 b)}+\frac{\log_2 b}{z(\log_2 a+\log_2 b)}=\frac{1}{z}$$

ゆえに　　$\dfrac{1}{x}+\dfrac{1}{y}=\dfrac{1}{z}$　　　　　　　　　　　　　　　　（証明終）

⑵　$\dfrac{1}{m}+\dfrac{1}{n}=\dfrac{1}{5}$ の両辺に $5mn$ をかけて

$$5n+5m=mn \qquad mn-5m-5n=0$$
$$(m-5)(n-5)=25 \quad \cdots\cdots①$$

ここで, $\dfrac{1}{m}=\dfrac{1}{5}-\dfrac{1}{n}=\dfrac{n-5}{5n}>0$ より　　　$n-5>0$

したがって, $m>n$ より　　　$m-5>n-5>0$

よって, ①をみたす整数は　　　$m-5=25,\ n-5=1$

ゆえに　　　$m=30,\ n=6$　……(答)

(3)　$a^m=b^n=(ab)^5$ なので, (1)より　　　$\dfrac{1}{m}+\dfrac{1}{n}=\dfrac{1}{5}$

また, $1<a<b$ より　　　$b^n>a^n$

$b^n=a^m$ であるので　　　$a^m>a^n$

$a>1$ より　　　$m>n$

$m,\ n$ は自然数であり, $m>n$ かつ $\dfrac{1}{m}+\dfrac{1}{n}=\dfrac{1}{5}$ をみたすので, (2)より

　　　$m=30,\ n=6$

よって　　　$a^{30}=b^6=(ab)^5$　……②

$a^{30}=b^6$ より　　　$(a^5)^6=b^6$

$a^5>0,\ b>0$ であるので　　　$b=a^5$

このとき, $(ab)^5=(a\cdot a^5)^5=(a^6)^5=a^{30}$ となり, ②をみたす。

ゆえに　　　$b=a^5$　……(答)

〔注〕　(1)　対数をとるとき, 底は1でない正の数であれば何でもよい。

(2)　$m>n\geqq1$ より $m-5>n-5\geqq-4$ であることから $(m-5)(n-5)=25$ をみたすのは $m-5=25,\ n-5=1$ としてもよい。

解法 2

(1)　$x,\ y,\ z$ は0でない実数であるので, $a^x=(ab)^z$ より

　　　$(a^x)^{\frac{1}{xz}}=\{(ab)^z\}^{\frac{1}{xz}}$

　　　$a^{\frac{1}{z}}=(ab)^{\frac{1}{x}}$　……①

同様に $b^y=(ab)^z$ より

　　　$b^{\frac{1}{z}}=(ab)^{\frac{1}{y}}$　……②

①, ②の辺々をかけると

　　　$a^{\frac{1}{z}}\cdot b^{\frac{1}{z}}=(ab)^{\frac{1}{x}}\cdot(ab)^{\frac{1}{y}}$

　　　$(ab)^{\frac{1}{z}}=(ab)^{\frac{1}{x}+\frac{1}{y}}$

よって

　　　$\dfrac{1}{x}+\dfrac{1}{y}=\dfrac{1}{z}$　　　　　　　　　　（証明終）

i を虚数単位とする。以下の問に答えよ。

(1) $n = 2,\ 3,\ 4,\ 5$ のとき $(3+i)^n$ を求めよ。またそれらの虚部の整数を 10 で割った余りを求めよ。

(2) n を正の整数とするとき $(3+i)^n$ は虚数であることを示せ。

> **ポイント**　(1) $(3+i)^n = (3+i)^{n-1}(3+i)$ を用いて順に計算する。
> (2) (1)から実部，虚部をそれぞれ 10 で割った余りが推測できるので，数学的帰納法を用いて，そのことを証明する。

解法

(1) 　$(3+i)^2 = 9 + 6i + i^2 = 8 + 6i$　……(答)

$(3+i)^3 = (3+i)^2(3+i) = (8+6i)(3+i)$
$= 24 + 26i + 6i^2 = 18 + 26i$　……(答)

$(3+i)^4 = (3+i)^3(3+i) = (18+26i)(3+i)$
$= 54 + 96i + 26i^2 = 28 + 96i$　……(答)

$(3+i)^5 = (3+i)^4(3+i) = (28+96i)(3+i)$
$= 84 + 316i + 96i^2 = -12 + 316i$　……(答)

また，これらの虚部の整数を 10 で割った余りは，いずれも

6　……(答)

(2) 　2 以上の整数 n について

「$(3+i)^n$ の実部，虚部はいずれも整数であり，実部，虚部を 10 で割った余りはそれぞれ 8，6 である」……①

が成り立つことを数学的帰納法で証明する。

[Ⅰ] $n = 2$ のとき

$(3+i)^2 = 8 + 6i$ の実部は 8，虚部は 6 であるので，①は成り立つ。

[Ⅱ] $n = k$ $(k = 2,\ 3,\ 4,\ \cdots)$ のとき，①が成り立つと仮定する。

このとき，$a,\ b$ を整数として，$(3+i)^k = (10a+8) + (10b+6)i$ とすると

$(3+i)^{k+1} = (3+i)^k(3+i) = \{(10a+8) + (10b+6)i\}(3+i)$
$= (30a+24) + (10a + 30b + 26)i + (10b+6)i^2$
$= (30a - 10b + 18) + (10a + 30b + 26)i$

$$= \{10\,(3a-b+1)+8\}+\{10\,(a+3b+2)+6\}i$$

　よって，$(3+i)^{k+1}$ の実部，虚部はいずれも整数であり，実部，虚部を 10 で割った余りはそれぞれ 8，6 であるので，$n=k+1$ のときも①は成り立つ。

[Ⅰ]，[Ⅱ]より，2 以上の整数 n について①が成り立つ。

したがって，n が 2 以上の整数のとき，$(3+i)^n$ の虚部は 0 ではないので，$(3+i)^n$ は虚数である。

また，$n=1$ のとき，$3+i$ は虚数であるので，n を正の整数とするとき，$(3+i)^n$ は虚数である。　　　　　　　　　　　　　　　　　　　　　　　　　（証明終）

〔注〕　(2)　(1)の結果から，$n \geqq 2$ のとき虚部を 10 で割った余りはつねに 6 と予想されるが，数学的帰納法を用いて証明するので，実部を 10 で割った余りが 8 であることもあわせて証明する。なお，$n=5$ のとき，実部は $-12=10 \times(-2)+8$ であるので，10 で割った余りは 8 である。$n=1$ のときは別であるので注意すること。

7 2021年度 文系〔2〕 Level B

k, x, y, z を実数とする。k が以下の(1), (2), (3)のそれぞれの場合に, 不等式
$$x^2 + y^2 + z^2 + k(xy + yz + zx) \geqq 0$$
が成り立つことを示せ。また等号が成り立つのはどんな場合か。

(1) $k = 2$

(2) $k = -1$

(3) $-1 < k < 2$

ポイント (1) 完全平方式に変形する。

(2) 全体を $\frac{1}{2}$ でくくって変形する (〔解法1〕)。あるいは, 1つの文字に着目し, 平方完成する (〔解法2〕)。

(3) 左辺を k の関数とみて(1)・(2)を利用する (〔解法1〕)。x, y, z について平方完成をして示すこともできる (〔解法2〕)。

解法1

(1) $k = 2$ のとき
$$x^2 + y^2 + z^2 + 2(xy + yz + zx) = (x + y + z)^2 \geqq 0 \qquad \text{(証明終)}$$
等号成立は, $x + y + z = 0$ のとき。 ……(答)

(2) $k = -1$ のとき
$$
\begin{aligned}
x^2 + y^2 + z^2 - (xy + yz + zx) &= \frac{1}{2}(2x^2 + 2y^2 + 2z^2 - 2xy - 2yz - 2zx) \\
&= \frac{1}{2}\{(x^2 - 2xy + y^2) + (y^2 - 2yz + z^2) + (z^2 - 2zx + x^2)\} \\
&= \frac{1}{2}\{(x-y)^2 + (y-z)^2 + (z-x)^2\} \geqq 0
\end{aligned}
$$
よって $x^2 + y^2 + z^2 - (xy + yz + zx) \geqq 0$ (証明終)
等号成立は, $x - y = 0$ かつ $y - z = 0$ かつ $z - x = 0$,
すなわち, $x = y = z$ のとき。 ……(答)

(3) $x^2 + y^2 + z^2 + k(xy + yz + zx)$ を k の関数とみて
$$f(k) = (xy + yz + zx)k + x^2 + y^2 + z^2$$

とおくと, $f(k)$ のグラフは直線であり
(1), (2)より, $f(2)\geqq0$, $f(-1)\geqq0$ であるので
$-1<k<2$ のとき　　$f(k)\geqq0$
よって　　$x^2+y^2+z^2+k(xy+yz+zx)\geqq0$　　(証明終)
等号成立は, $f(2)=0$ かつ $f(-1)=0$ のとき。
したがって, $x+y+z=0$ かつ $x=y=z$,
すなわち, $x=y=z=0$ のとき。　……(答)

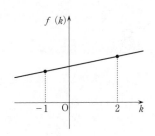

解法 2

(2)　$x^2+y^2+z^2-(xy+yz+zx)$

$=x^2-(y+z)x+y^2-yz+z^2$

$=\left(x-\dfrac{y+z}{2}\right)^2-\dfrac{(y+z)^2}{4}+y^2-yz+z^2$

$=\left(x-\dfrac{y+z}{2}\right)^2+\dfrac{3(y-z)^2}{4}\geqq0$　　　　　　　　　　(証明終)

等号成立は, $x-\dfrac{y+z}{2}=0$ かつ $y-z=0$ のとき,

すなわち, $x=y=z$ のとき。　……(答)

(3)　$x^2+y^2+z^2+k(xy+yz+zx)$

$=x^2+k(y+z)x+y^2+kyz+z^2$

$=\left\{x+\dfrac{k(y+z)}{2}\right\}^2-\dfrac{k^2(y+z)^2}{4}+y^2+kyz+z^2$

$=\left\{x+\dfrac{k(y+z)}{2}\right\}^2+\dfrac{1}{4}\{(4-k^2)y^2+2k(2-k)zy\}+\dfrac{4-k^2}{4}z^2$

$=\left\{x+\dfrac{k(y+z)}{2}\right\}^2+\dfrac{4-k^2}{4}\left(y+\dfrac{k}{2+k}z\right)^2-\dfrac{(4-k^2)k^2}{4(2+k)^2}z^2+\dfrac{4-k^2}{4}z^2$

$=\left\{x+\dfrac{k(y+z)}{2}\right\}^2+\dfrac{4-k^2}{4}\left(y+\dfrac{k}{2+k}z\right)^2+\dfrac{(2-k)(1+k)}{2+k}z^2$

$-1<k<2$ のとき, $\dfrac{4-k^2}{4}>0$, $\dfrac{(2-k)(1+k)}{2+k}>0$ より

$\left\{x+\dfrac{k(y+z)}{2}\right\}^2+\dfrac{4-k^2}{4}\left(y+\dfrac{k}{2+k}z\right)^2+\dfrac{(2-k)(1+k)}{2+k}z^2\geqq0$

すなわち　　$x^2+y^2+z^2+k(xy+yz+zx)\geqq0$　　　　　　　(証明終)

等号成立は, $x+\dfrac{k(y+z)}{2}=0$ かつ $y+\dfrac{k}{2+k}z=0$ かつ $z=0$ のとき,

すなわち, $x=y=z=0$ のとき。　……(答)

8 2020 年度　文系〔2〕　　　　　　　　　　　　Level B

n を自然数とし，数列 $\{a_n\}$，$\{b_n\}$ を次の(i)，(ii)で定める。

(i) $a_1 = b_1 = 1$ とする。

(ii) $f_n(x) = a_n(x+1)^2 + 2b_n$ とし，$-2 \leqq x \leqq 1$ における $f_n(x)$ の最大値を a_{n+1}，最小値を b_{n+1} とする。

以下の問に答えよ。

(1) すべての自然数 n について $a_n > 0$ かつ $b_n > 0$ であることを示せ。

(2) 数列 $\{b_n\}$ の一般項を求めよ。

(3) $c_n = \dfrac{a_n}{2^n}$ とおく。数列 $\{c_n\}$ の一般項を求めよ。

ポイント　(1)　数学的帰納法を用いる。
(2)　(1)の計算から，数列 $\{b_n\}$ についての漸化式が得られる。
(3)　(1)，(2)から，数列 $\{a_n\}$ についての漸化式が得られる。

解法

(1) すべての自然数 n について
$$a_n > 0 \quad \text{かつ} \quad b_n > 0 \quad \cdots\cdots①$$
であることを，数学的帰納法により証明する。

[I] $n = 1$ のとき
条件(i)より，$a_1 = b_1 = 1 > 0$ であるので，①は成り立つ。

[II] $n = k$ のとき，①が成り立つと仮定する。
すなわち，$a_k > 0$ かつ $b_k > 0$ であると仮定すると
条件(ii)より
$$f_k(x) = a_k(x+1)^2 + 2b_k$$
であるので，$a_k > 0$ であることから，$y = f_k(x)$ は下に凸な放物線で，軸は $x = -1$ である。

よって，$-2 \leqq x \leqq 1$ における $f_k(x)$ は
最大値が　　$f_k(1) = 4a_k + 2b_k$
最小値が　　$f_k(-1) = 2b_k$
ゆえに　　$a_{k+1} = 4a_k + 2b_k$，$b_{k+1} = 2b_k$
$a_k > 0$ かつ $b_k > 0$ であるので　　$a_{k+1} > 0$　かつ　$b_{k+1} > 0$

　　したがって, $n = k+1$ のときも①は成り立つ.

[Ⅰ], [Ⅱ]より, すべての自然数 n について, $a_n > 0$ かつ $b_n > 0$ である.

(証明終)

(2)　(1)より, 数列 $\{b_n\}$ は

$$b_1 = 1, \quad b_{n+1} = 2b_n$$

をみたすので, 初項 1, 公比 2 の等比数列である.

よって, 一般項は　　$b_n = 2^{n-1}$　……(答)

(3)　(1)より, 数列 $\{a_n\}$ は

$$a_1 = 1, \quad a_{n+1} = 4a_n + 2b_n$$

をみたし, $b_n = 2^{n-1}$ であることから

$$a_{n+1} = 4a_n + 2^n \quad ……②$$

②の両辺を 2^{n+1} で割ると

$$\frac{a_{n+1}}{2^{n+1}} = 2 \cdot \frac{a_n}{2^n} + \frac{1}{2}$$

よって　　$c_{n+1} = 2c_n + \dfrac{1}{2}$

変形すると　　$c_{n+1} + \dfrac{1}{2} = 2\left(c_n + \dfrac{1}{2}\right)$

ゆえに, 数列 $\left\{c_n + \dfrac{1}{2}\right\}$ は公比 2 の等比数列であり, 初項は

$$c_1 + \frac{1}{2} = \frac{a_1}{2^1} + \frac{1}{2} = 1$$

したがって

$$c_n + \frac{1}{2} = 2^{n-1}$$

$$c_n = 2^{n-1} - \frac{1}{2} \quad ……(答)$$

9 2018 年度 文系〔2〕 Level B

$f(x) = (2x-1)^3$ とする。数列 $\{x_n\}$ を次のように定める。
　　$x_1 = 2$ であり，x_{n+1} $(n \geq 1)$ は点 $(x_n, f(x_n))$ における曲線 $y = f(x)$ の接線と x 軸の交点の x 座標とする。
以下の問に答えよ。

(1) 点 $(t, f(t))$ における曲線 $y = f(x)$ の接線の方程式を求めよ。また $t \neq \dfrac{1}{2}$ のときに，その接線と x 軸の交点の x 座標を求めよ。

(2) $x_n > \dfrac{1}{2}$ を示せ。また x_n を n の式で表せ。

(3) $|x_{n+1} - x_n| < \dfrac{3}{4} \times 10^{-5}$ を満たす最小の n を求めよ。ただし $0.301 < \log_{10}2 < 0.302$，$0.477 < \log_{10}3 < 0.478$ は用いてよい。

ポイント (1) $(t, f(t))$ における接線の方程式は $y - f(t) = f'(t)(x-t)$，$y = 0$ とおいて，x を求める。

(2) $x_n > \dfrac{1}{2}$ は数学的帰納法によって示す。$x_n \neq \dfrac{1}{2}$ のとき，(1)より $\{x_n\}$ のみたす漸化式が得られる。

(3) (2)から条件を n についての不等式で表す。

解 法

(1) $f(x) = (2x-1)^3 = 8x^3 - 12x^2 + 6x - 1$ より
$$f'(x) = 24x^2 - 24x + 6 = 6(2x-1)^2$$
よって，点 $(t, (2t-1)^3)$ における接線の方程式は
$$y - (2t-1)^3 = 6(2t-1)^2(x-t)$$
$$y = 6(2t-1)^2 x - (4t+1)(2t-1)^2$$
$y = 0$ とおくと
$$6(2t-1)^2 x - (4t+1)(2t-1)^2 = 0$$
$t \neq \dfrac{1}{2}$ より $2t-1 \neq 0$ であるので
$$6x - (4t+1) = 0 \qquad x = \dfrac{2}{3}t + \dfrac{1}{6}$$

したがって, 接線の方程式は

$$y = 6(2t-1)^2 x - (4t+1)(2t-1)^2 \quad \cdots\cdots(答)$$

x 軸との交点の x 座標は $\quad \dfrac{2}{3}t + \dfrac{1}{6} \quad \cdots\cdots(答)$

| 【注】 $f'(x)$ を求める際, 公式 $\{(ax+b)^3\}' = 3a(ax+b)^2$ を用いてもよい。

(2) $x_n > \dfrac{1}{2} \quad \cdots\cdots①$ が成り立つことを数学的帰納法で証明する。

[Ⅰ] $n=1$ のとき

$x_1 = 2$ であるので $x_1 > \dfrac{1}{2}$ が成り立つ。

[Ⅱ] $n=k$ のとき

①が成り立つと仮定する。

すなわち, $x_k > \dfrac{1}{2}$ であると仮定すると, (1)より

$$x_{k+1} = \dfrac{2}{3}x_k + \dfrac{1}{6} > \dfrac{2}{3}\cdot\dfrac{1}{2} + \dfrac{1}{6} = \dfrac{1}{2}$$

よって, $n=k+1$ のときも①が成り立つ。

[Ⅰ], [Ⅱ]より, すべての自然数 n について, $x_n > \dfrac{1}{2}$ が成り立つ。　　　(証明終)

したがって, $x_n \neq \dfrac{1}{2}$ であるから, (1)より

$$x_{n+1} = \dfrac{2}{3}x_n + \dfrac{1}{6}$$

これは, $x_{n+1} - \dfrac{1}{2} = \dfrac{2}{3}\left(x_n - \dfrac{1}{2}\right)$ と変形できるので, 数列 $\left\{x_n - \dfrac{1}{2}\right\}$ は公比 $\dfrac{2}{3}$ の等比数列であり, $x_1 = 2$ より

初項 $\quad x_1 - \dfrac{1}{2} = \dfrac{3}{2}$

ゆえに $\quad x_n - \dfrac{1}{2} = \dfrac{3}{2}\left(\dfrac{2}{3}\right)^{n-1} \qquad x_n = \left(\dfrac{2}{3}\right)^{n-2} + \dfrac{1}{2} \quad \cdots\cdots(答)$

(3) (2)より

$$\begin{aligned}
|x_{n+1} - x_n| &= \left|\left(\dfrac{2}{3}\right)^{n-1} - \left(\dfrac{2}{3}\right)^{n-2}\right| \\
&= \left|\left(1 - \dfrac{3}{2}\right)\left(\dfrac{2}{3}\right)^{n-1}\right| \\
&= \dfrac{1}{2}\left(\dfrac{2}{3}\right)^{n-1}
\end{aligned}$$

$|x_{n+1}-x_n|<\dfrac{3}{4}\times10^{-5}$ より

$$\frac{1}{2}\left(\frac{2}{3}\right)^{n-1}<\frac{3}{4}\times10^{-5}$$

$$\left(\frac{2}{3}\right)^{n}<10^{-5}$$

両辺の常用対数をとると

$$\log_{10}\left(\frac{2}{3}\right)^{n}<\log_{10}10^{-5}$$

$$n\left(\log_{10}2-\log_{10}3\right)<-5$$

$\log_{10}2-\log_{10}3<0$ なので

$$n>\frac{5}{\log_{10}3-\log_{10}2}$$

$0.301<\log_{10}2<0.302,\ 0.477<\log_{10}3<0.478$ より

$$0.477-0.302<\log_{10}3-\log_{10}2<0.478-0.301$$

$$0.175<\log_{10}3-\log_{10}2<0.177$$

$$\frac{5}{0.177}<\frac{5}{\log_{10}3-\log_{10}2}<\frac{5}{0.175}$$

$$28.2\cdots<\frac{5}{\log_{10}3-\log_{10}2}<28.5\cdots$$

よって　　$n\geqq29$

最小の n は　　$n=29$　……(答)

〔注〕　$\log_{10}3-\log_{10}2$ の取り得る値の範囲については，$-0.302<-\log_{10}2<-0.301$ と $0.477<\log_{10}3<0.478$ の各辺を加えてもよい。

10 2017年度 文系〔2〕 Level A

次の2つの条件をみたす x の2次式 $f(x)$ を考える。

(i) $y=f(x)$ のグラフは点 $(1, 4)$ を通る。

(ii) $\displaystyle\int_{-1}^{2} f(x)\,dx = 15$。

以下の問に答えよ。

(1) $f(x)$ の1次の項の係数を求めよ。

(2) 2次方程式 $f(x)=0$ の2つの解を α, β とするとき, α と β のみたす関係式を求めよ。

(3) (2)における α, β がともに正の整数となるような $f(x)$ をすべて求めよ。

ポイント (1) $f(x)=ax^2+bx+c$ $(a \neq 0)$ とおき, 条件を a, b, c の式で表す。
(2) 解と係数の関係を用いる。
(3) (2)の関係式を (整数)×(整数)=(整数) の形に変形する。

解　法

(1) $f(x)=ax^2+bx+c$ $(a \neq 0)$ とおくと

条件(i)より　　$a+b+c=4$ 　……①

また

$$\int_{-1}^{2} f(x)\,dx = \int_{-1}^{2} (ax^2+bx+c)\,dx = \left[\frac{a}{3}x^3+\frac{b}{2}x^2+cx\right]_{-1}^{2}$$

$$=3a+\frac{3}{2}b+3c$$

条件(ii)より

$$3a+\frac{3}{2}b+3c=15 \qquad a+\frac{b}{2}+c=5 \quad\cdots\cdots②$$

①-② より　　$\dfrac{b}{2}=-1$　　$b=-2$

よって, $f(x)$ の1次の項の係数は　　-2　……(答)

(2) (1)より　　$a+c=6$　　$c=6-a$

ゆえに　　$f(x)=ax^2-2x+6-a$

$f(x)=0$ において, 解と係数の関係より

$$\alpha + \beta = \frac{2}{a} \quad \cdots\cdots ③, \quad \alpha\beta = \frac{6-a}{a} \quad \cdots\cdots ④$$

④より　　$\alpha\beta = 3 \cdot \dfrac{2}{a} - 1$

③を代入して　　$\alpha\beta = 3(\alpha + \beta) - 1$

よって，α と β のみたす関係式は　　$\alpha\beta - 3\alpha - 3\beta + 1 = 0 \quad \cdots\cdots$（答）

(3)　(2)より　　$(\alpha - 3)(\beta - 3) = 8 \quad \cdots\cdots ⑤$

α, β はともに正の整数なので　　$\alpha - 3 \geqq -2$, $\beta - 3 \geqq -2$

よって，⑤をみたすのは

$\qquad (\alpha - 3, \ \beta - 3) = (1, \ 8), \ (2, \ 4), \ (4, \ 2), \ (8, \ 1)$

したがって　　$(\alpha, \ \beta) = (4, \ 11), \ (5, \ 7), \ (7, \ 5), \ (11, \ 4)$

③より，$a = \dfrac{2}{\alpha + \beta}$ であるので

$(\alpha, \ \beta) = (4, \ 11), \ (11, \ 4)$ のとき　　$a = \dfrac{2}{15}$　このとき　$c = \dfrac{88}{15}$

$(\alpha, \ \beta) = (5, \ 7), \ (7, \ 5)$ のとき　　$a = \dfrac{1}{6}$　このとき　$c = \dfrac{35}{6}$

ゆえに

$$f(x) = \frac{2}{15}x^2 - 2x + \frac{88}{15}, \quad f(x) = \frac{1}{6}x^2 - 2x + \frac{35}{6} \quad \cdots\cdots（答）$$

11 2015年度 文系〔2〕　　　　　　　　　　Level B

数列 $\{a_n\}$, $\{b_n\}$, $\{c_n\}$ が $a_1=5$, $b_1=7$ をみたし, さらにすべての実数 x とすべての自然数 n に対して

$$x(a_{n+1}x+b_{n+1}) = \int_{c_n}^{x+c_n}(a_n t + b_n)\,dt$$

をみたすとする。以下の問に答えよ。

(1) 数列 $\{a_n\}$ の一般項を求めよ。

(2) $c_n=3^{n-1}$ のとき, 数列 $\{b_n\}$ の一般項を求めよ。

(3) $c_n=n$ のとき, 数列 $\{b_n\}$ の一般項を求めよ。

ポイント (1) 積分を計算し, x の恒等式であることから, 係数を比較する。
(2)・(3) (1)より $\{b_n\}$ の階差数列の一般項がわかる。

解 法

(1)
$$\int_{c_n}^{x+c_n}(a_n t+b_n)\,dt = \left[\frac{a_n}{2}t^2+b_n t\right]_{c_n}^{x+c_n}$$

$$= \frac{a_n}{2}(x+c_n)^2+b_n(x+c_n)-\left(\frac{a_n}{2}c_n^2+b_n c_n\right)$$

$$= \frac{1}{2}a_n x^2+(a_n c_n+b_n)x$$

よって　　$a_{n+1}x^2+b_{n+1}x = \frac{1}{2}a_n x^2+(a_n c_n+b_n)x$

すべての実数 x に対して成り立つことより

$$a_{n+1}=\frac{1}{2}a_n \quad \cdots\cdots ① \qquad b_{n+1}=b_n+a_n c_n \quad \cdots\cdots ②$$

これらがすべての自然数 n に対して成り立つので, ①より数列 $\{a_n\}$ は, 初項 $a_1=5$,
公比 $\frac{1}{2}$ の等比数列である。

ゆえに　　$a_n=5\cdot\left(\frac{1}{2}\right)^{n-1}$　　……(答)

(2) $c_n=3^{n-1}$ のとき, (1)より $a_n=5\cdot\left(\frac{1}{2}\right)^{n-1}$ であるので, ②より

$$b_{n+1} = b_n + 5 \cdot \left(\frac{1}{2}\right)^{n-1} \cdot 3^{n-1} \qquad b_{n+1} - b_n = 5 \cdot \left(\frac{3}{2}\right)^{n-1}$$

したがって，$n \geqq 2$ のとき

$$b_n = b_1 + \sum_{k=1}^{n-1} 5 \cdot \left(\frac{3}{2}\right)^{k-1} = 7 + \frac{5\left\{\left(\frac{3}{2}\right)^{n-1} - 1\right\}}{\frac{3}{2} - 1} = 10 \cdot \left(\frac{3}{2}\right)^{n-1} - 3$$

これは $n = 1$ のときも成り立つ。

よって　　$b_n = 10 \cdot \left(\frac{3}{2}\right)^{n-1} - 3$　……(答)

(3)　$c_n = n$ のとき

$$b_{n+1} - b_n = 5n\left(\frac{1}{2}\right)^{n-1}$$

したがって，$n \geqq 2$ のとき

$$b_n = b_1 + \sum_{k=1}^{n-1} 5k\left(\frac{1}{2}\right)^{k-1} = 7 + 5\sum_{k=1}^{n-1} k\left(\frac{1}{2}\right)^{k-1}$$

$S = \sum_{k=1}^{n-1} k\left(\frac{1}{2}\right)^{k-1}$ とおくと

$$S = 1 \cdot \left(\frac{1}{2}\right)^0 + 2 \cdot \left(\frac{1}{2}\right)^1 + 3 \cdot \left(\frac{1}{2}\right)^2 + \cdots + (n-1)\left(\frac{1}{2}\right)^{n-2}$$

$$\frac{1}{2}S = \qquad 1 \cdot \left(\frac{1}{2}\right)^1 + 2 \cdot \left(\frac{1}{2}\right)^2 + \cdots + (n-2)\left(\frac{1}{2}\right)^{n-2} + (n-1)\left(\frac{1}{2}\right)^{n-1}$$

辺々引いて

$$\frac{1}{2}S = \left(\frac{1}{2}\right)^0 + \left(\frac{1}{2}\right)^1 + \left(\frac{1}{2}\right)^2 + \cdots + \left(\frac{1}{2}\right)^{n-2} - (n-1)\left(\frac{1}{2}\right)^{n-1}$$

$$= \frac{1 - \left(\frac{1}{2}\right)^{n-1}}{1 - \frac{1}{2}} - (n-1)\left(\frac{1}{2}\right)^{n-1}$$

$$= 2 - 2\left(\frac{1}{2}\right)^{n-1} - (n-1)\left(\frac{1}{2}\right)^{n-1}$$

$$= 2 - (n+1)\left(\frac{1}{2}\right)^{n-1}$$

ゆえに

$$S = 4 - 2(n+1)\left(\frac{1}{2}\right)^{n-1} = 4 - (n+1)\left(\frac{1}{2}\right)^{n-2}$$

以上より

$$b_n = 7 + 5\left\{4 - (n+1)\left(\frac{1}{2}\right)^{n-2}\right\} = 27 - 5(n+1)\left(\frac{1}{2}\right)^{n-2}$$

これは $n=1$ のときも成り立つ。

よって　　$b_n = 27 - 5(n+1)\left(\frac{1}{2}\right)^{n-2}$　……(答)

〔注〕 $\{b_n\}$ の階差数列の一般項は, 等差数列, 等比数列の一般項の積の形であるので, 等比数列の公比 $\frac{1}{2}$ を用いて, 和を S とおき, $S - \frac{1}{2}S$ を計算して求める。

12 2012年度　文系〔3〕　　　　　　　　　　Level B

以下の問に答えよ。

(1) 正の実数 x, y に対して

$$\frac{y}{x}+\frac{x}{y}\geqq 2$$

が成り立つことを示し，等号が成立するための条件を求めよ。

(2) n を自然数とする。n 個の正の実数 a_1, $\cdots$, a_n に対して

$$(a_1+\cdots+a_n)\left(\frac{1}{a_1}+\cdots+\frac{1}{a_n}\right)\geqq n^2$$

が成り立つことを示し，等号が成立するための条件を求めよ。

> **ポイント** (1)〔解法2〕のように（左辺）−（右辺）を計算してもよいが，〔解法1〕のように相加平均と相乗平均の関係を用いるのが自然である。
> (2) 左辺を展開すれば，(1)が利用できる組が多く現れるので，その個数を確認すればよい。

解法 1

(1) $x>0$, $y>0$ より，$\frac{y}{x}>0$, $\frac{x}{y}>0$ なので，相加平均と相乗平均の関係より

$$\frac{y}{x}+\frac{x}{y}\geqq 2\sqrt{\frac{y}{x}\cdot\frac{x}{y}}\quad\text{すなわち}\quad\frac{y}{x}+\frac{x}{y}\geqq 2\qquad\text{（証明終）}$$

等号成立は，$\frac{y}{x}=\frac{x}{y}$ のときなので　$x^2=y^2$

$x>0$, $y>0$ より，$x=y$ のときである。 ……（答）

(2) $n\geqq 2$ のとき

$$(a_1+a_2+\cdots+a_n)\left(\frac{1}{a_1}+\frac{1}{a_2}+\cdots+\frac{1}{a_n}\right)$$

$$=1+\frac{a_1}{a_2}+\frac{a_1}{a_3}+\cdots\cdots\cdots+\frac{a_1}{a_n}$$

$$+\frac{a_2}{a_1}+1+\frac{a_2}{a_3}+\cdots\cdots\cdots+\frac{a_2}{a_n}$$

$$+\frac{a_3}{a_1}+\frac{a_3}{a_2}+1+\cdots\cdots\cdots+\frac{a_3}{a_n}$$

$$+\cdots\cdots\cdots\cdots\cdots\cdots\cdots\cdots$$

$$+\cdots\cdots\cdots\cdots\cdots+\ 1\ +\frac{a_{n-1}}{a_n}$$

$$+\frac{a_n}{a_1}+\frac{a_n}{a_2}+\frac{a_n}{a_3}+\cdots+\frac{a_n}{a_{n-1}}+\ 1$$

$$=\left(\frac{a_1}{a_2}+\frac{a_2}{a_1}\right)+\left(\frac{a_1}{a_3}+\frac{a_3}{a_1}\right)+\cdots+\left(\frac{a_{n-1}}{a_n}+\frac{a_n}{a_{n-1}}\right)+n$$

ここで, $\dfrac{a_k}{a_l}+\dfrac{a_l}{a_k}$ $(1\leqq k<l\leqq n)$ の形の項は ${}_nC_2$ 個あり, $a_k>0$, $a_l>0$ なので, (1)より

$$\frac{a_k}{a_l}+\frac{a_l}{a_k}\geqq2\quad (等号成立は a_k=a_l のとき)$$

したがって

$$(左辺)\geqq2\cdot{}_nC_2+n=2\cdot\frac{n(n-1)}{2}+n=n^2$$

また, $n=1$ のとき, $(左辺)=a_1\cdot\dfrac{1}{a_1}=1$, $(右辺)=1^2=1$ で等号が成り立つ。

以上より $\quad (a_1+\cdots+a_n)\left(\dfrac{1}{a_1}+\cdots+\dfrac{1}{a_n}\right)\geqq n^2$ (証明終)

等号成立の条件は, $n=1$ のとき, a_1 は任意の正の実数, $n\geqq2$ のとき, すべての k, l について, $a_k=a_l$ が成り立つ場合なので

$$a_1=a_2=\cdots=a_n\ \cdots\cdots(答)$$

〔注〕 (2)の $(a_1+a_2+\cdots+a_n)\left(\dfrac{1}{a_1}+\dfrac{1}{a_2}+\cdots+\dfrac{1}{a_n}\right)$ の展開については, 右のような表を考えれば対角線上に 1 が並び, 対角線に関して対称な位置にある 2 つの数を組合せればよいことに気づくだろう。

	a_1	a_2	$\cdots$	a_n
$\dfrac{1}{a_1}$	1	$\dfrac{a_2}{a_1}$	$\cdots$	$\dfrac{a_n}{a_1}$
$\dfrac{1}{a_2}$	$\dfrac{a_1}{a_2}$	1	$\cdots$	$\dfrac{a_n}{a_2}$
$\vdots$	$\vdots$	$\vdots$	$\ddots$	$\vdots$
$\dfrac{1}{a_n}$	$\dfrac{a_1}{a_n}$	$\dfrac{a_2}{a_n}$	$\cdots$	1

解法 2

(1) $\quad\dfrac{y}{x}+\dfrac{x}{y}-2=\dfrac{x^2-2xy+y^2}{xy}=\dfrac{(x-y)^2}{xy}\geqq0\quad (x>0,\ y>0)$

ゆえに $\quad\dfrac{y}{x}+\dfrac{x}{y}\geqq2$ (証明終)

等号成立は, $x-y=0$ すなわち $x=y$ のとき。 $\cdots\cdots$(答)

13 2010年度 文系〔3〕 Level B

a, b を自然数とする。以下の問に答えよ。

(1) ab が3の倍数であるとき，a または b は3の倍数であることを示せ。

(2) $a+b$ と ab がともに3の倍数であるとき，a と b はともに3の倍数であることを示せ。

(3) $a+b$ と a^2+b^2 がともに3の倍数であるとき，a と b はともに3の倍数であることを示せ。

> **ポイント** (1) 直接証明することが難しいときは，背理法や対偶を考えることになる。本問では，対偶は「a かつ b が3の倍数でないとき，ab は3の倍数でない」である。a が3の倍数でない $\Longleftrightarrow a$ を素因数分解したとき，素因数3を含まない。このことから示せばよい。a, b を3で割ったときの余りで分類すると〔解法2〕のようになる。
> (2)は(1)，(3)は(2)の結果を用いることを考える。

解法 1

(1) a, b がともに3の倍数でないとすると，a, b はいずれも，素因数分解したとき，素因数3を含まない。したがって，その積 ab も素因数3を含まないので3の倍数ではない。
命題「a, b がともに3の倍数でないとき，ab は3の倍数でない」
が成り立つので，その対偶
「ab が3の倍数であるとき，a または b は3の倍数である」
も成り立つ。　　　　　　　　　　　　　　　　　　　　　　　　（証明終）

(2) ab が3の倍数であるとき，(1)より a または b が3の倍数である。
a が3の倍数のとき，$a+b$, a がいずれも3の倍数であることより，$b=(a+b)-a$ は3の倍数。
b が3の倍数のとき，$a+b$, b がいずれも3の倍数であることより，$a=(a+b)-b$ は3の倍数。
以上より，$a+b$ と ab がともに3の倍数であるとき，a, b はともに3の倍数である。
　　　　　　　　　　　　　　　　　　　　　　　　　　　　　　（証明終）

(3) $2ab=(a+b)^2-(a^2+b^2)$ であり，$a+b$, a^2+b^2 がともに3の倍数であるので，

$2ab$ は 3 の倍数。

2 と 3 は互いに素であるので, ab は 3 の倍数。

したがって, $a+b$ と ab がともに 3 の倍数であるので, (2)より a, b はともに 3 の倍数である。 (証明終)

解法 2

(1) a, b がともに 3 の倍数でないとき, 次の 4 つの場合がある。

k, l を整数として

(i) $a=3k+1$, $b=3l+1$ のとき

$$ab=(3k+1)(3l+1)=3(3kl+k+l)+1$$

(ii) $a=3k+1$, $b=3l+2$ のとき

$$ab=(3k+1)(3l+2)=3(3kl+2k+l)+2$$

(iii) $a=3k+2$, $b=3l+1$ のとき

$$ab=(3k+2)(3l+1)=3(3kl+k+2l)+2$$

(iv) $a=3k+2$, $b=3l+2$ のとき

$$ab=(3k+2)(3l+2)=3(3kl+2k+2l+1)+1$$

いずれの場合も ab は 3 の倍数ではない。

したがって,「a, b がともに 3 の倍数でないとき, ab は 3 の倍数でない」

が成り立つので, その対偶

「ab が 3 の倍数であるとき, a または b は 3 の倍数である」

も成り立つ。 (証明終)

14

1 から n までの自然数 1，2，3，…，n の和を S とするとき，次の問に答えよ。

(1)　n を 4 で割った余りが 0 または 3 ならば，S が偶数であることを示せ。

(2)　S が偶数ならば，n を 4 で割った余りが 0 または 3 であることを示せ。

(3)　n を 8 で割った余りが 3 または 4 ならば，S が 4 の倍数でないことを示せ。

ポイント　(1)・(3) n は k を整数として，$n = 4k$ または $n = 4k+3$（$n = 8k+3$ または $n = 8k+4$）と表せるので，$S = \dfrac{1}{2}n(n+1)$ に代入して示す。

(2) S が偶数のとき，$n(n+1)$ は 4 の倍数となり，n と $n+1$ の偶奇が異なる（ともに偶数となることはない）ことから，n または $n+1$ は 4 の倍数となる。

解法

(1)　　$S = 1 + 2 + \cdots + n = \dfrac{1}{2}n(n+1)$　……①

k を整数として

(i) $n = 4k$ のとき

①より　　$S = \dfrac{1}{2} \cdot 4k(4k+1) = 2k(4k+1)$

$k(4k+1)$ は整数であるので，S は偶数である。

(ii) $n = 4k+3$ のとき

①より　　$S = \dfrac{1}{2}(4k+3)(4k+4) = 2(4k+3)(k+1)$

$(4k+3)(k+1)$ は整数であるので，S は偶数である。

(i)，(ii)より，n を 4 で割った余りが 0 または 3 ならば，S は偶数である。

（証明終）

(2)　S が偶数であるとき，①より $n(n+1)$ は 4 の倍数。

n と $n+1$ は偶奇が異なるので，n が 4 の倍数または $n+1$ が 4 の倍数である。

n が 4 の倍数のとき，n を 4 で割った余りは 0。

$n+1$ が 4 の倍数のとき，n を 4 で割った余りは 3。

ゆえに，S が偶数ならば，n を 4 で割った余りは 0 または 3 である。　（証明終）

(3) k を整数として

(i) $n = 8k + 3$ のとき

$$S = \frac{1}{2}(8k+3)(8k+4) = 2(8k+3)(2k+1)$$

$8k + 3$，$2k + 1$ はともに奇数であるので，S は 4 の倍数でない。

(ii) $n = 8k + 4$ のとき

$$S = \frac{1}{2}(8k+4)(8k+5) = 2(2k+1)(8k+5)$$

$2k + 1$，$8k + 5$ はともに奇数であるので，S は 4 の倍数でない。

(i)，(ii)より

n を 8 で割った余りが 3 または 4 ならば，S は 4 の倍数でない。　　　　（証明終）

〔注〕 (1)で，k を整数として，$n = 4k$，$n = 4k + 3$ としたが，n は自然数であるので，k のとりうる値の範囲を考慮すると，$n = 4k$（k は自然数），$n = 4k + 3$（k は 0 以上の整数）となる。しかし，本問では「整数」であることのみを用いて証明するので，単に「k は整数」としてよい。

(3)も同様である。

15 2019年度 文系〔2〕・理系〔4〕 Level B

次のように1，3，4を繰り返し並べて得られる数列を $\{a_n\}$ とする。

1，3，4，1，3，4，1，3，4，…

すなわち，$a_1=1$，$a_2=3$，$a_3=4$ で，4以上の自然数 n に対し，$a_n=a_{n-3}$ とする。この数列の初項から第 n 項までの和を S_n とする。以下の問に答えよ。

(1) S_n を求めよ。

(2) $S_n=2019$ となる自然数 n は存在しないことを示せ。

(3) どのような自然数 k に対しても，$S_n=k^2$ となる自然数 n が存在することを示せ。

ポイント (1) 1，3，4の繰り返しであるので，n を3で割った余りで分類し，S_n を求める。
(2) (1)の結果から，S_n を8で割った余りに着目する。
(3) k^2 を8で割った余りについて調べるので，k を4で割った余りで分類する。

解 法

(1) $n=3m$ $(m=1, 2, 3, \cdots)$ のとき

$$S_n=S_{3m}=\underbrace{(1+3+4)+(1+3+4)+\cdots+(1+3+4)}_{m \text{ 個}}$$

$$=8m=\frac{8n}{3}$$

$n=3m+1$ $(m=0, 1, 2, \cdots)$ のとき

$$S_n=S_{3m+1}=\underbrace{(1+3+4)+(1+3+4)+\cdots+(1+3+4)}_{m \text{ 個}}+1$$

$$=8m+1=8\cdot\frac{n-1}{3}+1=\frac{8n-5}{3}$$

$n=3m+2$ $(m=0, 1, 2, \cdots)$ のとき

$$S_n=S_{3m+2}=\underbrace{(1+3+4)+(1+3+4)+\cdots+(1+3+4)}_{m \text{ 個}}+1+3$$

$$=8m+4=8\cdot\frac{n-2}{3}+4=\frac{8n-4}{3}$$

以上より

$$S_n = \begin{cases} \dfrac{8n}{3} & (n \text{ が 3 で割り切れるとき}) \\[2mm] \dfrac{8n-5}{3} & (n \text{ を 3 で割った余りが 1 のとき}) \quad \cdots\cdots(\text{答}) \\[2mm] \dfrac{8n-4}{3} & (n \text{ を 3 で割った余りが 2 のとき}) \end{cases}$$

(2)　(1)より，S_n を 8 で割った余りは 0 または 1 または 4 であるが，
$2019 = 8 \times 252 + 3$ より 2019 を 8 で割った余りは 3 であるので，
$S_n = 2019$ となる自然数 n は存在しない。　　　　　　　　　（証明終）

(3)　・$k = 4l \ (l = 1, \ 2, \ 3, \ \cdots)$ のとき
$$k^2 = (4l)^2 = 8(2l^2)$$
であるので
$m = 2l^2$ とおけば，(1)より，$n = 3m$ のとき
$$S_n = S_{3m} = 8m = 8(2l^2) = k^2$$
・$k = 4l+1 \ (l = 0, \ 1, \ 2, \ \cdots)$ のとき
$$k^2 = (4l+1)^2 = 16l^2 + 8l + 1 = 8(2l^2+l) + 1$$
であるので
$m = 2l^2 + l$ とおけば，(1)より，$n = 3m+1$ のとき
$$S_n = S_{3m+1} = 8m + 1 = 8(2l^2+l) + 1 = k^2$$
・$k = 4l+2 \ (l = 0, \ 1, \ 2, \ \cdots)$ のとき
$$k^2 = (4l+2)^2 = 16l^2 + 16l + 4 = 8(2l^2+2l) + 4$$
であるので
$m = 2l^2 + 2l$ とおけば，(1)より，$n = 3m+2$ のとき
$$S_n = S_{3m+2} = 8m + 4 = 8(2l^2+2l) + 4 = k^2$$
・$k = 4l+3 \ (l = 0, \ 1, \ 2, \ \cdots)$ のとき
$$k^2 = (4l+3)^2 = 16l^2 + 24l + 9 = 8(2l^2+3l+1) + 1$$
であるので
$m = 2l^2 + 3l + 1$ とおけば，(1)より，$n = 3m+1$ のとき
$$S_n = S_{3m+1} = 8m + 1 = 8(2l^2+3l+1) + 1 = k^2$$
以上より，どのような自然数 k に対しても，$S_n = k^2$ となる自然数 n が存在する。
　　　　　　　　　　　　　　　　　　　　　　　　　　　（証明終）

〔**注**〕 (1) n を 3 で割った余りで分類する際,m を自然数として,$n=3m$,$n=3m-1$,$n=3m-2$ としてもよいが,〔**解法**〕のようにした方がわかりやすいだろう。$n=3m+1$,$n=3m+2$ のとき,$m=0$,1,2,$\cdots$ となることに注意。

(3) $(4l+r)^2=16l^2+8lr+r^2=8(2l^2+lr)+r^2$ であるので,k を 4 で割った余りで分類すれば,(1)の結果から,$S_n=k^2$ となる n を具体的に表すことができる。

16 2014年度　文系〔2〕・理系〔2〕　　　　　　　　　　　　　Level B

m, n $(m < n)$ を自然数とし,
$$a = n^2 - m^2,\ b = 2mn,\ c = n^2 + m^2$$
とおく。三辺の長さが a, b, c である三角形の内接円の半径を r とし, その三角形の面積を S とする。このとき, 以下の問に答えよ。

(1)　$a^2 + b^2 = c^2$ を示せ。

(2)　r を m, n を用いて表せ。

(3)　r が素数のときに, S を r を用いて表せ。

(4)　r が素数のときに, S が6で割り切れることを示せ。

> **ポイント**　(2) (1)から直角三角形であることがわかるので, S は直交する2辺の長さで表すことができる。また, 一般に, $S = \dfrac{1}{2}(a+b+c)\,r$ であるので, これらが等しいことから r を a, b, c で表すことができる。また, 〔解法2〕のように, 直角三角形の内接円の半径と辺の長さの関係から求めることもできる。
>
> (3) r が素数であるので, 素数の定義 (1と自分自身以外に約数をもたない2以上の整数) から, r が2つの自然数の積で表されるなら, どちらかは1となる。
>
> (4) 連続3整数の積が6で割り切れることを用いる。$S = r(r+1)(2r+1)$ のときは, 〔解法2〕のように, 3で割り切れることを $r = 3k$, $3k \pm 1$ (k は整数) の場合に分けて示してもよい。

解 法 1

(1)　$\begin{aligned} a^2 + b^2 &= (n^2 - m^2)^2 + (2mn)^2 \\ &= n^4 + 2m^2 n^2 + m^4 \\ &= (n^2 + m^2)^2 \\ &= c^2 \end{aligned}$

ゆえに　　$a^2 + b^2 = c^2$　　　　　　　　　　　　　　　　　　（証明終）

(2)　(1)より, この三角形は斜辺の長さが c である直角三角形である。したがって
$$S = \frac{1}{2}ab = \frac{1}{2}(n^2 - m^2)(2mn) = mn(n+m)(n-m)$$
また, 内接円の半径が r であることから

$$S=\frac{1}{2}(a+b+c)\,r=\frac{1}{2}(2n^2+2mn)\,r=n(n+m)\,r$$

よって $n(n+m)\,r=mn(n+m)(n-m)$

$n>0,\ n+m>0$ であるので

$$r=m(n-m)\quad\cdots\cdots(\text{答})$$

(3) r が素数のとき，(2)より

$$(m,\ n-m)=(1,\ r)\quad\text{または}\quad(m,\ n-m)=(r,\ 1)$$

$m=1,\ n-m=r$ のとき，$n=r+1$ であるので

$$S=n(n+m)\,r=r(r+1)(r+2)$$

$m=r,\ n-m=1$ のとき，$n=r+1$ であるので

$$S=n(n+m)\,r=r(r+1)(2r+1)$$

ゆえに

$$S=r(r+1)(r+2)\quad\text{または}\quad S=r(r+1)(2r+1)\quad\cdots\cdots(\text{答})$$

(4) 連続する3つの整数には，2の倍数，3の倍数が含まれており，2と3は互いに素であるので，それらの積は6で割り切れる。

$S=r(r+1)(r+2)$ のとき，連続する3つの整数の積であるので，S は6で割り切れる。

$S=r(r+1)(2r+1)$ のとき

$$S=r(r+1)\{(r-1)+(r+2)\}=(r-1)\,r(r+1)+r(r+1)(r+2)$$

と変形でき，$(r-1)\,r(r+1),\ r(r+1)(r+2)$ はいずれも連続する3つの整数の積であるので，ともに6で割り切れる。したがって，S は6で割り切れる。

以上より，r が素数のとき，S は6で割り切れる。　　　　　　　（証明終）

解法 2

(2) $BC=a,\ CA=b,\ AB=c$ とする三角形 ABC は，(1)より $\angle C=90°$ の直角三角形である。内接円と辺 BC，CA，AB の接点をそれぞれ P，Q，R とすると

$$CP=CQ=r,\quad AQ=AR=b-r,$$
$$BR=BP=a-r$$

であるので

$$c=a-r+b-r$$

よって

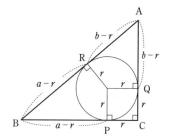

$$r = \frac{1}{2}(a+b-c) = \frac{1}{2}\{(n^2-m^2)+2mn-(n^2+m^2)\} = m(n-m) \quad \cdots\cdots(\text{答})$$

(4) （$S=r(r+1)(r+2)$ のときは，〔解法1〕と同じ）

$S=r(r+1)(2r+1)$ のとき

S は連続2整数の積 $r(r+1)$ を含むので，2で割り切れる。 $\cdots\cdots$①

k を整数として

$r=3k$ のとき

$S=3k(3k+1)(6k+1)$ であるので，S は3で割り切れる。

$r=3k+1$ のとき

$S=(3k+1)(3k+2)(6k+3)=3(3k+1)(3k+2)(2k+1)$ であるので，S は3で割り切れる。

$r=3k-1$ のとき

$S=(3k-1)3k(6k-1)$ であるので，S は3で割り切れる。

したがって，すべての素数 r について，S は3で割り切れる。 $\cdots\cdots$②

①，②から S は6で割り切れる。

以上より，r が素数のとき，S は6で割り切れる。 （証明終）

〔注〕 (4) $S=r(r+1)(2r+1)$ のとき，数列の和の公式 $\sum_{k=1}^{r} k^2 = \frac{1}{6}r(r+1)(2r+1)$ から

$r(r+1)(2r+1) = 6\sum_{k=1}^{r} k^2$ （6の倍数）として示してもよい。

17

2022 年度　理系〔1〕　　　　　　　　　　　　　　　　Level　B

数列 $\{a_n\}$ を $a_1=1$, $a_2=2$, $a_{n+2}=\sqrt{a_{n+1}\cdot a_n}$ $(n=1,\ 2,\ 3,\ \cdots)$ によって定める。以下の問に答えよ。

(1)　すべての自然数 n について $a_{n+1}=\dfrac{2}{\sqrt{a_n}}$ が成り立つことを示せ。

(2)　数列 $\{b_n\}$ を $b_n=\log a_n$ $(n=1,\ 2,\ 3,\ \cdots)$ によって定める。b_n の値を n を用いて表せ。

(3)　極限値 $\displaystyle\lim_{n\to\infty}a_n$ を求めよ。

> **ポイント**　(1)　結論の分母を払うと $a_{n+1}\sqrt{a_n}=2$ であるので，与えられた漸化式の両辺に $\sqrt{a_{n+1}}$ をかける（〔解法1〕）。〔解法2〕のように，数学的帰納法を用いてもよい。
> (2)　(1)で示した隣接2項間の漸化式の両辺の自然対数をとる。
> (3)　a_n を n で表す（〔解法1〕）。$\displaystyle\lim_{n\to\infty}b_n$ から $\displaystyle\lim_{n\to\infty}a_n$ を求めてもよい（〔解法2〕）。

解法1

(1)　条件より，任意の n で $a_n>0$ である。

$a_{n+2}=\sqrt{a_{n+1}\cdot a_n}$ の両辺に $\sqrt{a_{n+1}}$ をかけると

$$a_{n+2}\sqrt{a_{n+1}}=a_{n+1}\sqrt{a_n}$$

よって，数列 $\{a_{n+1}\sqrt{a_n}\}$ は定数の数列であり，$a_1=1$, $a_2=2$ より，初項は

$$a_2\sqrt{a_1}=2$$

ゆえに　　$a_{n+1}\sqrt{a_n}=2$

よって

$$a_{n+1}=\dfrac{2}{\sqrt{a_n}}\quad\cdots\cdots①$$　　　　　　　　　　　　　　　　　　　　（証明終）

(2)　①の両辺は正であるので，両辺の自然対数をとると

$$\log a_{n+1}=\log\dfrac{2}{\sqrt{a_n}}$$

$$\log a_{n+1}=-\dfrac{1}{2}\log a_n+\log 2$$

$b_n=\log a_n$ より　　　$b_{n+1}=-\dfrac{1}{2}b_n+\log 2$

変形すると $\quad b_{n+1}-\dfrac{2}{3}\log 2=-\dfrac{1}{2}\left(b_n-\dfrac{2}{3}\log 2\right)$

よって，数列 $\left\{b_n-\dfrac{2}{3}\log 2\right\}$ は公比 $-\dfrac{1}{2}$ の等比数列であり，初項は

$$b_1-\frac{2}{3}\log 2=\log a_1-\frac{2}{3}\log 2=-\frac{2}{3}\log 2$$

ゆえに

$$b_n-\frac{2}{3}\log 2=\left(-\frac{2}{3}\log 2\right)\left(-\frac{1}{2}\right)^{n-1}$$

$$b_n=\frac{2}{3}\left\{1-\left(-\frac{1}{2}\right)^{n-1}\right\}\log 2 \quad \cdots\cdots(答)$$

(3) (2)より $\quad \log a_n=\dfrac{2}{3}\left\{1-\left(-\dfrac{1}{2}\right)^{n-1}\right\}\log 2=\log 2^{\frac{2}{3}\left\{1-\left(-\frac{1}{2}\right)^{n-1}\right\}}$

したがって $\quad a_n=2^{\frac{2}{3}\left\{1-\left(-\frac{1}{2}\right)^{n-1}\right\}}$

$\left|-\dfrac{1}{2}\right|<1$ であるので $\quad \displaystyle\lim_{n\to\infty}\left(-\frac{1}{2}\right)^{n-1}=0$

よって $\quad \displaystyle\lim_{n\to\infty}a_n=\lim_{n\to\infty}2^{\frac{2}{3}\left\{1-\left(-\frac{1}{2}\right)^{n-1}\right\}}=2^{\frac{2}{3}}=\sqrt[3]{4} \quad \cdots\cdots(答)$

解法 2

(1) すべての自然数 n について

$$a_{n+1}=\frac{2}{\sqrt{a_n}} \quad \cdots\cdots①$$

が成り立つことを数学的帰納法により証明する。

[Ⅰ] $n=1$ のとき

$a_2=2,\ \dfrac{2}{\sqrt{a_1}}=\dfrac{2}{\sqrt{1}}=2$ であるので，①は成り立つ。

[Ⅱ] $n=k$ のとき，①が成り立つと仮定する。

すなわち $a_{k+1}=\dfrac{2}{\sqrt{a_k}}$ であるとすると $\quad \sqrt{a_k}=\dfrac{2}{a_{k+1}}$

$$a_{k+2}=\sqrt{a_{k+1}\cdot a_k}=\sqrt{a_{k+1}}\cdot\sqrt{a_k}=\sqrt{a_{k+1}}\cdot\frac{2}{a_{k+1}}=\frac{2}{\sqrt{a_{k+1}}}$$

したがって，$n=k+1$ のときも①は成り立つ。

[Ⅰ]，[Ⅱ] より，すべての自然数 n について $a_{n+1}=\dfrac{2}{\sqrt{a_n}}$ が成り立つ。

(証明終)

(3) $\left|-\dfrac{1}{2}\right|<1$ であるので $\quad\displaystyle\lim_{n\to\infty}\left(-\dfrac{1}{2}\right)^{n-1}=0$

$$\lim_{n\to\infty}b_n=\lim_{n\to\infty}\dfrac{2}{3}\left\{1-\left(-\dfrac{1}{2}\right)^{n-1}\right\}\log 2=\dfrac{2}{3}\log 2=\log 2^{\frac{2}{3}}$$

$b_n=\log a_n$ より $a_n=e^{b_n}$ であり，関数 $f(x)=e^x$ は連続であるので

$$\lim_{n\to\infty}a_n=\lim_{n\to\infty}e^{b_n}=e^{\lim\limits_{n\to\infty}b_n}=e^{\log 2^{\frac{2}{3}}}=2^{\frac{2}{3}}=\sqrt[3]{4}\quad\cdots\cdots（答）$$

〔注〕　$\displaystyle\lim_{n\to\infty}a_n=\alpha$ が存在するならば，$\displaystyle\lim_{n\to\infty}a_{n+1}=\alpha$ であるので，$a_{n+1}=\dfrac{2}{\sqrt{a_n}}$ の両辺の極限から

$$\alpha=\dfrac{2}{\sqrt{\alpha}}\qquad \alpha^{\frac{3}{2}}=2\qquad \alpha=2^{\frac{2}{3}}$$

でなければならない。検算に用いるとよいだろう。

18

2022 年度 理系〔2〕 Level B

m を 3 以上の自然数, $\theta = \dfrac{2\pi}{m}$, C_1 を半径 1 の円とする。円 C_1 に内接する（すべての頂点が C_1 上にある）正 m 角形を P_1 とし, P_1 に内接する（P_1 のすべての辺と接する）円を C_2 とする。同様に, n を自然数とするとき, 円 C_n に内接する正 m 角形を P_n とし, P_n に内接する円を C_{n+1} とする。C_n の半径を r_n, C_n の内側で P_n の外側の部分の面積を s_n とし, $f(m) = \sum\limits_{n=1}^{\infty} s_n$ とする。以下の問に答えよ。

(1) r_n, s_n の値を θ, n を用いて表せ。

(2) $f(m)$ の値を θ を用いて表せ。

(3) 極限値 $\lim\limits_{m \to \infty} f(m)$ を求めよ。

ただし, 必要があれば $\lim\limits_{x \to 0} \dfrac{x - \sin x}{x^3} = \dfrac{1}{6}$ を用いてよい。

ポイント (1) 円 C_n の中心と C_n に内接する正 m 角形 P_n の隣り合う 2 頂点でできる二等辺三角形に着目し, r_n と r_{n+1} の関係式を図を描いて求める。

(2) 数列 $\{s_n\}$ は等比数列であるので, $f(m)$ は無限等比級数である。

(3) $m \to \infty$ のとき $\theta \to 0$ であるので, $\lim\limits_{\theta \to 0} \dfrac{\sin \theta}{\theta} = 1$ と与えられた極限が利用できる形に $f(m)$ を変形する。

解法

(1) 正 m 角形 P_n の隣り合う 2 つの頂点を A, B, 円 C_n の中心を O とすると

$$\angle AOB = \frac{2\pi}{m} = \theta$$

△OAB は二等辺三角形であるので, AB の中点を M とすると

$$OM \perp AB, \quad \angle AOM = \angle BOM = \frac{\theta}{2}$$

$OA = OB = r_n$, $OM = r_{n+1}$ であるので

$$r_{n+1} = r_n \cos \frac{\theta}{2}$$

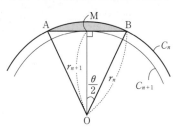

よって，数列 $\{r_n\}$ は公比 $\cos\dfrac{\theta}{2}$ の等比数列であり，初項 $r_1=1$ より

$$r_n = 1\cdot\left(\cos\frac{\theta}{2}\right)^{n-1} = \cos^{n-1}\frac{\theta}{2} \quad\cdots\cdots(答)$$

また

$$s_n = (円\ C_n\ の面積) - (正\ m\ 角形\ P_n\ の面積)$$

$$= \pi r_n{}^2 - m\times\triangle\mathrm{OAB}$$

$$= \pi r_n{}^2 - \frac{2\pi}{\theta}\cdot\frac{1}{2}r_n{}^2\sin\theta \quad\left(m=\frac{2\pi}{\theta}\ より\right)$$

$$= \frac{\pi\,(\theta-\sin\theta)}{\theta}\left(\cos^2\frac{\theta}{2}\right)^{n-1} \quad\cdots\cdots(答)$$

(2)　(1)より $\displaystyle\sum_{n=1}^{\infty}s_n$ は，初項 $\dfrac{\pi\,(\theta-\sin\theta)}{\theta}$，公比 $\cos^2\dfrac{\theta}{2}$ の無限等比級数である。

$m\geqq 3$ より　　$0<\theta\leqq\dfrac{2\pi}{3}$　　$0<\dfrac{\theta}{2}\leqq\dfrac{\pi}{3}$

したがって，$0<\cos^2\dfrac{\theta}{2}<1$ であるので $\displaystyle\sum_{n=1}^{\infty}s_n$ は収束する。ゆえに

$$f(m) = \sum_{n=1}^{\infty}s_n = \frac{\dfrac{\pi\,(\theta-\sin\theta)}{\theta}}{1-\cos^2\dfrac{\theta}{2}} = \frac{\pi\,(\theta-\sin\theta)}{\theta\sin^2\dfrac{\theta}{2}} \quad\cdots\cdots(答)$$

(3)　$\theta=\dfrac{2\pi}{m}$ より，$m\to\infty$ のとき　　$\theta\to 0$

よって

$$\lim_{m\to\infty}f(m) = \lim_{\theta\to 0}\frac{\pi\,(\theta-\sin\theta)}{\theta\sin^2\dfrac{\theta}{2}} = \lim_{\theta\to 0}4\pi\cdot\frac{\theta-\sin\theta}{\theta^3}\cdot\frac{1}{\left(\dfrac{\sin\dfrac{\theta}{2}}{\dfrac{\theta}{2}}\right)^2}$$

$$= 4\pi\cdot\frac{1}{6}\cdot\frac{1}{1^2} = \frac{2\pi}{3} \quad\cdots\cdots(答)$$

19 2022 年度 理系〔5〕 Level B

a, b を実数, p を素数とし, $1<a<b$ とする。以下の問に答えよ。

(1) x, y, z を 0 でない実数とする。$a^x=b^y=(ab)^z$ ならば $\dfrac{1}{x}+\dfrac{1}{y}=\dfrac{1}{z}$ であることを示せ。

(2) m, n を $m>n$ をみたす自然数とし, $\dfrac{1}{m}+\dfrac{1}{n}=\dfrac{1}{p}$ とする。m, n の値を p を用いて表せ。

(3) m, n を自然数とし, $a^m=b^n=(ab)^p$ とする。b の値を a, p を用いて表せ。

> **ポイント** (1) 条件式の各辺の自然対数をとる (〔解法 1〕)。指数法則のみを用いて示すこともできる (〔解法 2〕)。
> (2) 方程式の分母を払い, ( ) × ( ) = (定数) の形に変形する。
> (3) (1)・(2)を利用する。その際, (2)の条件 $m>n$ をみたすことを示す必要がある。

解法 1

(1) $1<a<b$ より, $a^x=b^y=(ab)^z$ の各辺は正であるので, 各辺の自然対数をとると
$$\log a^x=\log b^y=\log(ab)^z$$
$$x\log a=y\log b=z(\log a+\log b)$$
x, y, z は 0 でなく, $1<a<b$ より $\log a>0$, $\log b>0$ なので
$$\frac{1}{x}=\frac{\log a}{z(\log a+\log b)}, \quad \frac{1}{y}=\frac{\log b}{z(\log a+\log b)}$$
$$\frac{1}{x}+\frac{1}{y}=\frac{\log a}{z(\log a+\log b)}+\frac{\log b}{z(\log a+\log b)}=\frac{1}{z}$$
ゆえに $\dfrac{1}{x}+\dfrac{1}{y}=\dfrac{1}{z}$ (証明終)

(2) $\dfrac{1}{m}+\dfrac{1}{n}=\dfrac{1}{p}$ の両辺に pmn をかけて
$$pn+pm=mn \qquad mn-pm-pn=0$$
$$(m-p)(n-p)=p^2 \quad\cdots\cdots①$$
ここで, $\dfrac{1}{m}=\dfrac{1}{p}-\dfrac{1}{n}=\dfrac{n-p}{pn}>0$ より $n-p>0$
したがって, $m>n$ より $m-p>n-p>0$

p は素数であるので，①をみたす整数は

$$m-p=p^2, \quad n-p=1$$

ゆえに $\quad m=p^2+p, \quad n=p+1 \quad \cdots\cdots$(答)

(3) $a^m=b^n=(ab)^p$ なので，(1)より $\quad \dfrac{1}{m}+\dfrac{1}{n}=\dfrac{1}{p}$

また，$1<a<b$ より $\quad b^n>a^n$

$b^n=a^m$ であるので $\quad a^m>a^n$

$a>1$ より $\quad m>n$

$m, \ n$ は自然数であり，$m>n$ かつ $\dfrac{1}{m}+\dfrac{1}{n}=\dfrac{1}{p}$ をみたすので，(2)より

$$m=p^2+p, \quad n=p+1$$

よって $\quad a^{p^2+p}=b^{p+1}=(ab)^p \quad \cdots\cdots$②

$a^{p^2+p}=b^{p+1}$ より $\quad (a^p)^{p+1}=b^{p+1}$

$a^p>0, \ b>0$ であるので $\quad b=a^p$

このとき，$(ab)^p=(a\cdot a^p)^p=(a^{p+1})^p=a^{p^2+p}$ となり，②をみたす。

ゆえに $\quad b=a^p \quad \cdots\cdots$(答)

〔注〕 (1) 対数をとるとき，底は1でない正の数であれば何でもよい。

(2) $m>n>0$ より $m-p>n-p>-p$ であり，p が素数であることから，①をみたすのは $m-p=p^2, \ n-p=1$ としてもよい。

解法 2

(1) $x, \ y, \ z$ は0でない実数であるので，$a^x=(ab)^z$ より

$$(a^x)^{\frac{1}{xz}}=\{(ab)^z\}^{\frac{1}{xz}}$$
$$a^{\frac{1}{z}}=(ab)^{\frac{1}{x}} \quad \cdots\cdots$$①

同様に $b^y=(ab)^z$ より

$$b^{\frac{1}{z}}=(ab)^{\frac{1}{y}} \quad \cdots\cdots$$②

①，②の辺々をかけると

$$a^{\frac{1}{z}}\cdot b^{\frac{1}{z}}=(ab)^{\frac{1}{x}}\cdot(ab)^{\frac{1}{y}}$$
$$(ab)^{\frac{1}{z}}=(ab)^{\frac{1}{x}+\frac{1}{y}}$$

よって

$$\dfrac{1}{x}+\dfrac{1}{y}=\dfrac{1}{z}$$

(証明終)

20

i を虚数単位とする。以下の問に答えよ。

(1) $n=2$, 3, 4, 5 のとき $(2+i)^n$ を求めよ。またそれらの虚部の整数を 10 で割った余りを求めよ。

(2) n を正の整数とするとき $(2+i)^n$ は虚数であることを示せ。

ポイント (1) $(2+i)^n = (2+i)^{n-1}(2+i)$ を用いて順に計算する。
(2) (1)から実部, 虚部をそれぞれ 10 で割った余りが推測できるので, 数学的帰納法を用いてそのことを証明する。

解 法

(1) $(2+i)^2 = 4+4i+i^2 = 3+4i$ ……(答)

$(2+i)^3 = (2+i)^2(2+i) = (3+4i)(2+i)$
$\qquad = 6+11i+4i^2 = 2+11i$ ……(答)

$(2+i)^4 = (2+i)^3(2+i) = (2+11i)(2+i)$
$\qquad = 4+24i+11i^2 = -7+24i$ ……(答)

$(2+i)^5 = (2+i)^4(2+i) = (-7+24i)(2+i)$
$\qquad = -14+41i+24i^2 = -38+41i$ ……(答)

虚部の整数を 10 で割った余りは, 順に 4, 1, 4, 1 ……(答)

(2) 正の整数 n について

「$(2+i)^n$ の実部, 虚部はいずれも整数であり, 10 で割った余りは

n が奇数のとき, 実部は 2, 虚部は 1

n が偶数のとき, 実部は 3, 虚部は 4

である」 ……①

が成り立つことを数学的帰納法で証明する。

〔 I 〕 $n=1$ のとき

$2+i$ の実部は 2, 虚部は 1 であるので, ①は成り立つ。

〔 II 〕 $n=k$ (k は正の整数) のとき, ①が成り立つと仮定する。

(i) k が奇数のとき

$(2+i)^k$ の実部, 虚部を 10 で割った余りはそれぞれ 2, 1 であるので, a, b を整数として, $(2+i)^k = (10a+2) + (10b+1)i$ とおくと

$$(2+i)^{k+1} = (2+i)^k(2+i) = \{(10a+2)+(10b+1)i\}(2+i)$$
$$= (20a+4)+(10a+20b+4)i+(10b+1)i^2$$
$$= (20a-10b+3)+(10a+20b+4)i$$
$$= \{10(2a-b)+3\}+\{10(a+2b)+4\}i$$

よって，$k+1$ は偶数で $(2+i)^{k+1}$ の実部，虚部はいずれも整数であり，10 で割った余りは，実部は 3，虚部は 4 であるので，$n=k+1$ のときも①は成り立つ。

(ii) k が偶数のとき

$(2+i)^k$ の実部，虚部を 10 で割った余りはそれぞれ 3，4 であるので，c, d を整数として，$(2+i)^k = (10c+3)+(10d+4)i$ とおくと

$$(2+i)^{k+1} = (2+i)^k(2+i) = \{(10c+3)+(10d+4)i\}(2+i)$$
$$= (20c+6)+(10c+20d+11)i+(10d+4)i^2$$
$$= (20c-10d+2)+(10c+20d+11)i$$
$$= \{10(2c-d)+2\}+\{10(c+2d+1)+1\}i$$

よって，$k+1$ は奇数で $(2+i)^{k+1}$ の実部，虚部はいずれも整数であり，10 で割った余りは，実部は 2，虚部は 1 であるので，$n=k+1$ のときも①は成り立つ。

(i), (ii)から，$n=k$ のとき①が成り立つならば，$n=k+1$ のときも①は成り立つ。

[I]，[II]より，正の整数 n について①が成り立つ。

したがって，$(2+i)^n$ の虚部は 0 ではないので，$(2+i)^n$ は虚数である。（証明終）

【注】 (2) (1)の結果から，虚部の整数を 10 で割った余りは，n が奇数のとき 1，n が偶数のとき 4 であると推測されるが，数学的帰納法により証明するので，実部についてもあわせて推測して，そのことを証明する。証明の[II]については，k が奇数，偶数の場合に分けて $n=k+1$ のときも成り立つことを示す。

21

p を 2 以上の自然数とし, 数列 $\{x_n\}$ は

$$x_1 = \frac{1}{2^p + 1}, \quad x_{n+1} = |2x_n - 1| \quad (n = 1, 2, 3, \cdots)$$

をみたすとする。以下の問に答えよ。

(1) $p = 3$ のとき, x_n を求めよ。

(2) $x_{p+1} = x_1$ であることを示せ。

> **ポイント** (1) 漸化式を用いて x_2, x_3, … を計算してみる。
> (2) $2 \leqq n \leqq p+1$ のとき x_n を推測し, 数学的帰納法により証明する。

解 法

(1) $p = 3$ のとき　　$x_1 = \dfrac{1}{2^3 + 1} = \dfrac{1}{9}$

$$x_2 = |2x_1 - 1| = \left| \frac{2}{9} - 1 \right| = \frac{7}{9}$$

$$x_3 = |2x_2 - 1| = \left| \frac{14}{9} - 1 \right| = \frac{5}{9}$$

$$x_4 = |2x_3 - 1| = \left| \frac{10}{9} - 1 \right| = \frac{1}{9} = x_1$$

よって, 数列 $\{x_n\}$ は周期 3 で $\dfrac{1}{9}$, $\dfrac{7}{9}$, $\dfrac{5}{9}$ を繰り返す。

ゆえに, m を自然数として

$$x_n = \begin{cases} \dfrac{1}{9} & (n = 3m-2 \text{ のとき}) \\[2mm] \dfrac{7}{9} & (n = 3m-1 \text{ のとき}) \quad \cdots\cdots \text{(答)} \\[2mm] \dfrac{5}{9} & (n = 3m \text{ のとき}) \end{cases}$$

(2) $2 \leqq n \leqq p+1$ のとき　　$x_n = \dfrac{2^p - (2^{n-1} - 1)}{2^p + 1}$ $\cdots\cdots$①

が成り立つことを数学的帰納法により証明する。

[Ⅰ]　$n=2$ のとき

$$x_2 = |2x_1 - 1| = \left| \frac{2}{2^p + 1} - 1 \right| = \left| \frac{1 - 2^p}{2^p + 1} \right|$$

$p \geq 2$ より $2^p \geq 4$ であるから　　$1 - 2^p < 0$

したがって　　$x_2 = \dfrac{2^p - 1}{2^p + 1}$

①において，$n=2$ とすると

$$(右辺) = \frac{2^p - (2^1 - 1)}{2^p + 1} = \frac{2^p - 1}{2^p + 1}$$

よって，$n=2$ のとき，①は成り立つ。

[Ⅱ]　$n=k$ $(2 \leq k \leq p)$ のとき，①が成り立つと仮定する。

すなわち，$x_k = \dfrac{2^p - (2^{k-1} - 1)}{2^p + 1}$ とすると

$$x_{k+1} = |2x_k - 1| = \left| 2 \cdot \frac{2^p - (2^{k-1} - 1)}{2^p + 1} - 1 \right|$$

$$= \left| \frac{2 \cdot 2^p - 2^k + 2 - 2^p - 1}{2^p + 1} \right| = \left| \frac{2^p - (2^k - 1)}{2^p + 1} \right|$$

ここで，$2 \leq k \leq p$ より

$$2^p > 2^k - 1 \qquad 2^p - (2^k - 1) > 0$$

よって，$x_{k+1} = \dfrac{2^p - (2^k - 1)}{2^p + 1}$ となり，$n=k+1$ のときも①は成り立つ。

[Ⅰ]，[Ⅱ]より，$2 \leq n \leq p+1$ のとき，$x_n = \dfrac{2^p - (2^{n-1} - 1)}{2^p + 1}$ が成り立つ。

ゆえに　　$x_{p+1} = \dfrac{2^p - (2^p - 1)}{2^p + 1} = \dfrac{1}{2^p + 1} = x_1$　　　　　　　　　　（証明終）

〔注〕　(2)　順に求めていくと

$$x_2 = \frac{2^p - 1}{2^p + 1}, \quad x_3 = \frac{2^p - 3}{2^p + 1}, \quad x_4 = \frac{2^p - 7}{2^p + 1}, \quad x_5 = \frac{2^p - 15}{2^p + 1}, \quad \cdots$$

であるので，数列 1, 3, 7, 15, … の一般項を推測すればよい。n の範囲は $2 \leq n \leq p+1$ であることに注意。

22

2017 年度　理系〔3〕　　　　　　　　　　　　　　　　　　Level　B

　1 辺の長さが a_0 の正四面体 $OA_0B_0C_0$ がある。図のように，辺 OA_0 上の点 A_1，辺 OB_0 上の点 B_1，辺 OC_0 上の点 C_1 から平面 $A_0B_0C_0$ に下ろした垂線をそれぞれ $A_1A'_1$，$B_1B'_1$，$C_1C'_1$ としたとき，三角柱 $A_1B_1C_1-A'_1B'_1C'_1$ は正三角柱になるとする。ただし，ここでは底面が正三角形であり，側面が正方形である三角柱を正三角柱とよぶことにする。同様に，点 A_2，B_2，C_2，A'_2，B'_2，C'_2，……を次のように定める。正四面体 $OA_kB_kC_k$ において，辺 OA_k 上の点 A_{k+1}，辺 OB_k 上の点 B_{k+1}，辺 OC_k 上の点 C_{k+1} から平面 $A_kB_kC_k$ に下ろした垂線をそれぞれ $A_{k+1}A'_{k+1}$，$B_{k+1}B'_{k+1}$，$C_{k+1}C'_{k+1}$ としたとき，三角柱 $A_{k+1}B_{k+1}C_{k+1}-A'_{k+1}B'_{k+1}C'_{k+1}$ は正三角柱になるとする。辺 A_kB_k の長さを a_k とし，正三角柱 $A_kB_kC_k-A'_kB'_kC'_k$ の体積を V_k とするとき，以下の問に答えよ。

(1)　点 O から平面 $A_0B_0C_0$ に下ろした垂線を OH とし，$\theta=\angle OA_0H$ とするとき，$\cos\theta$ と $\sin\theta$ の値を求めよ。

(2)　a_1 を a_0 を用いて表せ。

(3)　V_k を a_0 を用いて表し，$\displaystyle\sum_{k=1}^{\infty} V_k$ を求めよ。

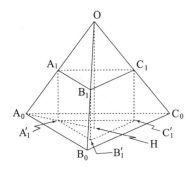

ポイント　(1)　H は $\triangle A_0B_0C_0$ の重心であるので，A_0H を a_0 で表す。
(2)　四角形 $A_1A'_1B'_1B_1$ は正方形であるので，$A_1A'_1=a_1$ である。直角三角形 $A_1A_0A'_1$ に着目する。
(3)　(2)と同様にして，a_{k+1} と a_k の関係式から a_k を a_0 で表す。

解法

(1) $OA_0B_0C_0$ は正四面体であるので，対称性から
Hは△$A_0B_0C_0$ の重心である。
よって，B_0C_0 の中点をMとすると

$$A_0H = \frac{2}{3}A_0M = \frac{2}{3} \cdot \frac{\sqrt{3}}{2}a_0 = \frac{\sqrt{3}}{3}a_0$$

ゆえに

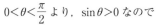

$$\cos\theta = \frac{A_0H}{OA_0} = \frac{\frac{\sqrt{3}}{3}a_0}{a_0} = \frac{\sqrt{3}}{3} \quad \cdots\cdots(答)$$

$0 < \theta < \dfrac{\pi}{2}$ より，$\sin\theta > 0$ なので

$$\sin\theta = \sqrt{1 - \cos^2\theta} = \sqrt{1 - \left(\frac{\sqrt{3}}{3}\right)^2} = \frac{\sqrt{6}}{3} \quad \cdots\cdots(答)$$

〔注〕 一般に四面体 OABC において，OA＝OB＝OC であるとき，Oから平面 ABC に下ろした垂線を OH とすると，$AH = \sqrt{OA^2 - OH^2}$，$BH = \sqrt{OB^2 - OH^2}$，$CH = \sqrt{OC^2 - OH^2}$ であるので，AH＝BH＝CH となり，H は△ABC の外心である。〔解法〕では，△$A_0B_0C_0$ が正三角形であることから，重心と外心は一致するので重心として長さを求めたが，正弦定理を用い，$2A_0H = \dfrac{a_0}{\sin 60°}$ として求めてもよい。

(2) 直角三角形 $A_1A_0A_1'$ において　　$A_0A_1 \sin\theta = A_1A_1'$
四角形 $A_1A_1'B_1'B_1$ は正方形であるので　　$A_1A_1' = A_1B_1 = a_1$
また，$A_0A_1 = OA_0 - OA_1 = a_0 - a_1$ より

$$\frac{\sqrt{6}}{3}(a_0 - a_1) = a_1 \qquad \frac{3+\sqrt{6}}{3}a_1 = \frac{\sqrt{6}}{3}a_0$$

$$a_1 = \frac{\sqrt{6}}{3+\sqrt{6}}a_0 = (\sqrt{6}-2)a_0 \quad \cdots\cdots(答)$$

(3) (2)と同様にして，$a_{k+1} = (\sqrt{6}-2)a_k$ が成り立つので，数列 $\{a_k\}$ は初項 a_0，公比 $\sqrt{6}-2$ の等比数列である。
よって　　$a_k = (\sqrt{6}-2)^k a_0$
また

$$V_k = △A_k'B_k'C_k' \times A_kA_k' = \frac{1}{2}a_k{}^2 \sin 60° \times a_k = \frac{\sqrt{3}}{4}a_k{}^3$$

ゆえに　　$V_k = \dfrac{\sqrt{3}}{4}\{(\sqrt{6}-2)^k a_0\}^3 = \dfrac{\sqrt{3}}{4}(\sqrt{6}-2)^{3k}{a_0}^3$　……(答)

したがって, $\displaystyle\sum_{k=1}^{\infty} V_k$ は初項 $\dfrac{\sqrt{3}}{4}(\sqrt{6}-2)^3{a_0}^3$, 公比 $(\sqrt{6}-2)^3$ の無限等比級数であり,

$0<\sqrt{6}-2<1$ より $0<(\sqrt{6}-2)^3<1$ であるので収束し, 和は

$$\sum_{k=1}^{\infty} V_k = \frac{\dfrac{\sqrt{3}}{4}(\sqrt{6}-2)^3{a_0}^3}{1-(\sqrt{6}-2)^3} = \frac{\sqrt{3}}{4}\cdot\frac{18\sqrt{6}-44}{1-(18\sqrt{6}-44)}{a_0}^3$$

$$= \frac{\sqrt{3}}{4}\cdot\frac{2(9\sqrt{6}-22)}{9(5-2\sqrt{6})}{a_0}^3 = \frac{3\sqrt{2}-2\sqrt{3}}{18}{a_0}^3 \quad ……(答)$$

23

2016年度 理系〔4〕

約数, 公約数, 最大公約数を次のように定める。

- 2つの整数 a, b に対して, $a = bk$ をみたす整数 k が存在するとき, b は a の約数であるという。
- 2つの整数に共通の約数をそれらの公約数という。
- 少なくとも一方が0でない2つの整数の公約数の中で最大のものをそれらの最大公約数という。

以下の問に答えよ。

(1) a, b, c, p は0でない整数で $a = pb + c$ をみたしているとする。

 (i) $a = 18$, $b = 30$, $c = -42$, $p = 2$ のとき, a と b の公約数の集合 S, および b と c の公約数の集合 T を求めよ。

 (ii) a と b の最大公約数を M, b と c の最大公約数を N とする。M と N は等しいことを示せ。ただし, a, b, c, p は0でない任意の整数とする。

(2) 自然数の列 $\{a_n\}$ を

$$a_{n+2} = 6a_{n+1} + a_n \ (n = 1, 2, \cdots), \ a_1 = 3, \ a_2 = 4$$

で定める。

 (i) a_{n+1} と a_n の最大公約数を求めよ。

 (ii) a_{n+4} を a_{n+2} と a_n を用いて表せ。

 (iii) a_{n+2} と a_n の最大公約数を求めよ。

> **ポイント** (1)(ii) a と b の公約数の集合と b と c の公約数の集合が一致すれば, 最大公約数が等しいといえる (〔**解法1**〕)。〔**解法2**〕のように, 大小関係を用いて示してもよい。
> (2) (1)から, a_{n+2} と a_{n+1} の最大公約数と, a_{n+1} と a_n の最大公約数は一致する。

解法 1

(1) (i) $a = 18 = 2 \cdot 3^2$, $b = 2 \cdot 3 \cdot 5$, $c = -2 \cdot 3 \cdot 7$

S は $2 \cdot 3$ の約数の集合なので $S = \{\pm 1, \ \pm 2, \ \pm 3, \ \pm 6\}$

T は $2 \cdot 3$ の約数の集合なので $T = \{\pm 1, \ \pm 2, \ \pm 3, \ \pm 6\}$ ……(答)

(ii) a と b の公約数の集合を S, b と c の公約数の集合を T とする。

(ア) $s \in S$, すなわち, s が a と b の公約数であるとすると

$$a = a's, \ b = b's \quad (a', \ b' \text{ は0でない整数})$$

と表せるので, $a = pb + c$ より

$$c = a - pb = a's - pb's = (a' - pb') s$$

$a' - pb'$ は整数なので, s は c の約数。

したがって, s は b と c の公約数であるので　$s \in T$

よって　$S \subset T$

(イ)　$t \in T$, すなわち, t が b と c の公約数であるとすると

$$b = b''t, \quad c = c't \quad (b'', \ c' \ \text{は} \ 0 \ \text{でない整数})$$

と表せるので, $a = pb + c$ より

$$a = pb''t + c't = (pb'' + c') t$$

$pb'' + c'$ は整数なので, t は a の約数。

したがって, t は a と b の公約数であるので　$t \in S$

よって　$T \subset S$

(ア), (イ)より　$S = T$

S の要素の中で最大のものが M, T の要素の中で最大のものが N であるので, それらは一致する。すなわち　$M = N$ 　　　　　　　　　　　　　　(証明終)

> 【注】 (ii)はユークリッドの互除法の原理となっている命題「自然数 a, b について, a を b で割った商を q, 余りを r とすると, a と b の最大公約数は b と r の最大公約数に等しい」を拡張したものの証明である。

(2)　$a_{n+2} = 6a_{n+1} + a_n \quad (n = 1, \ 2, \ \cdots) \quad \cdots\cdots①$

とおく。また, 少なくとも一方が 0 でない整数 p, q の最大公約数を $\gcd (p, \ q)$ と表す。

(i)　(1)の(ii)から, ①より　$\gcd (a_{n+2}, \ a_{n+1}) = \gcd (a_{n+1}, \ a_n)$

したがって　$\gcd (a_{n+1}, \ a_n) = \gcd (a_n, \ a_{n-1}) = \cdots = \gcd (a_2, \ a_1)$

$a_1 = 3$, $a_2 = 4$ より　$\gcd (a_2, \ a_1) = \gcd (4, \ 3) = 1$

よって, a_{n+1} と a_n の最大公約数は　1 　$\cdots\cdots$(答)

(ii)　①から　$a_{n+4} = 6a_{n+3} + a_{n+2} \quad \cdots\cdots②$

$$a_{n+3} = 6a_{n+2} + a_{n+1} \quad \cdots\cdots③$$

③を②に代入して　$a_{n+4} = 6 (6a_{n+2} + a_{n+1}) + a_{n+2}$

$$= 37a_{n+2} + 6a_{n+1}$$

①より, $6a_{n+1} = a_{n+2} - a_n$ なので

$$a_{n+4} = 37a_{n+2} + (a_{n+2} - a_n) = 38a_{n+2} - a_n \quad \cdots\cdots(答)$$

(iii)　(ii)より　$\gcd (a_{n+4}, \ a_{n+2}) = \gcd (a_{n+2}, \ -a_n) = \gcd (a_{n+2}, \ a_n)$

したがって, n が奇数のとき

$$\gcd (a_{n+2}, \ a_n) = \gcd (a_n, \ a_{n-2}) = \cdots = \gcd (a_3, \ a_1)$$

n が偶数のとき

$$\gcd (a_{n+2}, \ a_n) = \gcd (a_n, \ a_{n-2}) = \cdots = \gcd (a_4, \ a_2)$$

①より $\quad a_3 = 6a_2 + a_1 = 27, \quad a_4 = 6a_3 + a_2 = 166$

よって $\quad \gcd(a_3, a_1) = \gcd(27, 3) = 3$

$\quad\quad\quad \gcd(a_4, a_2) = \gcd(166, 4) = 2$

ゆえに，a_{n+2} と a_n の最大公約数は

$\quad n$ が奇数のとき 3 ，n が偶数のとき 2 ……(答)

〔注〕 2つの整数 p，q の最大公約数を $\gcd(p, q)$ と表したが，単に (p, q) で，p と q の最大公約数を表すことも多い。(ii)は(iii)の誘導であり，(iii)も同様に考えればよいが，n の偶奇により，場合分けする必要がある。

解 法 2

(1)　(ii)　＜大小関係を用いた証明＞

M は a と b の最大公約数なので

$\quad a = a'M, \quad b = b'M \quad (a',\ b'$ は 0 でない整数)

と表せる。

$a = pb + c$ より $\quad c = a - pb = a'M - pb'M = (a' - pb')M$

$a' - pb'$ は整数なので，M は c の約数。

したがって，M は b と c の公約数であり，b と c の最大公約数が N であることから

$\quad M \leqq N$ ……①

また，N は b と c の最大公約数なので

$\quad b = b''N, \quad c = c'N \quad (b'',\ c'$ は 0 でない整数)

と表せる。

$a = pb + c$ より $\quad a = pb''N + c'N = (pb'' + c')N$

$pb'' + c'$ は整数なので，N は a の約数。

したがって，N は a と b の公約数であり，a と b の最大公約数が M であることから

$\quad N \leqq M$ ……②

①，②より $\quad M = N$ $\hspace{6cm}$ (証明終)

24

a, b を実数とし, 自然数 k に対して $x_k = \dfrac{2ak+6b}{k(k+1)(k+3)}$ とする。以下の問に答えよ。

(1) $x_k = \dfrac{p}{k} + \dfrac{q}{k+1} + \dfrac{r}{k+3}$ がすべての自然数 k について成り立つような実数 p, q, r を, a, b を用いて表せ。

(2) $b=0$ のとき, 3 以上の自然数 n に対して $\sum\limits_{k=1}^{n} x_k$ を求めよ。また, $a=0$ のとき, 4 以上の自然数 n に対して $\sum\limits_{k=1}^{n} x_k$ を求めよ。

(3) 無限級数 $\sum\limits_{k=1}^{\infty} x_k$ の和を求めよ。

ポイント (1) 通分し, k の恒等式とみる。
(2) (1)より, x_k を部分分数に分け, 具体的に書き出して求める。
(3) $x_k = \dfrac{2ak}{k(k+1)(k+3)} + \dfrac{6b}{k(k+1)(k+3)}$
であるので, (2)の結果を用いることができる。

解 法

(1) $\dfrac{p}{k} + \dfrac{q}{k+1} + \dfrac{r}{k+3} = \dfrac{p(k+1)(k+3) + qk(k+3) + rk(k+1)}{k(k+1)(k+3)}$

$\qquad\qquad\qquad\qquad = \dfrac{(p+q+r)k^2 + (4p+3q+r)k + 3p}{k(k+1)(k+3)}$

よって　$\dfrac{2ak+6b}{k(k+1)(k+3)} = \dfrac{(p+q+r)k^2 + (4p+3q+r)k + 3p}{k(k+1)(k+3)}$

これがすべての自然数 k について成り立つことから, 分子の係数を比較して

$\quad p+q+r=0, \quad 4p+3q+r=2a, \quad 3p=6b$

これを p, q, r について解くと

$\quad p=2b, \quad q=a-3b, \quad r=-a+b$ ……(答)

〔注〕 数値代入法を用いると以下のようになる。

$\dfrac{p}{k} + \dfrac{q}{k+1} + \dfrac{r}{k+3} = \dfrac{2ak+6b}{k(k+1)(k+3)}$ の両辺に $k(k+1)(k+3)$ をかけて

$\quad p(k+1)(k+3) + qk(k+3) + rk(k+1) = 2ak+6b$

これがすべての自然数 k について成り立つことは
$$p(x+1)(x+3) + qx(x+3) + rx(x+1) = 2ax + 6b$$
が x の恒等式となることと同値である。両辺は高々 2 次式であるので，3 つの値，$x = 0$，$x = -1$，$x = -3$ について成り立てばよい。

$x = 0$ とおくと　　　$3p = 6b$　　　　　　$p = 2b$

$x = -1$ とおくと　　$-2q = -2a + 6b$　　$q = a - 3b$

$x = -3$ とおくと　　$6r = -6a + 6b$　　　$r = -a + b$

(2)　(1)より　　$x_k = \dfrac{2b}{k} + \dfrac{a-3b}{k+1} + \dfrac{-a+b}{k+3}$

$b = 0$ のとき　　$x_k = a\left(\dfrac{1}{k+1} - \dfrac{1}{k+3}\right)$

$n \geq 3$ に対して

$$\sum_{k=1}^{n} x_k = a\sum_{k=1}^{n}\left(\dfrac{1}{k+1} - \dfrac{1}{k+3}\right)$$

$$= a\left(\sum_{k=1}^{n}\dfrac{1}{k+1} - \sum_{k=1}^{n}\dfrac{1}{k+3}\right)$$

$$= a\left\{\left(\dfrac{1}{2} + \dfrac{1}{3} + \cdots + \dfrac{1}{n+1}\right) - \left(\dfrac{1}{4} + \dfrac{1}{5} + \cdots + \dfrac{1}{n+2} + \dfrac{1}{n+3}\right)\right\}$$

$$= a\left(\dfrac{1}{2} + \dfrac{1}{3} - \dfrac{1}{n+2} - \dfrac{1}{n+3}\right)$$

$$= a\left(\dfrac{5}{6} - \dfrac{1}{n+2} - \dfrac{1}{n+3}\right) \quad \cdots\cdots(答)$$

$a = 0$ のとき　　$x_k = b\left(\dfrac{2}{k} - \dfrac{3}{k+1} + \dfrac{1}{k+3}\right)$

$$= b\left\{2\left(\dfrac{1}{k} - \dfrac{1}{k+1}\right) - \left(\dfrac{1}{k+1} - \dfrac{1}{k+3}\right)\right\}$$

$$= 2b\left(\dfrac{1}{k} - \dfrac{1}{k+1}\right) - b\left(\dfrac{1}{k+1} - \dfrac{1}{k+3}\right) \quad \cdots\cdots(※)$$

$n \geq 4$ に対して

$$\sum_{k=1}^{n} x_k = 2b\sum_{k=1}^{n}\left(\dfrac{1}{k} - \dfrac{1}{k+1}\right) - b\sum_{k=1}^{n}\left(\dfrac{1}{k+1} - \dfrac{1}{k+3}\right)$$

ここで

$$\sum_{k=1}^{n}\left(\dfrac{1}{k} - \dfrac{1}{k+1}\right) = \left(\dfrac{1}{1} - \dfrac{1}{2}\right) + \left(\dfrac{1}{2} - \dfrac{1}{3}\right) + \cdots + \left(\dfrac{1}{n} - \dfrac{1}{n+1}\right) = 1 - \dfrac{1}{n+1}$$

また，$b = 0$ の場合の計算により

$$\sum_{k=1}^{n}\left(\dfrac{1}{k+1} - \dfrac{1}{k+3}\right) = \dfrac{5}{6} - \dfrac{1}{n+2} - \dfrac{1}{n+3}$$

よって　　$\displaystyle\sum_{k=1}^{n} x_k = 2b\left(1 - \dfrac{1}{n+1}\right) - b\left(\dfrac{5}{6} - \dfrac{1}{n+2} - \dfrac{1}{n+3}\right)$

$$= b\left(\frac{7}{6} - \frac{2}{n+1} + \frac{1}{n+2} + \frac{1}{n+3}\right) \quad \cdots\cdots (答)$$

参考 $a=0$ の場合, (※)の変形を用いずに以下のように求めてもよい。

$$\sum_{k=1}^{n} x_k = b\left(\sum_{k=1}^{n}\frac{2}{k} - \sum_{k=1}^{n}\frac{3}{k+1} + \sum_{k=1}^{n}\frac{1}{k+3}\right)$$

$$= b\left\{\left(\frac{2}{1} + \frac{2}{2} + \frac{2}{3} + \frac{2}{4} + \cdots\cdots + \frac{2}{n}\right)\right.$$

$$- \left(\frac{3}{2} + \frac{3}{3} + \frac{3}{4} + \cdots\cdots + \frac{3}{n} + \frac{3}{n+1}\right)$$

$$\left. + \left(\frac{1}{4} + \frac{1}{5} + \cdots + \frac{1}{n} + \frac{1}{n+1} + \frac{1}{n+2} + \frac{1}{n+3}\right)\right\}$$

$$= b\left(2 - \frac{1}{2} - \frac{1}{3} - \frac{2}{n+1} + \frac{1}{n+2} + \frac{1}{n+3}\right)$$

$$= b\left(\frac{7}{6} - \frac{2}{n+1} + \frac{1}{n+2} + \frac{1}{n+3}\right)$$

(3) (2)より, $n \geqq 4$ のとき

$$\sum_{k=1}^{n} x_k = \sum_{k=1}^{n}\frac{2ak + 6b}{k(k+1)(k+3)}$$

$$= \sum_{k=1}^{n}\frac{2ak}{k(k+1)(k+3)} + \sum_{k=1}^{n}\frac{6b}{k(k+1)(k+3)}$$

$$= a\left(\frac{5}{6} - \frac{1}{n+2} - \frac{1}{n+3}\right) + b\left(\frac{7}{6} - \frac{2}{n+1} + \frac{1}{n+2} + \frac{1}{n+3}\right)$$

よって

$$\sum_{k=1}^{\infty} x_k = \lim_{n \to \infty}\sum_{k=1}^{n} x_k$$

$$= \lim_{n \to \infty}\left\{a\left(\frac{5}{6} - \frac{1}{n+2} - \frac{1}{n+3}\right) + b\left(\frac{7}{6} - \frac{2}{n+1} + \frac{1}{n+2} + \frac{1}{n+3}\right)\right\}$$

$$= \frac{5a + 7b}{6} \quad \cdots\cdots (答)$$

25 2011年度 理系〔1〕 Level B

$i=\sqrt{-1}$ とする。以下の問に答えよ。

(1) 実数 α, β について，等式
$$(\cos\alpha+i\sin\alpha)(\cos\beta+i\sin\beta)=\cos(\alpha+\beta)+i\sin(\alpha+\beta)$$
が成り立つことを示せ。

(2) 自然数 n に対して，
$$z=\sum_{k=1}^{n}\left(\cos\frac{2\pi k}{n}+i\sin\frac{2\pi k}{n}\right)$$
とおくとき，等式
$$z\left(\cos\frac{2\pi}{n}+i\sin\frac{2\pi}{n}\right)=z$$
が成り立つことを示せ。

(3) 2以上の自然数 n について，等式
$$\sum_{k=1}^{n}\cos\frac{2\pi k}{n}=\sum_{k=1}^{n}\sin\frac{2\pi k}{n}=0$$
が成り立つことを示せ。

ポイント (1) 左辺を展開し，実部，虚部に分けて三角関数の加法定理を用いる。
(2) 左辺を(1)を用いて計算すると，$k=2$ から $k=n+1$ までの和の形になるので，$\cos\frac{2\pi k}{n}+i\sin\frac{2\pi k}{n}$ について，$k=1$ のときと $k=n+1$ のときが等しいことを示すことになる。
(3) $n\geqq2$ のとき，$\cos\frac{2\pi}{n}+i\sin\frac{2\pi}{n}\neq1$ であるので，(2)から $z=0$ であることがわかる。

解法

(1) $(\cos\alpha+i\sin\alpha)(\cos\beta+i\sin\beta)$
$=\cos\alpha\cos\beta-\sin\alpha\sin\beta+i(\sin\alpha\cos\beta+\cos\alpha\sin\beta)$
$=\cos(\alpha+\beta)+i\sin(\alpha+\beta)$
ゆえに $(\cos\alpha+i\sin\alpha)(\cos\beta+i\sin\beta)=\cos(\alpha+\beta)+i\sin(\alpha+\beta)$ （証明終）

(2) (1)より
$$\left(\cos\frac{2\pi k}{n}+i\sin\frac{2\pi k}{n}\right)\left(\cos\frac{2\pi}{n}+i\sin\frac{2\pi}{n}\right)$$

$$= \cos\left(\frac{2\pi k}{n} + \frac{2\pi}{n}\right) + i\sin\left(\frac{2\pi k}{n} + \frac{2\pi}{n}\right)$$

$$= \cos\frac{2\pi(k+1)}{n} + i\sin\frac{2\pi(k+1)}{n}$$

であるので

$$z\left(\cos\frac{2\pi}{n} + i\sin\frac{2\pi}{n}\right)$$

$$= \left\{\sum_{k=1}^{n}\left(\cos\frac{2\pi k}{n} + i\sin\frac{2\pi k}{n}\right)\right\}\left(\cos\frac{2\pi}{n} + i\sin\frac{2\pi}{n}\right)$$

$$= \sum_{k=1}^{n}\left\{\left(\cos\frac{2\pi k}{n} + i\sin\frac{2\pi k}{n}\right)\left(\cos\frac{2\pi}{n} + i\sin\frac{2\pi}{n}\right)\right\}$$

$$= \sum_{k=1}^{n}\left\{\cos\frac{2\pi(k+1)}{n} + i\sin\frac{2\pi(k+1)}{n}\right\}$$

$$= \sum_{k=2}^{n}\left(\cos\frac{2\pi k}{n} + i\sin\frac{2\pi k}{n}\right) + \left\{\cos\frac{2\pi(n+1)}{n} + i\sin\frac{2\pi(n+1)}{n}\right\}$$

$$= \sum_{k=2}^{n}\left(\cos\frac{2\pi k}{n} + i\sin\frac{2\pi k}{n}\right) + \left\{\cos\left(2\pi + \frac{2\pi}{n}\right) + i\sin\left(2\pi + \frac{2\pi}{n}\right)\right\}$$

$$= \sum_{k=2}^{n}\left(\cos\frac{2\pi k}{n} + i\sin\frac{2\pi k}{n}\right) + \left(\cos\frac{2\pi}{n} + i\sin\frac{2\pi}{n}\right)$$

$$= \sum_{k=1}^{n}\left(\cos\frac{2\pi k}{n} + i\sin\frac{2\pi k}{n}\right) = z$$

ゆえに　　　$z\left(\cos\dfrac{2\pi}{n} + i\sin\dfrac{2\pi}{n}\right) = z$ 　　　　　　　　（証明終）

参考　(2)について，「複素数平面」で考えると次のようになる。

$$z_k = \cos\frac{2\pi k}{n} + i\sin\frac{2\pi k}{n}$$

$$(k = 1,\ 2,\ \cdots,\ n)$$

とおくと，点 $P_k(z_k)$ は図のような正 n 角形の頂点であり，

$\alpha = \cos\dfrac{2\pi}{n} + i\sin\dfrac{2\pi}{n}$ とおくと，

$Q_k(\alpha z_k)$ は P_k を $\dfrac{2\pi}{n}$ 回転した点であるので，全体として，$\{Q_k\}$ と $\{P_k\}$ は一致する。

したがって　　　$\displaystyle\sum_{k=1}^{n}\alpha z_k = \sum_{k=1}^{n}z_k$

$z = \displaystyle\sum_{k=1}^{n}z_k$ であるので　　　$z\left(\cos\dfrac{2\pi}{n} + i\sin\dfrac{2\pi}{n}\right) = z$

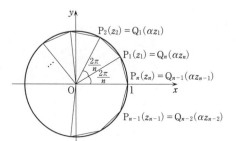

(3) (2)より $\quad z\left(\cos\dfrac{2\pi}{n}+i\sin\dfrac{2\pi}{n}-1\right)=0$

$z\neq0$ とすると $\quad \cos\dfrac{2\pi}{n}+i\sin\dfrac{2\pi}{n}=1$

$\cos\dfrac{2\pi}{n}$ と $\sin\dfrac{2\pi}{n}$ は実数なので

$$\cos\dfrac{2\pi}{n}=1 \text{ かつ } \sin\dfrac{2\pi}{n}=0 \quad\cdots\cdots\text{①}$$

しかし, $n\geqq2$ より $0<\dfrac{2\pi}{n}\leqq\pi$ なので, ①を満たす自然数 n は存在しない。

よって $\quad z=0$

$$z=\sum_{k=1}^{n}\left(\cos\dfrac{2\pi k}{n}+i\sin\dfrac{2\pi k}{n}\right)=\sum_{k=1}^{n}\cos\dfrac{2\pi k}{n}+i\sum_{k=1}^{n}\sin\dfrac{2\pi k}{n}$$

$\displaystyle\sum_{k=1}^{n}\cos\dfrac{2\pi k}{n}$, $\displaystyle\sum_{k=1}^{n}\sin\dfrac{2\pi k}{n}$ は実数で, $z=0$ であることより

$$\sum_{k=1}^{n}\cos\dfrac{2\pi k}{n}=\sum_{k=1}^{n}\sin\dfrac{2\pi k}{n}=0 \qquad\qquad\text{(証明終)}$$

26 2011 年度 理系〔4〕 Level A

a は正の無理数で，$X = a^3 + 3a^2 - 14a + 6$，$Y = a^2 - 2a$ を考えると，X と Y はともに有理数である。以下の問に答えよ。

(1) 整式 $x^3 + 3x^2 - 14x + 6$ を整式 $x^2 - 2x$ で割ったときの商と余りを求めよ。

(2) X と Y の値を求めよ。

(3) a の値を求めよ。ただし，素数の平方根は無理数であることを用いてよい。

ポイント (1) 割り算を実行する。
(2) (1)の結果より，X と Y の関係式が得られるので，a について整理し，X，Y が有理数，a が無理数であることを用いる。
(3) Y の値から，a の2次方程式が得られる。

解 法

(1) 割り算を実行すると

$$
\begin{array}{r}
x + 5 \\
x^2 - 2x \overline{) x^3 + 3x^2 - 14x + 6} \\
\underline{x^3 - 2x^2} \\
5x^2 - 14x \\
\underline{5x^2 - 10x} \\
-4x + 6
\end{array}
$$

商は $x + 5$，余りは $-4x + 6$ ……(答)

(2) (1)より

$$a^3 + 3a^2 - 14a + 6 = (a^2 - 2a)(a + 5) - 4a + 6$$

$X = a^3 + 3a^2 - 14a + 6$，$Y = a^2 - 2a$ であるので

$$X = Y(a + 5) - 4a + 6$$

a について整理すると

$$(Y - 4)a - X + 5Y + 6 = 0$$

$Y \neq 4$ とすると $a = \dfrac{X - 5Y - 6}{Y - 4}$

X，Y は有理数なので，右辺は有理数となり，a が無理数であることに矛盾する。
よって $Y = 4$
したがって $-X + 26 = 0$ $X = 26$

$X = 26$, $Y = 4$ ……(答)

(3) $Y = 4$ より $a^2 - 2a = 4$ $a^2 - 2a - 4 = 0$ $a = 1 \pm \sqrt{5}$

$a > 0$ であるので $a = 1 + \sqrt{5}$

また，1は有理数，$\sqrt{5}$ は無理数より，$1 + \sqrt{5}$ は無理数であるので適する。

$a = 1 + \sqrt{5}$ ……(答)

〔注〕 (2) 一般に，p, q が有理数，r が無理数であるとき

$p + qr = 0 \iff p = q = 0$

であることが，背理法を用いて示される。

27

p を3以上の素数, a, b を自然数とする。以下の問に答えよ。ただし, 自然数 m, n に対し, mn が p の倍数ならば, m または n は p の倍数であることを用いてよい。

(1) $a+b$ と ab がともに p の倍数であるとき, a と b はともに p の倍数であることを示せ。

(2) $a+b$ と a^2+b^2 がともに p の倍数であるとき, a と b はともに p の倍数であることを示せ。

(3) a^2+b^2 と a^3+b^3 がともに p の倍数であるとき, a と b はともに p の倍数であることを示せ。

ポイント (1) 「自然数 m, n に対し, mn が p の倍数ならば, m または n は p の倍数であることを用いてよい」とされているので, このことを用いる。すなわち, ab が p の倍数であることより, a または b は p の倍数となる。
(2) (1)を用いること, すなわち ab が p の倍数であることを示す。
(3) $a^3+b^3=(a+b)(a^2-ab+b^2)$ と因数分解できるので, $a+b$ または a^2-ab+b^2 は p の倍数となる。

解 法

(1) ab が p の倍数であるので, a または b は p の倍数である。
a が p の倍数であるとき, $a+b$ と a がともに p の倍数であることから
$$b=(a+b)-a$$
は p の倍数である。
b が p の倍数であるとき, $a+b$ と b がともに p の倍数であることから
$$a=(a+b)-b$$
は p の倍数である。
よって, いずれの場合も, a と b はともに p の倍数である。 (証明終)

(2) $2ab=(a+b)^2-(a^2+b^2)$ であり, $a+b$ と a^2+b^2 がともに p の倍数であることから, $2ab$ は p の倍数である。
p は3以上の素数であるので, 2と p は互いに素。したがって, ab は p の倍数である。
$a+b$ と ab がともに p の倍数であるので, (1)より, a と b はともに p の倍数である。
(証明終)

(3) $a^3 + b^3 = (a+b)(a^2 - ab + b^2)$ が p の倍数であるので，$a+b$ または $a^2 - ab + b^2$ は p の倍数である。

$a+b$ が p の倍数であるとき，$a+b$ と $a^2 + b^2$ がともに p の倍数であるので，(2)より，a と b はともに p の倍数である。

$a^2 - ab + b^2$ が p の倍数であるとき，$a^2 + b^2$ と $a^2 - ab + b^2$ が p の倍数であることから
$$ab = (a^2 + b^2) - (a^2 - ab + b^2)$$
は p の倍数である。

したがって，$(a+b)^2 = (a^2 + b^2) + 2ab$ は p の倍数であり，p が素数であることから，$a+b$ は p の倍数となる。

よって，(1)より，a と b はともに p の倍数である。

以上より，$a^2 + b^2$ と $a^3 + b^3$ がともに p の倍数であるとき，a と b はともに p の倍数である。 （証明終）

〔注〕 (3)の後半で，「$(a+b)^2$ が p の倍数ならば，$a+b$ は p の倍数」としているが，ここでも「p が素数である」という仮定が大切である。

命題「p を素数とするとき，m^2 が p の倍数ならば，m は p の倍数」は，与えられた命題「p を素数とするとき，mn が p の倍数ならば，m または n は p の倍数」において $n=m$ の場合である。

28

t を実数として, 数列 a_1, a_2, … を

$a_1 = 1$,　$a_2 = 2t$,

$a_{n+1} = 2ta_n - a_{n-1}$　$(n \geqq 2)$

で定める。このとき, 以下の問に答えよ。

(1)　$t \geqq 1$ ならば, $0 < a_1 < a_2 < a_3 < \cdots$ となることを示せ。

(2)　$t \leqq -1$ ならば, $0 < |a_1| < |a_2| < |a_3| < \cdots$ となることを示せ。

(3)　$-1 < t < 1$ ならば, $t = \cos\theta$ となる θ を用いて,

$$a_n = \frac{\sin n\theta}{\sin\theta}　(n \geqq 1)$$

となることを示せ。

ポイント　(1)　漸化式が与えられているので, 数学的帰納法を用いることを考える。$0 < a_{n-1} < a_n$ $(n \geqq 2)$ であることを数学的帰納法を用いて示せばよい。

(2)　〔解法1〕与えられた漸化式の両辺に $(-1)^n$ をかけ, $b_n = (-1)^{n-1}a_n$, $s = -t$ とおけば, $\{b_n\}$ と s は(1)の条件を満たしている。

〔解法2〕絶対値に関する不等式 $|\alpha - \beta| \geqq |\alpha| - |\beta|$ $(|\alpha - \beta| + |\beta| \geqq |(\alpha - \beta) + \beta| = |\alpha|$ から) を用いれば, (1)と同様に示すことができる。

(3)　やはり数学的帰納法を用いるが, a_{n+1} について成り立つことを示すとき, a_n, a_{n-1} を用いるので, a_n, a_{n-1} について成り立つことを仮定する。したがって, 第1段階では, a_1, a_2 について成り立つことを示す。

解法 1

(1)　$t \geqq 1$ ならば, $0 < a_{n-1} < a_n$ $(n \geqq 2)$　……① であることを数学的帰納法で証明する。

[I]　$n = 2$ のとき　　$a_1 = 1 > 0$, $a_2 = 2t \geqq 2$　$(t \geqq 1$ より$)$

よって, $0 < a_1 < a_2$ となり, ①は成り立つ。

[II]　$n = k$ のとき, ①が成り立つ, すなわち, $0 < a_{k-1} < a_k$ と仮定すると

$$\begin{aligned}
a_{k+1} - a_k &= 2ta_k - a_{k-1} - a_k \\
&= (2t-1)a_k - a_{k-1} \\
&\geqq a_k - a_{k-1}　(t \geqq 1,\ a_k > 0 \text{ より}) \\
&> 0　(\text{仮定より})
\end{aligned}$$

ゆえに　　$0 < a_k < a_{k+1}$

よって，$n=k+1$ のときも①は成り立つ。

[I]，[II] より，$n \geqq 2$ のすべての n について　　$0 < a_{n-1} < a_n$

すなわち，$t \geqq 1$ ならば，$0 < a_1 < a_2 < a_3 < \cdots$ となる。　　　　　（証明終）

(2) 与えられた漸化式の両辺に $(-1)^n$ をかけると

$$(-1)^n a_{n+1} = (-1)^n 2 t a_n - (-1)^n a_{n-1} \quad (n \geqq 2)$$
$$(-1)^n a_{n+1} = 2(-t)(-1)^{n-1} a_n - (-1)^{n-2} a_{n-1} \quad (n \geqq 2)$$

よって，$b_n = (-1)^{n-1} a_n$，$s = -t$ とおくと

$$b_1 = a_1 = 1, \quad b_2 = -a_2 = -2t = 2s,$$
$$b_{n+1} = 2 s b_n - b_{n-1} \quad (n \geqq 2)$$

であり，$t \leqq -1$ より　　$s \geqq 1$

したがって，(1)から，$0 < b_1 < b_2 < b_3 < \cdots$ が成り立つ。

$b_n > 0$ であるので　　$b_n = |(-1)^{n-1} a_n| = |a_n|$

ゆえに，$t \leqq -1$ ならば，$0 < |a_1| < |a_2| < |a_3| < \cdots$ となる。　　（証明終）

(3) $t = \cos\theta$ のとき，$a_n = \dfrac{\sin n\theta}{\sin\theta}$ ……② であることを数学的帰納法で証明する。

[I] $n = 1, 2$ のとき

$$\frac{\sin 1 \cdot \theta}{\sin\theta} = 1 = a_1, \quad \frac{\sin 2\theta}{\sin\theta} = \frac{2\sin\theta\cos\theta}{\sin\theta} = 2\cos\theta = 2t = a_2$$

よって，②は成り立つ。

[II] $n = k-1$，$k \ (k = 2, 3, \cdots)$ のとき，②が成り立つ，すなわち

$$a_{k-1} = \frac{\sin(k-1)\theta}{\sin\theta}, \quad a_k = \frac{\sin k\theta}{\sin\theta}$$

と仮定すると

$$a_{k+1} = 2\cos\theta \, a_k - a_{k-1}$$
$$= \frac{2\sin k\theta \cos\theta}{\sin\theta} - \frac{\sin(k-1)\theta}{\sin\theta}$$
$$= \frac{\sin(k+1)\theta + \sin(k-1)\theta}{\sin\theta} - \frac{\sin(k-1)\theta}{\sin\theta}$$
$$= \frac{\sin(k+1)\theta}{\sin\theta}$$

よって，$n = k+1$ のときも②は成り立つ。

[I]，[II] より，すべての自然数 n について　　$a_n = \dfrac{\sin n\theta}{\sin\theta}$　　（証明終）

〔注〕 (3) 積→和の公式を用いている。この公式の導き方は次のようになる。

　加法定理より

$$\sin(\alpha+\beta) = \sin\alpha\cos\beta + \cos\alpha\sin\beta$$
$$\sin(\alpha-\beta) = \sin\alpha\cos\beta - \cos\alpha\sin\beta$$

辺々加えて

$$\sin(\alpha+\beta) + \sin(\alpha-\beta) = 2\sin\alpha\cos\beta$$

これが本問で用いた公式である。

また, $\alpha+\beta=A$, $\alpha-\beta=B$ とおくと

$$\alpha=\frac{A+B}{2}, \quad \beta=\frac{A-B}{2}$$

であるので, 和→積の公式

$$\sin A + \sin B = 2\sin\frac{A+B}{2}\cos\frac{A-B}{2}$$

が得られる。

このように, 和⇆積の公式は簡単に導けるので, 導き方も含めて頭に入れておくとよい。

解法 2

(2) $t\leqq-1$ ならば, $0<|a_{n-1}|<|a_n|$ $(n\geqq2)$ ……①′ であることを数学的帰納法で証明する。

[I] $n=2$ のとき $\quad |a_1|=1>0$, $|a_2|=|2t|\geqq2$ $\quad(t\leqq-1$ より$)$

よって, $0<|a_1|<|a_2|$ となり, ①′ は成り立つ。

[II] $n=k$ のとき, ①′ が成り立つ, すなわち, $0<|a_{k-1}|<|a_k|$ と仮定すると

$$\begin{aligned}|a_{k+1}|-|a_k| &= |2ta_k-a_{k-1}|-|a_k| \\ &\geqq 2|t||a_k|-|a_{k-1}|-|a_k| \\ &= (2|t|-1)|a_k|-|a_{k-1}| \\ &\geqq |a_k|-|a_{k-1}| \quad (|t|\geqq1, \ |a_k|>0 \ \text{より}) \\ &> 0 \quad (\text{仮定より})\end{aligned}$$

ゆえに $\quad 0<|a_k|<|a_{k+1}|$

よって, $n=k+1$ のときも ①′ は成り立つ。

[I], [II]より, $n\geqq2$ のすべての n について $\quad 0<|a_{n-1}|<|a_n|$

すなわち, $t\leqq-1$ ならば, $0<|a_1|<|a_2|<|a_3|<\cdots$ となる。 (証明終)

29　2008年度　理系〔1〕　Level A

実数 x, y に関する次の各命題の真偽を答えよ。さらに，真である場合には証明し，偽である場合には反例をあげよ。

(1)　$x>0$ かつ $xy>0$ ならば，$y>0$ である。

(2)　$x \geqq 0$ かつ $xy \geqq 0$ ならば，$y \geqq 0$ である。

(3)　$x+y \geqq 0$ かつ $xy \geqq 0$ ならば，$y \geqq 0$ である。

> **ポイント**　証明には，不等式の性質「$c>0$ かつ $a>b$ ならば，$\dfrac{a}{c}>\dfrac{b}{c}$」などを用いるとよい。(3)では，背理法（結論が成り立たないと仮定して矛盾を示す）を用いる。
> 反例は，仮定を満たすが結論を満たさない具体的な例を1つあげればよい。

解法

(1)　「$x>0$ かつ $xy>0$ ならば，$y>0$」は真
（証明）　$xy>0$ の両辺を $x\,(>0)$ で割って

$$\frac{xy}{x}>\frac{0}{x} \quad \text{すなわち} \quad y>0$$

（証明終）

(2)　「$x \geqq 0$ かつ $xy \geqq 0$ ならば，$y \geqq 0$」は偽
（反例）　$x=0$，$y=-1$ のとき，$x \geqq 0$ かつ $xy \geqq 0$ を満たすが，$y \geqq 0$ を満たさない。

(3)　「$x+y \geqq 0$ かつ $xy \geqq 0$ ならば，$y \geqq 0$」は真
（証明）　$y<0$ と仮定すると，$xy \geqq 0$ の両辺を $y\,(<0)$ で割って

$$\frac{xy}{y} \leqq \frac{0}{y} \quad \text{すなわち} \quad x \leqq 0$$

これと，$y<0$ より　　$x+y<0$
これは仮定 $x+y \geqq 0$ と矛盾する。
ゆえに　　$y \geqq 0$

（証明終）

30

1からnまでの自然数 1, 2, 3, …, n の和を S とするとき, 次の問に答えよ.

(1)　n を 4 で割った余りが 0 または 3 ならば, S が偶数であることを示せ.

(2)　S が偶数ならば, n を 4 で割った余りが 0 または 3 であることを示せ.

(3)　S が 4 の倍数ならば, n を 8 で割った余りが 0 または 7 であることを示せ.

ポイント　(1)　n は k を整数として, $n=4k$ または $n=4k+3$ と表せるので,
$S=\dfrac{1}{2}n(n+1)$ に代入して示す.

(2)・(3)　S が偶数（4 の倍数）のとき, $n(n+1)$ は 4 の倍数（8 の倍数）となり, n と $n+1$ の偶奇が異なる（ともに偶数となることはない）ことから, n または $n+1$ は 4 の倍数（8 の倍数）となる.

解 法

(1)　　$S=1+2+\cdots+n=\dfrac{1}{2}n(n+1)$　……①

k を整数として

(ⅰ)　$n=4k$ のとき

①より　　$S=\dfrac{1}{2}\cdot 4k(4k+1)=2k(4k+1)$

$k(4k+1)$ は整数であるので, S は偶数である.

(ⅱ)　$n=4k+3$ のとき

①より　　$S=\dfrac{1}{2}(4k+3)(4k+4)=2(4k+3)(k+1)$

$(4k+3)(k+1)$ は整数であるので, S は偶数である.

(ⅰ), (ⅱ)より, n を 4 で割った余りが 0 または 3 ならば, S は偶数である.

(証明終)

(2)　S が偶数であるとき, ①より $n(n+1)$ は 4 の倍数.

n と $n+1$ は偶奇が異なるので, n が 4 の倍数または $n+1$ が 4 の倍数である.

n が 4 の倍数のとき, n を 4 で割った余りは 0.

$n+1$ が 4 の倍数のとき, n を 4 で割った余りは 3.

ゆえに, S が偶数ならば, n を 4 で割った余りは 0 または 3 である.　　(証明終)

(3) S が 4 の倍数であるとき，①より $n(n+1)$ は 8 の倍数。

n と $n+1$ は偶奇が異なるので，n が 8 の倍数または $n+1$ が 8 の倍数である。

n が 8 の倍数のとき，n を 8 で割った余りは 0 。

$n+1$ が 8 の倍数のとき，n を 8 で割った余りは 7 。

ゆえに，S が 4 の倍数ならば，n を 8 で割った余りは 0 または 7 である。

（証明終）

> 〔注〕 (1)で，k を整数として $n=4k$，$n=4k+3$ としたが，n は自然数であるので，k のとり得る値の範囲を考慮すると，$n=4k$（k は自然数），$n=4k+3$（k は 0 以上の整数）となる。しかし，本問では「整数」であることのみを用いて証明するので，単に「k は整数」としてよい。

§3 場合の数と確率

31 2016 年度 文系〔3〕 Level B

さいころを 4 回振って出た目を順に a, b, c, d とする。以下の問に答えよ。

(1) $ab \geqq cd + 25$ となる確率を求めよ。

(2) $ab = cd$ となる確率を求めよ。

> **ポイント** (1), (2)とも 2 つの目の積についての確率を求めるので，さいころを 2 回振ったときの目の積の表を作成し，場合の数を求める。

解 法

(1) 積 ab の値は右の表のようになる。
また，積 cd の値についても同様である。
$cd \geqq 1$ であるので $ab \geqq cd + 25 \geqq 26$
よって $ab = 30$, 36
$ab = 30$ となるのは，表より 2 通り。
このとき $30 \geqq cd + 25$ ∴ $cd \leqq 5$
$cd \leqq 5$ となるのは，表より 10 通り。
よって，$ab = 30$, $cd \leqq 5$ となるのは
      $2 \times 10 = 20$ 通り ……①
$ab = 36$ となるのは，1 通り。
このとき $36 \geqq cd + 25$ ∴ $cd \leqq 11$
$cd \leqq 11$ となるのは，表より 19 通り。

a＼b	1	2	3	4	5	6
1	1	2	3	4	5	6
2	2	4	6	8	10	12
3	3	6	9	12	15	18
4	4	8	12	16	20	24
5	5	10	15	20	25	30
6	6	12	18	24	30	36

よって，$ab = 36$, $cd \leqq 11$ となるのは $1 \times 19 = 19$ 通り ……②
①，②より，$ab \geqq cd + 25$ となるのは $20 + 19 = 39$ 通り
目の出方は全部で 6^4 通りあるので，求める確率は

$$\frac{39}{6^4} = \frac{13}{432} \quad \text{……(答)}$$

(2) (i) $ab = cd = 1$, 9, 16, 25, 36 のとき
ab および cd については，それぞれ 1 通りあるので
      $1^2 \times 5 = 5$ 通り

(ii) $ab=cd=2$, 3, 5, 8, 10, 15, 18, 20, 24, 30 のとき

    ab および cd については，それぞれ 2 通りあるので

       $2^2 \times 10 = 40$ 通り

(iii) $ab=cd=4$ のとき

    ab および cd については，それぞれ 3 通りあるので

       $3^2 = 9$ 通り

(iv) $ab=cd=6$, 12 のとき

    ab および cd については，それぞれ 4 通りあるので

       $4^2 \times 2 = 32$ 通り

以上より，求める確率は

$$\frac{5+40+9+32}{6^4} = \frac{43}{648} \quad \cdots\cdots(\text{答})$$

32

赤色，緑色，青色のさいころが各 2 個ずつ，計 6 個ある。これらを同時にふるとき，

　　赤色の 2 個のさいころの出た目の数 r_1，r_2 に対し $R=|r_1-r_2|$

　　緑色の 2 個のさいころの出た目の数 g_1，g_2 に対し $G=|g_1-g_2|$

　　青色の 2 個のさいころの出た目の数 b_1，b_2 に対し $B=|b_1-b_2|$

とする。次の問いに答えよ。

(1) R がとりうる値と，R がそれらの各値をとる確率をそれぞれ求めよ。

(2) $R\geqq4$，$G\geqq4$，$B\geqq4$ が同時に成り立つ確率を求めよ。

(3) $RGB\geqq80$ となる確率を求めよ。

> **ポイント** (1) 2 個のさいころをふったときの出た目の数の差を表にしておくとよい。
> (2) それぞれの確率の積が求める確率である。
> (3) $RGB\geqq80$ となる組合せを求め，(2)を利用するとよい。

解 法

(1) r_1，r_2 の値に対する R の値は右の表のようになる。

したがって，R のとりうる値と，R がそれらの各値をとる確率は次のようになる。

R	0	1	2	3	4	5
確率	$\frac{1}{6}$	$\frac{5}{18}$	$\frac{2}{9}$	$\frac{1}{6}$	$\frac{1}{9}$	$\frac{1}{18}$

……(答)

r_2＼r_1	1	2	3	4	5	6
1	0	1	2	3	4	5
2	1	0	1	2	3	4
3	2	1	0	1	2	3
4	3	2	1	0	1	2
5	4	3	2	1	0	1
6	5	4	3	2	1	0

(2) G，B についても，とりうる値と，それらの各値をとる確率は R と同じである。

$R\geqq4$ となる確率は $\frac{1}{9}+\frac{1}{18}=\frac{1}{6}$ であるので

$G\geqq4$，$B\geqq4$ となる確率もそれぞれ $\frac{1}{6}$

よって，$R\geqq4$，$G\geqq4$，$B\geqq4$ が同時に成り立つ確率は

$$\left(\frac{1}{6}\right)^3=\frac{1}{216} \quad ……(答)$$

(3) $3 \cdot 5 \cdot 5 = 75 < 80$ であるので，$RGB \geqq 80$ となるとき，R，G，B はすべて 4 以上である。

また，$4 \cdot 4 \cdot 5 = 80$ なので，R，G，B のうち少なくとも 1 つは 5 でなければならない。

よって，$RGB \geqq 80$ となる確率は

$\qquad$ ($R \geqq 4$，$G \geqq 4$，$B \geqq 4$ となる確率) $-$ ($R = 4$，$G = 4$，$B = 4$ となる確率)

$$= \frac{1}{216} - \left(\frac{1}{9}\right)^3 = \frac{19}{5832} \quad \cdots\cdots\text{(答)}$$

33

　袋の中に 0 から 4 までの数字のうち 1 つが書かれたカードが 1 枚ずつ合計 5 枚入っ
ている。4 つの数 0，3，6，9 をマジックナンバーと呼ぶことにする。次のような
ルールをもつ，1 人で行うゲームを考える。

[ルール]　袋から無作為に 1 枚ずつカードを取り出していく。ただし，一度取り出し
　　　　　たカードは袋に戻さないものとする。取り出したカードの数字の合計がマ
　　　　　ジックナンバーになったとき，その時点で負けとし，それ以降はカードを
　　　　　取り出さない。途中で負けとなることなく，すべてのカードを取り出せた
　　　　　とき，勝ちとする。

　以下の問に答えよ。

(1)　2 枚のカードを取り出したところで負けとなる確率を求めよ。

(2)　3 枚のカードを取り出したところで負けとなる確率を求めよ。

(3)　このゲームで勝つ確率を求めよ。

> **ポイント**　(1)　2 枚のカードを取り出したところで，合計がマジックナンバーとなる場
> 合を具体的に考える。
> (2)　(1)と同様であるが，樹形図を描くなどして，整理して考えないと，数え落としなど
> が生じる。0 または 3 のカードが 1 枚目，3 枚目になることはないなどを考慮すれば数
> えやすくなる。
> (3)　直接数え上げるのは大変であるので余事象を考える。

解法

(1)　取り出し方は全部で　　　$5 \times 4 = 20$ 通り
1 回目がマジックナンバーでなく，1 回目，2 回目の合計がマジックナンバーとなる
数の組合せは
　　　　$1 と 2，2 と 4$
それぞれ，取り出す順序が 2 通りあるので，2 枚取り出した時点で負けとなるのは
　　　　$2 \times 2 = 4$ 通り
よって，確率は　　　$\dfrac{4}{20} = \dfrac{1}{5}$　……(答)

(2)　取り出し方は全部で　　　$5 \times 4 \times 3 = 60$ 通り

３枚の合計がマジックナンバーとなる数の組合せは

　　　０と１と２，　０と２と４，　１と２と３，　２と３と４

０または３のカードが１枚目，３枚目に取り出されることはないので，それぞれの組合せにおいて取り出す順序は２通りある。

よって，３枚取り出した時点で負けとなるのは　　　４×２＝８通り

求める確率は　　$\dfrac{8}{60} = \dfrac{2}{15}$　……(答)

(3)　１枚取り出した時点で負けとなるのは，０または３のカードを取り出す場合なので，その確率は　$\dfrac{2}{5}$

４枚取り出した時点で負けとなる確率を求めると，取り出し方は全部で

　　　５×４×３×２＝120通り

４枚の合計がマジックナンバーとなる数の組合せは

　　　０と１と２と３，　０と２と３と４

０と３は，２枚目，３枚目に取り出されるので，それぞれの組合せにおいて，取り出す順序は

　　　２×２＝４通り

よって，４枚取り出した時点で負けとなるのは　　　２×４＝８通り

確率は　　$\dfrac{8}{120} = \dfrac{1}{15}$

よって，このゲームで勝つ確率は

　　　$1 - \left(\dfrac{2}{5} + \dfrac{1}{5} + \dfrac{2}{15} + \dfrac{1}{15} \right) = \dfrac{1}{5}$　……(答)

〔注〕 (2)の樹形図は次のようになる。

```
1┌0─2
 │3─2
 └4×　（３回目でマジックナンバーとなることはない）
2┌0┌1
 │ └4
 └3┌1
   └4
4┌0─2
 │1×
 └3─2
```

34

以下の問に答えよ。

(1) A，Bの2人がそれぞれ，「石」，「はさみ」，「紙」の3種類の「手」から無作為に1つを選んで，双方の「手」によって勝敗を決める。「石」は「はさみ」に勝ち「紙」に負け，「はさみ」は「紙」に勝ち「石」に負け，「紙」は「石」に勝ち「はさみ」に負け，同じ「手」どうしは引き分けとする。AがBに勝つ確率と引き分ける確率を求めよ。

(2) 上の3種類の「手」の勝敗規則を保ちつつ，これらに加えて，4種類目の「手」として「水」を加える。「水」は「石」と「はさみ」には勝つが「紙」には負け，同じ「手」どうしは引き分けとする。A，Bがともに4種類の「手」から無作為に1つを選ぶとき，Aが勝つ確率と引き分けの確率を求めよ。

(3) 上の4種類の「手」の勝敗規則を保ちつつ，これらに加え，さらに第5の「手」として「土」を加える。Bが5種類の「手」から無作為に1つを選ぶとき，Aの勝つ確率がAの選ぶ「手」によらないようにするためには，「土」と「石」「はさみ」「紙」「水」との勝敗規則をそれぞれどのように定めればよいか。ただし，同じ「手」どうしの場合，しかもその場合にのみ引き分けとする。

> **ポイント** (1)・(2) 勝敗規則に従って，Aの勝敗に着目した表を作成する。
> (3) (2)の表に「土」の欄を加え，どの行についても，○，×の個数が等しくなるように規則を定める。

解法

(1) A，Bが題意のように勝敗を決めるとき，起こりうる結果は，表のようになる。

Aの勝敗

A＼B	石	はさみ	紙
石	—	○	×
はさみ	×	—	○
紙	○	×	—

(○：Aの勝ち，×：Aの負け，—：引き分け)

双方とも無作為に「手」を選ぶのであるから，表の各欄は同等に起こりうる。

AがBに勝つ確率は　　$\dfrac{3}{3^2}=\dfrac{1}{3}$　……(答)

引き分ける確率は　　$\dfrac{3}{3^2}=\dfrac{1}{3}$　……(答)

(2)　「水」の「手」が加わったとき

Aの勝敗

A＼B	石	はさみ	紙	水
石	－	○	×	×
はさみ	×	－	○	×
紙	○	×	－	○
水	○	○	×	－

Aが勝つ確率は，上の表より　　$\dfrac{6}{4^2}=\dfrac{3}{8}$　……(答)

引き分ける確率は　　$\dfrac{4}{4^2}=\dfrac{1}{4}$　……(答)

(3)　勝敗規則を定めるには，(2)の表に「土」の欄を加えた表に入る○，×を決めるのであるが，このとき

(i)　－（引き分け）の対角線に関して対称な位置に，一方は○，他方は×が入る。したがって，○，×が4つずつ入る。

(ii)　Aの勝つ確率が，Aの選ぶ「手」によらないので，各行の○，×の個数が，それぞれ同じ（すなわち2つずつ）になる。

したがって，Aの勝敗の表は次のようになる。

Aの勝敗

A＼B	石	はさみ	紙	水	土
石	－	○	×	×	○
はさみ	×	－	○	×	○
紙	○	×	－	○	×
水	○	○	×	－	×
土	×	×	○	○	－

ゆえに，求める勝敗規則は次のようになる。

「土」は「紙」と「水」に勝ち，「石」と「はさみ」に負ける。　……(答)

〔注〕(3)において, 引き分けとなる確率は $\dfrac{5}{25}=\dfrac{1}{5}$

A と B の勝つ確率は等しいことから, A の勝つ確率は $\dfrac{1}{2}\left(1-\dfrac{1}{5}\right)=\dfrac{2}{5}$

したがって, どの「手」を選んでも A の勝つ確率が等しいとき, それぞれの「手」で A が勝つ確率は $\dfrac{2}{5}\times\dfrac{1}{5}=\dfrac{2}{25}$ となる。

35

次の問に答えよ。

(1)　xy 平面において，円 $(x-a)^2+(y-b)^2=2c^2$ と直線 $y=x$ が共有点をもたないための a, b, c の条件を求めよ。ただし，a, b, c は定数で $c \neq 0$ とする。

(2)　1 個のサイコロを 3 回投げて出た目の数を，順に a, b, c とする。a, b, c が(1)で求めた条件をみたす確率を求めよ。

> **ポイント**　(1)　円と直線が共有点をもたないための条件は，円の中心と直線の距離が半径より大きくなることである。〔解法 2〕のように，円と直線の方程式から y を消去してできる x の 2 次方程式が，実数解をもたない条件を求めてもよい。
> (2)　c を固定し，$|a-b|>2|c|$ をみたす (a, b) が何通りあるかを，表を作成するなどして求める。

解 法 1

(1)　円 $(x-a)^2+(y-b)^2=2c^2$ $(c \neq 0)$ の中心は (a, b)，半径は $\sqrt{2}|c|$ である。
また，$y=x$ より　　$x-y=0$
円と直線が共有点をもたないための条件は，円の中心と直線との距離が，円の半径よりも大きくなることである。
よって，求める a, b, c の条件は

$$\frac{|a-b|}{\sqrt{1^2+(-1)^2}} > \sqrt{2}|c|$$

$$|a-b| > 2|c| \quad \cdots\cdots(\text{答})$$

(2)　自然数 c は $1 \leq c \leq 6$ であるから，自然数 a, b, c が条件をみたす場合の数は，表より
(i)　$c=1$ のとき
$|a-b|>2$ すなわち $|a-b|=3$, 4, 5 の 12 通り。
(ii)　$c=2$ のとき
$|a-b|>4$ すなわち $|a-b|=5$ の 2 通り。
(iii)　$c \geq 3$ のときは，条件をみたさない。
よって，求める確率は

$$\frac{12+2}{6^3} = \frac{7}{108} \quad \cdots\cdots(\text{答})$$

$|a-b|$ (>2) の表

b＼a	1	2	3	4	5	6
1				3	4	5
2					3	4
3						3
4	3					
5	4	3				
6	5	4	3			

解法 2

(1)　円と直線の方程式から y を消去すると

$$(x-a)^2 + (x-b)^2 = 2c^2$$
$$2x^2 - 2(a+b)x + a^2 + b^2 - 2c^2 = 0$$

円と直線が共有点をもたないための条件は，この x についての 2 次方程式が実数解を
もたないことである。

したがって，判別式を D とすると

$$\frac{D}{4} = (a+b)^2 - 2(a^2 + b^2 - 2c^2) < 0$$
$$-(a-b)^2 + 4c^2 < 0$$
$$(a-b)^2 > 4c^2 \quad \cdots\cdots(答)$$

〔注〕　これを(1)の答えとしてよい。(2)では，$|a-b| > 2|c|$ として用いる。

36

以下の問に答えよ。

(1)　和が 30 になる 2 つの自然数からなる順列の総数を求めよ。

(2)　和が 30 になる 3 つの自然数からなる順列の総数を求めよ。

(3)　和が 30 になる 3 つの自然数からなる組合せの総数を求めよ。

ポイント　(1)　$x+y=30$ をみたす自然数の組 (x, y) を具体的に数える。
(2)　$x+y+z=30$ をみたす自然数の組 (x, y, z) について，$x=k$ を固定すれば，(1)と同様に，組 (y, z) の個数を k で表すことができる。(1)・(2)とも〔解法2〕のように 30 個の○を｜によって分けると考えても解くことができる。
(3)　(2)のうち，同じ数を含むものの個数を求め，並べ替えによる重複を考える。〔解法 2〕は(2)の結果を用いず直接組合せの総数を求めたものである。

解法 1

(1)　2 つの自然数を x, y とすると
$$x+y=30$$
これをみたす組 (x, y) は
$$(x, y)=(1, 29), (2, 28), (3, 27), \cdots, (29, 1)$$
の 29 個。
よって，求める順列の総数は　　29　……(答)

(2)　3 つの自然数を x, y, z とすると
$$x+y+z=30$$
$x=k \ (k=1, 2, 3, \cdots, 28)$ のとき
$$y+z=30-k$$
これをみたす組 (y, z) は
$$(y, z)=(1, 29-k), (2, 28-k), \cdots, (29-k, 1)$$
の $29-k$ 個。
よって，$x+y+z=30$ をみたす組 (x, y, z) の個数は
$$\sum_{k=1}^{28} (29-k)=\frac{1}{2} \cdot 28 \cdot (28+1)=406$$
したがって，求める順列の総数は　　406　……(答)

(3) (2)で求めた順列において

3つの数が等しい組合せは，{10, 10, 10} の 1 個。

3つの数のうち，2つの数だけが等しい組合せは

$$\{1, 1, 28\}, \{2, 2, 26\}, \{3, 3, 24\}, \cdots, \{14, 14, 2\}$$

の 14 個から {10, 10, 10} を除いた 13 個あり，順列としては

$$13 \times 3 = 39 \text{ 個}$$

よって，(2)で求めた順列のうち，3つの数が異なるものの個数は

$$406 - 1 - 39 = 366$$

したがって，3つの数が異なる組合せは $\dfrac{366}{3!} = 61$ 個

以上より，求める組合せの総数は

$$1 + 13 + 61 = 75 \quad \cdots\cdots(\text{答})$$

解法 2

(1) 30 個の○を 1 列に並べ，○と○の間 29 箇所のうちの 1 箇所に｜を入れると，和が 30 となる 2 つの自然数からなる順列が 1 つ得られ，｜を入れる箇所が異なれば異なる順列となる。

例えば，右のように｜を入れるとき，順列 (3, 27) を表していると考える。

$$\overbrace{\bigcirc\bigcirc\bigcirc}^{3\text{個}} | \overbrace{\bigcirc\bigcirc\cdots\bigcirc}^{27\text{個}}$$

よって，求める順列の総数は

$$_{29}C_1 = 29 \quad \cdots\cdots(\text{答})$$

(2) (1)と同様に，30 個の○の間 29 箇所のうちの異なる 2 箇所に｜を入れると考えればよいので，求める順列の総数は

$$_{29}C_2 = 406 \quad \cdots\cdots(\text{答})$$

(3) x, y, z を自然数とするとき，$x+y+z=30$，$x \leqq y \leqq z$ をみたす組 (x, y, z) の総数が，求めるものである。

$x+x+x \leqq x+y+z = 30$ より $3x \leqq 30$

したがって $1 \leqq x \leqq 10$

(i) $x = 2k$ $(k = 1, 2, 3, 4, 5)$ のとき

$$y + z = 30 - 2k$$

であるので

$y + y \leqq y + z = 30 - 2k$ より $y \leqq 15 - k$

よって $2k \leqq y \leqq 15 - k$

この範囲の y に対して条件をみたす z が決まるので，組 (y, z) の個数は

$$(15-k)-2k+1=16-3k$$

(ⅱ) $x=2k-1$ $(k=1,\ 2,\ 3,\ 4,\ 5)$ のとき

$$y+z=30-(2k-1)=31-2k$$

であるので

$$2y \leqq 31-2k \text{ より} \qquad y \leqq \frac{31}{2}-k$$

y は自然数であるので $\qquad 2k-1 \leqq y \leqq 15-k$

よって, 組 $(y,\ z)$ の個数は

$$(15-k)-(2k-1)+1=17-3k$$

(ⅰ), (ⅱ)より, 求める総数は

$$\sum_{k=1}^{5}(16-3k)+\sum_{k=1}^{5}(17-3k)=\sum_{k=1}^{5}(33-6k)$$

$$=\frac{1}{2} \cdot 5 \cdot (27+3)=75 \quad \cdots\cdots(\text{答})$$

37

さいころを3回ふって，1回目に出た目の数を a，2回目と3回目に出た目の数の和を b とし，2次方程式

$$x^2 - ax + b = 0 \quad \cdots\cdots(*)$$

を考える。以下の問に答えよ。

(1) $(*)$ が $x = 1$ を解にもつ確率を求めよ。

(2) $(*)$ が整数を解にもつとする。このとき $(*)$ の解は共に正の整数であり，また少なくとも1つの解は3以下であることを示せ。

(3) $(*)$ が整数を解にもつ確率を求めよ。

> **ポイント** (1) $1 - a + b = 0$ をみたす a, b の場合の数を求めるが，b については，2回目，3回目に出た目の和を表にしておくとよい。
> (2) 解と係数の関係を用いる。
> (3) a に着目して場合分けし，b の値とその場合の数を求める。(2)を利用して〔解法2〕のように求めてもよい。

解法 1

(1) $(*)$ が $x = 1$ を解にもつとき

$$1 - a + b = 0 \qquad b = a - 1$$

$1 \leqq a \leqq 6$, $2 \leqq b \leqq 12$ であるので，これをみたす (a, b) の組は

$$(a, b) = (3, 2), (4, 3),$$
$$(5, 4), (6, 5)$$

b の値に対する目の出方は右の表のようになるので，$(*)$ が $x = 1$ を解にもつ目の出方は

$$1 + 2 + 3 + 4 = 10 \text{ 通り}$$

さいころを3回ふったときの目の出方は全部で $6^3 = 216$ 通りあるので，求める確率は

$$\frac{10}{216} = \frac{5}{108} \quad \cdots\cdots(答)$$

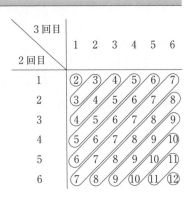

2回目＼3回目	1	2	3	4	5	6
1	②	③	④	⑤	⑥	⑦
2	③	4	5	6	7	⑧
3	④	5	6	7	8	⑨
4	⑤	6	7	8	9	⑩
5	⑥	7	8	9	⑩	⑪
6	⑦	⑧	⑨	⑩	⑪	⑫

(2) (＊)の2つの解を α, β とすると，解と係数の関係より

$\alpha+\beta=a$ ……① $\alpha\beta=b$ ……②

a は整数であるので，①より，α, β の一方が整数であれば他方も整数となる。

したがって，α, β は共に整数であり，$a>0$, $b>0$ であることから，①，②より，$\alpha>0$ かつ $\beta>0$ である。

また，ここで $\alpha>3$ かつ $\beta>3$ と仮定すると，$\alpha+\beta=a>6$ となり，$1\leqq a\leqq 6$ と矛盾する。よって，α, β の少なくとも一方は3以下である。

以上より，(＊)が整数を解にもつとき，(＊)の解は共に正の整数であり，また少なくとも1つの解は3以下である。 （証明終）

(3) $\alpha\leqq\beta$ とする。

$a=1$, 2 のとき 条件をみたす b は存在しない。

(1)の表より

$a=3$ のとき $(\alpha, \beta)=(1, 2)$

したがって，$b=2$ で 1通り

$a=4$ のとき $(\alpha, \beta)=(1, 3)$, $(2, 2)$

したがって，$b=3$, 4 で $2+3=5$ 通り

$a=5$ のとき $(\alpha, \beta)=(1, 4)$, $(2, 3)$

したがって，$b=4$, 6 で $3+5=8$ 通り

$a=6$ のとき $(\alpha, \beta)=(1, 5)$, $(2, 4)$, $(3, 3)$

したがって，$b=5$, 8, 9 で $4+5+4=13$ 通り

よって，求める確率は

$$\frac{1+5+8+13}{216}=\frac{1}{8} \quad ……（答）$$

解法 2

(3) (2)より，$x=1$, 2, 3 を解にもつ場合を求めればよい。

$x=1$ を解にもつとき

(1)より $(a, b)=(3, 2)$, $(4, 3)$, $(5, 4)$, $(6, 5)$

$x=2$ を解にもつとき

$4-2a+b=0$, $b=2a-4$ より $(a, b)=(3, 2)$, $(4, 4)$, $(5, 6)$, $(6, 8)$

$x=3$ を解にもつとき

$9-3a+b=0$, $b=3a-9$ より $(a, b)=(4, 3)$, $(5, 6)$, $(6, 9)$

以上より，(＊)が整数を解にもつ (a, b) の組は

$(a, b)=(3, 2)$, $(4, 3)$, $(4, 4)$, $(5, 4)$, $(5, 6)$, $(6, 5)$, $(6, 8)$, $(6, 9)$

(1)の表から，このような目の出方は

$1 + (2+3) + (3+5) + (4+5+4) = 27$ 通り

よって，求める確率は

$$\frac{27}{216} = \frac{1}{8} \quad \cdots\cdots (答)$$

38

$\vec{v_1}=(1, 1, 1)$, $\vec{v_2}=(1, -1, -1)$, $\vec{v_3}=(-1, 1, -1)$, $\vec{v_4}=(-1, -1, 1)$ とする。座標空間内の動点 P が原点 O から出発し，正四面体のサイコロ $\left(1, 2, 3, 4\right.$ の目がそれぞれ確率 $\dfrac{1}{4}$ で出る$\left.\right)$ をふるごとに，出た目が k ($k=1, 2, 3, 4$) のときは $\vec{v_k}$ だけ移動する。すなわち，サイコロを n 回ふった後の動点 P の位置を P_n として，サイコロを $(n+1)$ 回目にふって出た目が k ならば

$$\overrightarrow{P_nP_{n+1}}=\vec{v_k}$$

である。ただし，$P_0=O$ である。以下の問に答えよ。

(1) 点 P_2 が x 軸上にある確率を求めよ。

(2) $\overrightarrow{P_0P_2}\perp\overrightarrow{P_2P_4}$ となる確率を求めよ。

(3) 4 点 P_0, P_1, P_2, P_3 が同一平面上にある確率を求めよ。

(4) n を 6 以下の自然数とする。$P_n=O$ となる確率を求めよ。

ポイント (1) $\vec{v_i}+\vec{v_j}$ ($i=1, 2, 3, 4$, $j=1, 2, 3, 4$) の y 成分，z 成分がともに 0 となる場合を考える。
(2) $\vec{v_i}+\vec{v_j}$ ($i=1, 2, 3, 4$, $j=1, 2, 3, 4$) のうちの垂直な組を求める。
(3) $\vec{v_i}$ ($i=1, 2, 3, 4$) はどの 3 つをとっても同一平面上にないので，余事象を考える。
(4) n 回のうち i ($i=1, 2, 3, 4$) の目の出た回数を a_i として，P_n の座標を a_i で表してみる。

解 法

(1) $\overrightarrow{OP_2}=\overrightarrow{OP_1}+\overrightarrow{P_1P_2}=\vec{v_i}+\vec{v_j}$ ($i=1, 2, 3, 4$, $j=1, 2, 3, 4$) であり，$\vec{v_i}+\vec{v_j}$ の y 成分，z 成分がともに 0 となるのは

$$\vec{v_1}+\vec{v_2} \quad \text{または} \quad \vec{v_3}+\vec{v_4}$$

であるので，1 回目，2 回目に出た目が，1 と 2 または 3 と 4 のとき，P_2 が x 軸上にある。

全部で目の出方は 4^2 通りあり，1 と 2 が出るのは 2 通り，3 と 4 が出るのは 2 通りあるので，P_2 が x 軸上にある確率は

$$\frac{2+2}{4^2}=\frac{1}{4} \quad \cdots\cdots(\text{答})$$

(2) $\vec{v_i}+\vec{v_j}$ $(i=1,\ 2,\ 3,\ 4,\ j=1,\ 2,\ 3,\ 4)$ については

　(i)　$\vec{v_1}+\vec{v_1}=(2,\ 2,\ 2)$,　$\vec{v_2}+\vec{v_2}=(2,\ -2,\ -2)$

　　　$\vec{v_3}+\vec{v_3}=(-2,\ 2,\ -2)$,　$\vec{v_4}+\vec{v_4}=(-2,\ -2,\ 2)$

　(ii)　$\vec{v_1}+\vec{v_2}=(2,\ 0,\ 0)$,　$\vec{v_1}+\vec{v_3}=(0,\ 2,\ 0)$,　$\vec{v_1}+\vec{v_4}=(0,\ 0,\ 2)$

　　　$\vec{v_2}+\vec{v_3}=(0,\ 0,\ -2)$,　$\vec{v_2}+\vec{v_4}=(0,\ -2,\ 0)$,　$\vec{v_3}+\vec{v_4}=(-2,\ 0,\ 0)$

の 10 通りあり，このうち垂直である組合せは，(ii)の 6 つのベクトルから平行でない 2 つを選んだ場合であり，平行である組は 3 つあるので

　　　$_6C_2-3=12$ 通り

$\vec{v_1}+\vec{v_2}$ と $\vec{v_1}+\vec{v_3}$ の場合は

　　　$\overrightarrow{OP_2}=\vec{v_1}+\vec{v_2},\ \overrightarrow{P_2P_4}=\vec{v_1}+\vec{v_3}$　または　$\overrightarrow{OP_2}=\vec{v_1}+\vec{v_3},\ \overrightarrow{P_2P_4}=\vec{v_1}+\vec{v_2}$

の 2 通りあり，それぞれについて $2\times2=4$ 通りあるので，目の出方は $2\times4=8$ 通りある。他の組合せについても同様であるので，求める確率は

　　　$\dfrac{8\times12}{4^4}=\dfrac{3}{8}$　……(答)

(3)　4 点 P_0, P_1, P_2, P_3 が同一平面上にあることと，3 つのベクトル $\overrightarrow{P_0P_1}$, $\overrightarrow{P_1P_2}$, $\overrightarrow{P_2P_3}$ が同一平面上にあることは同値である。$\vec{v_i}$ $(i=1,\ 2,\ 3,\ 4)$ はどの 3 つをとっても同一平面上にないので，1 回目，2 回目，3 回目に出た目がすべて異なるとき，P_0, P_1, P_2, P_3 は同一平面上になく，それ以外の場合は同一平面上にある。

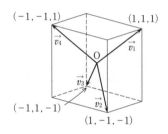

したがって，求める確率は

　　　$1-\dfrac{_4P_3}{4^3}=1-\dfrac{3}{8}=\dfrac{5}{8}$　……(答)

(4)　**(理系のみ)**　n 回のうち i $(i=1,\ 2,\ 3,\ 4)$ の目の出た回数を a_i $(a_i$ は 0 以上の整数) とすると　　$a_1+a_2+a_3+a_4=n$　……①

　　　$\overrightarrow{OP_n}=a_1\vec{v_1}+a_2\vec{v_2}+a_3\vec{v_3}+a_4\vec{v_4}$

　　　　　$=(a_1+a_2-a_3-a_4,\ a_1-a_2+a_3-a_4,\ a_1-a_2-a_3+a_4)$

よって，$P_n=O$ となるとき

　　　$a_1+a_2-a_3-a_4=0$　……②

　　　$a_1-a_2+a_3-a_4=0$　……③

　　　$a_1-a_2-a_3+a_4=0$　……④

②+③ より　　$2a_1 - 2a_4 = 0$　　　$a_1 = a_4$

②−③ より　　$2a_2 - 2a_3 = 0$　　　$a_2 = a_3$

③+④ より　　$2a_1 - 2a_2 = 0$　　　$a_1 = a_2$

よって　　　$a_1 = a_2 = a_3 = a_4$

①より　　　$4a_1 = n$

a_1 は 0 以上の整数，n は 6 以下の自然数であるので，これをみたすのは

　　　　$a_1 = a_2 = a_3 = a_4 = 1$,　$n = 4$

このとき，1，2，3，4 の目が 1 回ずつ出るので，確率は　　　$\dfrac{4!}{4^4} = \dfrac{3}{32}$

ゆえに，$P_n = 0$ となる確率は

　　　$\left.\begin{array}{l} n = 1,\ 2,\ 3,\ 5,\ 6 \text{のとき} 0 \\[2mm] n = 4 \text{のとき} \dfrac{3}{32} \end{array}\right\}$ ……(答)

39 ２０１５年度　文系〔３〕・理系〔５〕　Level C

a, b, c を 1 以上 7 以下の自然数とする。次の条件 (∗) を考える。

(∗)　3 辺の長さが a, b, c である三角形と，3 辺の長さが $\dfrac{1}{a}$, $\dfrac{1}{b}$, $\dfrac{1}{c}$ である三角形が両方とも存在する。

以下の問に答えよ。

(1)　$a=b>c$ であり，かつ条件 (∗) をみたす a, b, c の組の個数を求めよ。

(2)　$a>b>c$ であり，かつ条件 (∗) をみたす a, b, c の組の個数を求めよ。

(3)　条件 (∗) をみたす a, b, c の組の個数を求めよ。

> **ポイント**　(1)・(2)　一般に，$p\geqq q\geqq r>0$ のとき，p, q, r を 3 辺の長さとする三角形が存在するための条件は，$p<q+r$ が成り立つことである。それぞれの場合について，条件をみたす (a, b, c) を具体的に求める。その際，1 つの文字の値に着目するとよい。
> (3)　(1)・(2) を含め，$a\geqq b\geqq c$ で条件をみたす a, b, c の組の個数を求め，a, b, c を入れ換えたものを考慮する。

解 法

(1)　$a=b>c$ のとき，a, b, c を 3 辺とする三角形はつねに存在する。

$\dfrac{1}{c}>\dfrac{1}{a}=\dfrac{1}{b}$ であるので，$\dfrac{1}{a}$, $\dfrac{1}{b}$, $\dfrac{1}{c}$ を 3 辺とする三角形が存在するための条件は

$$\frac{1}{c}<\frac{1}{a}+\frac{1}{b} \quad \text{すなわち} \quad \frac{1}{c}<\frac{2}{a} \quad a<2c$$

したがって　$c<a<2c$

これをみたす c, a の組は

$(c, a) = (2, 3),\ (3, 4),\ (3, 5),\ (4, 5),\ (4, 6),\ (4, 7),$
$\qquad\qquad (5, 6),\ (5, 7),\ (6, 7)$

よって，(∗) をみたす a, b, c の組の個数は　　9　……(答)

(2)　$a>b>c$ のとき，$\dfrac{1}{c}>\dfrac{1}{b}>\dfrac{1}{a}$ であるので，(∗) をみたすための a, b, c の条件は

$$a<b+c \quad\cdots\cdots① \qquad \text{かつ} \qquad \frac{1}{c}<\frac{1}{a}+\frac{1}{b} \quad\cdots\cdots②$$

②より　　$ab<bc+ac$　　$a(b-c)<bc$

$a>b>c$ より，$a \geqq 3$ である。

a の値に着目し，$a>b>c$，①，②をみたす b，c の組を求めると

$a=3$ のとき 　$b=2$，$c=1$ なので，①をみたさない。

$a=4$ のとき 　$4>b>c$，$4<b+c$ をみたすのは

$\qquad (b, c) = (3, 2)$

のみで，これは，$4(b-c)<bc$ をみたす。

$a=5$ のとき 　$5>b>c$，$5<b+c$ をみたすのは

$\qquad (b, c) = (4, 3)$，$(4, 2)$

このうち，$5(b-c)<bc$ をみたすのは

$\qquad (b, c) = (4, 3)$

$a=6$ のとき 　$6>b>c$，$6<b+c$ をみたすのは

$\qquad (b, c) = (5, 4)$，$(5, 3)$，$(5, 2)$，$(4, 3)$

このうち，$6(b-c)<bc$ をみたすのは

$\qquad (b, c) = (5, 4)$，$(5, 3)$，$(4, 3)$

$a=7$ のとき 　$7>b>c$，$7<b+c$ をみたすのは

$\qquad (b, c) = (6, 5)$，$(6, 4)$，$(6, 3)$，$(6, 2)$，$(5, 4)$，$(5, 3)$

このうち，$7(b-c)<bc$ をみたすのは

$\qquad (b, c) = (6, 5)$，$(6, 4)$，$(5, 4)$，$(5, 3)$

以上より，（＊）をみたす a，b，c の組の個数は

$\qquad 1+1+3+4=9$ ……(答)

(3) (ⅰ) $a>b=c$ のとき

$\dfrac{1}{c}=\dfrac{1}{b}>\dfrac{1}{a}$ であるので，$\dfrac{1}{a}$，$\dfrac{1}{b}$，$\dfrac{1}{c}$ を3辺とする三角形はつねに存在する。

a，b，c を3辺とする三角形が存在するための条件は

$\qquad a<b+c$ 　　すなわち 　　$a<2c$

したがって 　$c<a<2c$

(1)よりこれをみたす c，a の組は9組あるので，（＊）をみたす a，b，c の組の個数は

$\qquad 9$

(ⅱ) $a=b=c$ のとき

a，b，c および $\dfrac{1}{a}$，$\dfrac{1}{b}$，$\dfrac{1}{c}$ を3辺とする三角形は正三角形でありつねに存在する。

したがって，（＊）をみたす a，b，c の組の個数は 　　7

$a \geqq b \geqq c$ で（＊）をみたす a，b，c の組において，a，b，c を入れ換えても，（＊）をみたすので

(1)の場合 　$9 \times \dfrac{3!}{2!} = 27$

(2)の場合　　$9 \times 3! = 54$

(i)の場合　　$9 \times \dfrac{3!}{2!} = 27$

(ii)の場合　　$7 \times 1 = 7$

よって，（*）をみたす $a,\ b,\ c$ の組の個数は

$\qquad 27 + 54 + 27 + 7 = 115$　……(答)

40 2019年度 理系〔3〕　　　　　Level C

n を 2 以上の整数とする。2 個のさいころを同時に投げるとき,出た目の数の積を n で割った余りが 1 となる確率を P_n とする。以下の問に答えよ。

(1) P_2, P_3, P_4 を求めよ。

(2) $n \geqq 36$ のとき,P_n を求めよ。

(3) $P_n = \dfrac{1}{18}$ となる n をすべて求めよ。

> **ポイント**　(1)・(2)　2 個のさいころの出た目の積に関する確率であるので,表にして考えるが,n で割った余りが 1 となる確率を求めるので,(出た目の積)-1 を表にしておくと,n の倍数の個数が求める場合の数となる。なお,0 はすべての整数の倍数である。
>
> (3) $\dfrac{1}{18} = \dfrac{2}{36}$ であるので,n の倍数が表の中でちょうど 2 個であるものを求めることになる。

解 法

(1)　2 個のさいころを同時に投げるとき,目の出方は全部で

$$6^2 = 36 \text{ 通り}$$

出た目の積を n で割った余りが 1 となるのは,(出た目の積)-1 が n の倍数となるときである。

2 個のさいころの出た目をそれぞれ a,b として,$ab-1$ の値を表にすると下のようになる。

$\overset{b}{a}$	1	2	3	4	5	6
1	0	1	2	3	4	5
2	1	3	5	7	9	11
3	2	5	8	11	14	17
4	3	7	11	15	19	23
5	4	9	14	19	24	29
6	5	11	17	23	29	35

2 の倍数,3 の倍数,4 の倍数の個数はそれぞれ 9 個,8 個,5 個であるので

$$P_2 = \frac{9}{36} = \frac{1}{4}, \quad P_3 = \frac{8}{36} = \frac{2}{9}, \quad P_4 = \frac{5}{36} \quad \cdots\cdots(\text{答})$$

(2) $n \geqq 36$ のとき，表の中で n の倍数であるものは 0 のみであるので

$$P_n = \frac{1}{36} \quad \cdots\cdots (答)$$

(3) (1)，(2)より，$5 \leqq n \leqq 35$ について考えればよい。

$P_n = \dfrac{1}{18} = \dfrac{2}{36}$ であるので，表において，n の倍数がちょうど 2 個である n が求めるものである。0 は n の倍数であるので，0 を除いて，ただ 1 つが n の倍数となっているものを求めればよい。

2 個のさいころの目が等しくない場合，表において同じ値が 2 カ所に現れるので，2 個のさいころの目が等しい場合で，5 以上であるものは

8，15，24，35

これらの 5 以上の約数のうち，1 つのみの約数となっているものは，右の表から

6，7，12，15，24，35

このうち，7 の倍数は最初の表の他の部分にも現れるので不適，7 以外のものは適する。

よって，求める n は

$n = 6$，12，15，24，35 $\cdots\cdots$ (答)

	5 以上の約数
8	8
15	5，15
24	6，8，12，24
35	5，7，35

41

n を自然数とする。1 から $2n$ までの番号をつけた $2n$ 枚のカードを袋に入れ，よくかき混ぜて n 枚を取り出し，取り出した n 枚のカードの数字の合計を A，残された n 枚のカードの数字の合計を B とする。このとき，以下の問に答えよ。

⑴　n が奇数のとき，A と B が等しくないことを示せ。

⑵　n が偶数のとき，A と B の差は偶数であることを示せ。

⑶　$n = 4$ のとき，A と B が等しい確率を求めよ。

ポイント　⑴・⑵　$A + B$ の偶奇に着目する。

⑶　$A = B$ となる場合を具体的に数える。

解 法

⑴　　　$A + B = \sum_{k=1}^{2n} k = \dfrac{1}{2} \cdot 2n(2n+1) = n(2n+1)$　……①

$A = B$ と仮定すると

　　　$A + B = 2A$

より，$A + B$ は偶数となる。

ところが n は奇数なので，①より $A + B$ は奇数であるから，矛盾する。

よって，A と B は等しくない。　　　　　　　　　　　　　　　　　　（証明終）

⑵　　　$|A - B| = |(A + B) - 2B|$

n が偶数のとき，①より $A + B$ は偶数。

したがって，$|(A + B) - 2B|$ は偶数であるので，A と B の差は偶数である。

　　　　　　　　　　　　　　　　　　　　　　　　　　　　　　　　　（証明終）

⑶　$n = 4$ のとき，カードの取り出し方は全部で　　　$_8C_4 = 70$ 通り

①より $A + B = 36$ であるので，$A = B$ となるのは，$A = B = 18$ のときである。

1 から 8 までの番号のついた 8 枚のカードのうち 4 枚のカードの数字の合計が 18 となる組合せは

　　　$\{1, 2, 7, 8\}, \{1, 3, 6, 8\}, \{1, 4, 5, 8\}, \{1, 4, 6, 7\},$

　　　$\{2, 3, 5, 8\}, \{2, 3, 6, 7\}, \{2, 4, 5, 7\},$

　　　$\{3, 4, 5, 6\}$

の8通り。

よって，求める確率は $\dfrac{8}{70}=\dfrac{4}{35}$ ……(答)

〔注〕 一般に2つの整数の和と差の偶奇は一致するので，次のように解答してもよい。

(1) $A+B$ が奇数であることから，$A-B$ も奇数。

したがって，$A-B=0$ となることはない（0は偶数である）。

(2) $A+B$ が偶数であることから，$A-B$，$B-A$ はいずれも偶数。

したがって，A と B の差は偶数である。

42 2013年度　理系〔5〕　　　　　　　　　　　Level　B

　動点Pが，図のような正方形 ABCD の頂点Aから出発し，さいころをふるごとに，次の規則により正方形のある頂点から他の頂点に移動する。

　　出た目の数が2以下なら辺 AB と平行な方向に移動する。

　　出た目の数が3以上なら辺 AD と平行な方向に移動する。

　n を自然数とするとき，さいころを $2n$ 回ふった後に動点PがAにいる確率を a_n，Cにいる確率を c_n とする。次の問いに答えよ。

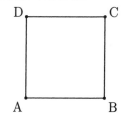

(1)　a_1 を求めよ。

(2)　さいころを $2n$ 回ふった後，動点PはAまたはCにいることを証明せよ。

(3)　a_n，c_n を n を用いてそれぞれ表せ。

(4)　$\displaystyle\lim_{n\to\infty} a_n$，$\displaystyle\lim_{n\to\infty} c_n$ をそれぞれ求めよ。

ポイント　(1)　具体的に2回の目の出方を調べる。

(2)　自明であるようだが，きちんと証明するには数学的帰納法を用いる。

(3)　まず，a_{n+1} を a_n，c_n で表し，$a_n + c_n = 1$ であることを用いて，a_{n+1} と a_n の漸化式を立てる。

(4)　(3)の結果から極限を求める。

解 法

(1)　AB と平行な方向に移動することを Y，
　　　AD と平行な方向に移動することを T
で表すと，さいころを1回ふったとき

$$Y\text{の起こる確率は}\frac{1}{3},\quad T\text{の起こる確率は}\frac{2}{3}$$

である。
頂点Aにいる動点Pがさいころを2回ふった後にAにいるのは

YY または TT

の場合であるので

$$a_1 = \frac{1}{3} \cdot \frac{1}{3} + \frac{2}{3} \cdot \frac{2}{3} = \frac{5}{9} \quad \cdots\cdots(答)$$

(2) (I) $n=1$ のとき，すなわち2回さいころをふったとき

動点Pの移動のしかたは，YY，YT，TY，TT の4通りであり，YY，TT のときは頂点Aに，YT，TY のときは頂点Cにいるので，動点PはAまたはCにいる。

(II) $n=k$ のとき，すなわち $2k$ 回さいころをふった後，動点PがAまたはCにいると仮定する。

さらにさいころを2回ふるとき

動点Pの移動のしかたは，YY，YT，TY，TT の4通りであり，Aにいて，YY，TT と移動したときはAに，YT，TY と移動したときはCにいる。

また，Cにいて，YY，TT と移動したときはCに，YT，TY と移動したときはAにいる。

したがって，$n=k+1$ のとき，すなわち $2(k+1)$ 回ふった後，PはAまたはCにいる。

(I)，(II)より，すべての自然数 n について，さいころを $2n$ 回ふった後，動点PはAまたはCにいる。 (証明終)

(3) $2(n+1)$ 回ふった後，動点Pが頂点Aにいるのは

(i) $2n$ 回ふった後PがAにいて，YY，TT と移動する

(ii) $2n$ 回ふった後PがCにいて，YT，TY と移動する

のいずれかであるので

$$a_{n+1} = \left(\frac{1}{3}\cdot\frac{1}{3} + \frac{2}{3}\cdot\frac{2}{3}\right)a_n + \left(\frac{1}{3}\cdot\frac{2}{3} + \frac{2}{3}\cdot\frac{1}{3}\right)c_n$$

すなわち $a_{n+1} = \frac{5}{9}a_n + \frac{4}{9}c_n$

また，(2)より，$a_n + c_n = 1$ なので $c_n = 1 - a_n$

ゆえに $a_{n+1} = \frac{5}{9}a_n + \frac{4}{9}(1-a_n)$ $a_{n+1} = \frac{1}{9}a_n + \frac{4}{9}$

変形して $a_{n+1} - \frac{1}{2} = \frac{1}{9}\left(a_n - \frac{1}{2}\right)$

したがって

$$a_n - \frac{1}{2} = \left(a_1 - \frac{1}{2}\right)\left(\frac{1}{9}\right)^{n-1} = \left(\frac{5}{9} - \frac{1}{2}\right)\left(\frac{1}{9}\right)^{n-1} = \frac{1}{18}\left(\frac{1}{9}\right)^{n-1} = \frac{1}{2}\left(\frac{1}{9}\right)^n$$

$$c_n = 1 - a_n = \frac{1}{2} - \frac{1}{2}\left(\frac{1}{9}\right)^n$$

よって $\left.\begin{array}{l} a_n = \dfrac{1}{2} + \dfrac{1}{2}\left(\dfrac{1}{9}\right)^n \\[3mm] c_n = \dfrac{1}{2} - \dfrac{1}{2}\left(\dfrac{1}{9}\right)^n \end{array}\right\}$ ……(答)

(4) $\left|\dfrac{1}{9}\right| < 1$ より，$\displaystyle\lim_{n\to\infty}\left(\dfrac{1}{9}\right)^n = 0$ なので

$$\lim_{n\to\infty} a_n = \frac{1}{2}, \quad \lim_{n\to\infty} c_n = \frac{1}{2} \quad \cdots\cdots(答)$$

〔注〕 (3) $a_{n+1} = \dfrac{5}{9}a_n + \dfrac{4}{9}c_n$ ……① と同様にして

$$c_{n+1} = \frac{4}{9}a_n + \frac{5}{9}c_n \quad\cdots\cdots②$$

①−② より $\quad a_{n+1} - c_{n+1} = \dfrac{1}{9}(a_n - c_n)$

したがって，数列 $\{a_n - c_n\}$ は，初項 $a_1 - c_1 = \dfrac{5}{9} - \dfrac{4}{9} = \dfrac{1}{9}$，公比 $\dfrac{1}{9}$ の等比数列であるので

$$a_n - c_n = \left(\frac{1}{9}\right)^n$$

これと $a_n + c_n = 1$ から，a_n, c_n を求めることもできる。

43 2010年度 理系〔4〕 Level B

Nを自然数とする。赤いカード2枚と白いカードN枚が入っている袋から無作為にカードを1枚ずつ取り出して並べていくゲームをする。2枚目の赤いカードが取り出された時点でゲームは終了する。赤いカードが最初に取り出されるまでに取り出された白いカードの枚数を X とし,ゲーム終了時までに取り出された白いカードの総数を Y とする。このとき,以下の問に答えよ。

(1) $n=0,\ 1,\ \cdots,\ N$ に対して,$X=n$ となる確率 p_n を求めよ。

(2) X の期待値を求めよ。

(3) $n=0,\ 1,\ \cdots,\ N$ に対して,$Y=n$ となる確率 q_n を求めよ。

ポイント (1) 確率を求めるので,同様に確からしい根元事象の個数が基本となる。したがって,2枚の赤いカードとN枚の白いカードをすべて区別して場合の数を求める。カードの並べ方として考えればよいだろう。また,〔解法2〕のように,これらを区別しないで同じものを含む順列の考え方を用いて解くこともできる。
(2) 期待値の定義通りに(1)の結果を用いて計算する。
(3) $Y=n$ となるのは,$(n+1)$ 枚目までに白 n 枚,赤1枚が並び,$(n+2)$ 枚目が赤となる場合である。

解法 1

(1) $X=n$ となるのは,取り出したカードを順に並べたとき,n 枚目までが白で $(n+1)$ 枚目が赤となる場合である。

赤2枚と白N枚をすべて区別して考えると,$(N+2)$ 枚から $(n+1)$ 枚のカードを取り出して並べる方法は $_{N+2}\mathrm{P}_{n+1}$ 通りで,これらは同様に確からしい。

このうち,$X=n$ となるのは

n 枚目までの白の並べ方が $\quad _N\mathrm{P}_n$ 通り

$(n+1)$ 枚目の赤の並べ方が $\quad 2$ 通り

あるので $\quad 2_N\mathrm{P}_n$ 通り

よって,$X=n$ となる確率 p_n は

$$p_n = \frac{2_N\mathrm{P}_n}{_{N+2}\mathrm{P}_{n+1}} = \frac{2N!}{(N-n)!} \cdot \frac{\{(N+2)-(n+1)\}!}{(N+2)!}$$

$$= \frac{2(N-n+1)}{(N+2)(N+1)} \quad \cdots\cdots(答)$$

〔注〕　$_nP_r = n(n-1)\cdots(n-r+1) = \dfrac{n!}{(n-r)!}$　である。

階乗を用いて表せば約分しやすい。

(2)　(1)より，X の期待値は

$$\sum_{n=0}^{N} np_n = \sum_{n=1}^{N} \frac{n\cdot 2(N-n+1)}{(N+2)(N+1)}$$

$$= \frac{2}{(N+2)(N+1)}\left\{ -\sum_{n=1}^{N} n^2 + (N+1)\sum_{n=1}^{N} n \right\}$$

$$= \frac{2}{(N+2)(N+1)}\left\{ -\frac{1}{6}N(N+1)(2N+1) + (N+1)\cdot\frac{1}{2}N(N+1) \right\}$$

$$= \frac{2}{(N+2)(N+1)}\cdot\frac{N(N+1)\{-(2N+1)+3(N+1)\}}{6}$$

$$= \frac{N}{3} \quad \cdots\cdots(\text{答})$$

(3)　$Y=n$ となるのは，$(N+2)$ 枚から $(n+2)$ 枚を取り出して並べたとき，$(n+1)$ 枚目までに赤1枚，白 n 枚が並び，$(n+2)$ 枚目が赤となる場合である。

$(N+2)$ 枚から $(n+2)$ 枚を取り出して並べる方法は　　$_{N+2}P_{n+2}$ 通り

$(n+1)$ 枚目までに1枚の赤を並べる方法は

　　並べる位置について $(n+1)$ 通り，並べる赤の選び方が2通り。

よって　　$2(n+1)$ 通り

このとき，残り n カ所に白を並べる方法は　　$_NP_n$ 通り

ゆえに，$Y=n$ となる並べ方は　　$2(n+1)_NP_n$ 通り

なので，その確率 q_n は

$$q_n = \frac{2(n+1)_NP_n}{_{N+2}P_{n+2}} = 2(n+1)\cdot\frac{N!}{(N-n)!}\cdot\frac{\{(N+2)-(n+2)\}!}{(N+2)!}$$

$$= \frac{2(n+1)}{(N+2)(N+1)} \quad \cdots\cdots(\text{答})$$

解法 2

同じ色のカードを区別せず，ゲームが終了しても $(N+2)$ 枚のカードをすべて取り出すと考えると，(1)，(3)は次のように考えることもできる。

(1)　取り出した $(N+2)$ 枚のカードを順に1列に並べていくと考えると，並べ方の総数は，赤2枚の位置の選び方で $_{N+2}C_2$ 通りあり，これらは同様に確からしい。

$X=n$ となるのは，赤いカードが1枚は $(n+1)$ 番目に，もう1枚は $(n+2)$ 番目から $(N+2)$ 番目までの $(N-n+1)$ 通りのうちのいずれかに並べられる場合である

から

$$p_n = \frac{N-n+1}{{}_{N+2}\mathrm{C}_2} = \frac{2(N-n+1)}{(N+2)(N+1)} \quad \cdots\cdots(\text{答})$$

(3) $Y=n$ となるのは，赤いカードが1枚は1番目から $(n+1)$ 番目までの $(n+1)$ 通りのうちのいずれかに，もう1枚は $(n+2)$ 番目に並べられる場合であるから

$$q_n = \frac{n+1}{{}_{N+2}\mathrm{C}_2} = \frac{2(n+1)}{(N+2)(N+1)} \quad \cdots\cdots(\text{答})$$

44

　大小2つのサイコロを同時に1回投げて，大きいサイコロの出た目の数 A，および小さいサイコロの出た目の数 B に応じて得点を競うゲームを考える。ただし，このゲームには6種類の得点 X_n（$1 \leqq n \leqq 6$）があって，それぞれ，次の規則で定められているとする：

$$X_n = \begin{cases} A & (A \geqq n \text{ のとき}) \\ B & (A < n \text{ かつ } A \neq B \text{ のとき}) \\ aA + b & (A < n \text{ かつ } A = B \text{ のとき}) \end{cases}$$

ここで，a, b は実数の定数である。また，得点 X_n の期待値を E_n とする。このとき，以下の問に答えよ。

⑴　A, B のとり得る値に対する得点 X_3 および X_4 の値を，答案用紙の表にそれぞれ記入せよ。

〔答案用紙〕

X_3の表

A＼B	1	2	3	4	5	6
1						
2						
3						
4						
5						
6						

X_4の表

A＼B	1	2	3	4	5	6
1						
2						
3						
4						
5						
6						

⑵　$E_4 - E_3$ を求めよ。

⑶　$E_1 = E_2 = \cdots = E_6$ となるような a, b はあるか。あれば求めよ。なければ，そのことを示せ。

ポイント　⑴　X_n を定めている規則に従って表を完成させる。
⑵　E_n は X_n の表の得点の平均となっているので，X_3 と X_4 の表の得点の異なっている部分に着目する。
⑶　X_k と X_{k+1}（$k = 1, 2, \cdots, 5$）の表の異なっている部分は $A = k$ の行であるので，$E_{k+1} - E_k$ を k, a, b で表す。

解 法

(1)

X_3 の表

A\B	1	2	3	4	5	6
1	$a+b$	2	3	4	5	6
2	1	$2a+b$	3	4	5	6
3	3	3	3	3	3	3
4	4	4	4	4	4	4
5	5	5	5	5	5	5
6	6	6	6	6	6	6

X_4 の表

A\B	1	2	3	4	5	6
1	$a+b$	2	3	4	5	6
2	1	$2a+b$	3	4	5	6
3	1	2	$3a+b$	4	5	6
4	4	4	4	4	4	4
5	5	5	5	5	5	5
6	6	6	6	6	6	6

(2) A は，$A=m$ $(m=1, 2, \cdots, 6)$ の排反する 6 つの事象のいずれかが，同等の確率で起こる。B も同様である。

A, B がこれらの値をとる事象は独立であるから，X_n $(n=1, 2, \cdots, 6)$ の表の 6^2 個の事象の起こる確率は，いずれも $\left(\dfrac{1}{6}\right)^2$ である。

X_3, X_4 の表相互の違いは $A=3$ の行のみである。

$1+2+\cdots+6=S$ とおく。$S=21$ より

$$E_4 - E_3 = \left(\dfrac{1}{6}\right)^2 (S - 3 + 3a + b - 3 \times 6) = \dfrac{3a+b}{36} \quad \cdots\cdots(答)$$

(3) X_k と X_{k+1} $(k=1, 2, \cdots, 5)$ について

$A \geqq k+1$ のとき $\quad X_k = X_{k+1} = A$

$A < k$ のとき （$k=1$ のとき，この場合は存在しない）

$$X_k = X_{k+1} = \begin{cases} B & (A \neq B) \\ aA+b & (A=B) \end{cases}$$

よって，X_k と X_{k+1} の表が異なるのは，$A=k$ の行のみである。

したがって

$$E_{k+1} - E_k = \left(\dfrac{1}{6}\right)^2 (S - k + ak + b - k \times 6)$$

$$= \dfrac{1}{36} \{(a-7)k + b + 21\}$$

ゆえに，$k=1, 2, \cdots, 5$ のすべてについて，$E_{k+1} - E_k = 0$，すなわち，$E_k = E_{k+1}$ となる a, b は存在し $\quad a=7, b=-21 \quad \cdots\cdots(答)$

§4 図形と方程式

45　2022年度　文系〔2〕　　　　　　　　　　　　　Level B

a を正の実数とし，円 $x^2+y^2=1$ と直線 $y=\sqrt{a}\,x-2\sqrt{a}$ が異なる2点P，Qで交わっているとする。線分PQの中点を R$(s,\ t)$ とする。以下の問に答えよ。

(1) a のとりうる値の範囲を求めよ。

(2) $s,\ t$ の値を a を用いて表せ。

(3) a が(1)で求めた範囲を動くときに s のとりうる値の範囲を求めよ。

(4) t の値を s を用いて表せ。

ポイント (1)　円と直線の方程式から y を消去してできる x の2次方程式が，異なる2つの実数解をもつ条件を求める（〔解法1〕）。円の中心と直線との距離を用いてもよい（〔解法2〕）。
(2)　(1)で得られた2次方程式の解と係数の関係を用いる（〔解法1〕）。円の中心を通り，与えられた直線に垂直な直線と，もとの直線の交点がRであることを用いてもよい（〔解法2〕）。
(3)　a のとりうる値の範囲から不等式を変形して，s のとりうる値の範囲を求める。
(4)　(2)の結果から a を消去する。

解法 1

(1)　$x^2+y^2=1$ に $y=\sqrt{a}\,x-2\sqrt{a}$ を代入すると
$$x^2+(\sqrt{a}\,x-2\sqrt{a})^2=1$$
$$(a+1)x^2-4ax+4a-1=0 \quad \cdots\cdots ①$$
$a>0$ より　　$a+1\neq 0$
円と直線が異なる2点で交わることより，①の判別式を D とすると
$$D>0$$
よって
$$\frac{D}{4}=(-2a)^2-(a+1)(4a-1)>0 \qquad -3a+1>0$$
$a>0$ より　　$0<a<\dfrac{1}{3}$　$\cdots\cdots$(答)

(2)　①の2つの実数解を α, β とおくと

$$P(\alpha, \sqrt{a}\alpha - 2\sqrt{a}), \ Q(\beta, \sqrt{a}\beta - 2\sqrt{a})$$

であるので

$$s = \frac{\alpha + \beta}{2}, \ t = \frac{(\sqrt{a}\alpha - 2\sqrt{a}) + (\sqrt{a}\beta - 2\sqrt{a})}{2} = \sqrt{a} \cdot \frac{\alpha + \beta}{2} - 2\sqrt{a}$$

①の解と係数の関係より　　$\alpha + \beta = \dfrac{4a}{a+1}$

よって

$$\left.\begin{array}{l} s = \dfrac{2a}{a+1} \\[3mm] t = \sqrt{a} \cdot \dfrac{2a}{a+1} - 2\sqrt{a} = -\dfrac{2\sqrt{a}}{a+1} \end{array}\right\} \quad \cdots\cdots(答)$$

(3)　$s = \dfrac{2a}{a+1} = 2 - \dfrac{2}{a+1}$

$0 < a < \dfrac{1}{3}$ より　　$1 < a+1 < \dfrac{4}{3}$

各辺の逆数をとると　　$1 > \dfrac{1}{a+1} > \dfrac{3}{4}$

各辺に -2 をかけて　　$-2 < -\dfrac{2}{a+1} < -\dfrac{3}{2}$

各辺に2を加えて　　$0 < 2 - \dfrac{2}{a+1} < \dfrac{1}{2}$

よって　　$0 < s < \dfrac{1}{2}$　$\cdots\cdots(答)$

(4)　$s = \dfrac{2a}{a+1}$ より　　$sa + s = 2a$　　$(2-s)a = s$

$2 - s > 0$ なので　　$a = \dfrac{s}{2-s}$

よって

$$t = -\frac{2\sqrt{a}}{a+1} = -\frac{2\sqrt{\dfrac{s}{2-s}}}{\dfrac{s}{2-s} + 1}$$

$$= -\frac{2\sqrt{\dfrac{s}{2-s}}(2-s)}{s + (2-s)} \quad (分母，分子に 2-s をかける)$$

$$= -\sqrt{s(2-s)} \quad (2-s > 0 より)$$

ゆえに $\quad t=-\sqrt{s(2-s)}\quad$ ……(答)

〔注〕 (3) 不等式を変形する際

$\lceil a<b\Longleftrightarrow a+c<b+c\rfloor$

$\lceil c<0,\ a<b\Longrightarrow ac>bc\rfloor$

$\lceil 0<a<b\Longrightarrow \dfrac{1}{a}>\dfrac{1}{b}\rfloor$

を用いる。不等号の向きが変わる場合に注意。

(4) $2-s>0$ であるので，$2-s=\sqrt{(2-s)^2}$ であり

$$\sqrt{\frac{s}{2-s}}\,(2-s)=\sqrt{\frac{s}{2-s}}\cdot\sqrt{(2-s)^2}=\sqrt{\frac{s(2-s)^2}{2-s}}=\sqrt{s(2-s)}$$

と変形できる。

解法 2

(1) 円の中心 $(0,\ 0)$ と直線 $\sqrt{a}\,x-y-2\sqrt{a}=0$ の距離は半径 1 より小さいので

$$\frac{|-2\sqrt{a}\,|}{\sqrt{(\sqrt{a})^2+(-1)^2}}<1 \qquad 2\sqrt{a}<\sqrt{a+1}$$

両辺正なので平方して

$$4a<a+1 \qquad a<\frac{1}{3}$$

$a>0$ より $\quad 0<a<\dfrac{1}{3}\quad$ ……(答)

(2) 円の中心 $(0,\ 0)$ を通り，直線 $y=\sqrt{a}\,x-2\sqrt{a}\quad$ ……② と垂直な直線の方程式は

$$y=-\frac{1}{\sqrt{a}}x\quad ……③$$

②，③の交点がRであるので，y を消去して

$$\sqrt{a}\,x-2\sqrt{a}=-\frac{1}{\sqrt{a}}x$$

$$(a+1)x=2a$$

$a+1>0$ なので

$$x=\frac{2a}{a+1}$$

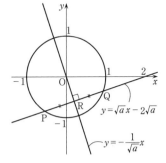

これを③に代入して

$$y=-\frac{1}{\sqrt{a}}\cdot\frac{2a}{a+1}=-\frac{2\sqrt{a}}{a+1}$$

よって $\quad s=\dfrac{2a}{a+1},\ t=-\dfrac{2\sqrt{a}}{a+1}\quad$ ……(答)

46

水平な地面に一本の塔が垂直に建っている（太さは無視する）。塔の先端をPとし，足元の地点をHとする。また，Hを通らない一本の道が一直線に延びている（幅は無視する）。道の途中に3地点A，B，Cがこの順にあり，BC＝2AB をみたしている。以下の問に答えよ。

(1) $2AH^2 - 3BH^2 + CH^2 = 6AB^2$ が成り立つことを示せ。

(2) A，B，CからPを見上げた角度 $\angle PAH$，$\angle PBH$，$\angle PCH$ はそれぞれ 45°，60°，30°であった。AB＝100m のとき，塔の高さ PH（m）の整数部分を求めよ。

(3) (2)において，Hと道との距離（m）の整数部分を求めよ。

> **ポイント** (1) $\angle ABH = \theta$ とおき，△ABH，△CBH について余弦定理を用いる（〔解法1〕）。〔解法2〕のように座標を定めて示してもよい。
> (2) AH，BH，CH を PH で表し，(1)の等式を用いる。
> (3) (2)から，AH，BH，AB がわかるので，$\cos\theta$ を求めることができる。

解 法 1

(1) $\angle ABH = \theta$ とおく。

△ABH において余弦定理より
$$AH^2 = AB^2 + BH^2 - 2AB \cdot BH \cos\theta \quad \cdots\cdots①$$
△CBH において余弦定理より
$$CH^2 = BC^2 + BH^2 - 2BC \cdot BH \cos(180° - \theta)$$
$BC = 2AB$, $\cos(180° - \theta) = -\cos\theta$ より
$$CH^2 = 4AB^2 + BH^2 + 4AB \cdot BH \cos\theta \quad \cdots\cdots②$$
①×2＋② より
$$2AH^2 + CH^2 = 6AB^2 + 3BH^2$$
よって　$2AH^2 - 3BH^2 + CH^2 = 6AB^2$　　（証明終）

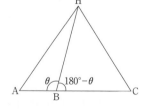

(2) $AH\tan45° = PH$ より　$AH = PH$

$BH\tan60° = PH$ より　$\sqrt{3}BH = PH$　$BH = \dfrac{1}{\sqrt{3}}PH$

$CH\tan30° = PH$ より　$\dfrac{1}{\sqrt{3}}CH = PH$　$CH = \sqrt{3}PH$

これらと AB＝100 を(1)の等式に代入すると

$$2PH^2 - 3 \cdot \frac{1}{3}PH^2 + 3PH^2 = 60000$$

$$PH^2 = 15000$$

$$PH = \sqrt{15000} = 50\sqrt{6}$$

ここで，$122^2 = 14884$，$123^2 = 15129$ より

$$122 < \sqrt{15000} < 123$$

すなわち　　$122 < PH < 123$

よって，PH の整数部分は　　122　……(答)

(3)　(2)より　　$AH = PH = 50\sqrt{6}$，$BH = \frac{1}{\sqrt{3}}PH = 50\sqrt{2}$

AB＝100 であるので，①に代入すると

$$(50\sqrt{6})^2 = 100^2 + (50\sqrt{2})^2 - 2 \cdot 100 \cdot 50\sqrt{2}\cos\theta$$

$$15000 = 15000 - 10000\sqrt{2}\cos\theta$$

$$\cos\theta = 0$$

よって　　$\theta = 90°$

したがって，H と道の距離は　　$BH = 50\sqrt{2}$

$50\sqrt{2} = \sqrt{5000}$ であり，$70^2 = 4900$，$71^2 = 5041$ より

$$70 < 50\sqrt{2} < 71$$

ゆえに，H と道との距離の整数部分は　　70　……(答)

〔注〕　(2)　$50\sqrt{6}$ の整数部分については，$n^2 \leqq 15000 < (n+1)^2$ をみたす自然数 n を求める。
(3)　①を用いて $\cos\theta$ を求める。本問では $\cos\theta = 0$ となり $\theta = 90°$ であった（実は三平方の定理 $AH^2 = AB^2 + BH^2$ が成り立っている）が，$\cos\theta = 0$ でなくても，H と道の距離は $BH\sin\theta$ である。

解法 2

(1)　一本の道を x 軸，B を原点とする座標を考え

$$A(-a, 0), B(0, 0), C(2a, 0), H(b, c) \quad (a>0, c>0)$$

とすると

$$2AH^2 - 3BH^2 + CH^2 = 2\{(b+a)^2 + c^2\} - 3(b^2 + c^2) + \{(b-2a)^2 + c^2\}$$
$$= 2b^2 + 4ab + 2a^2 + 2c^2 - 3b^2 - 3c^2 + b^2 - 4ab + 4a^2 + c^2$$
$$= 6a^2$$
$$= 6AB^2$$

よって

$$2AH^2 - 3BH^2 + CH^2 = 6AB^2 \qquad\qquad (証明終)$$

47 2015 年度 文系〔1〕 Level B

s, t を $s < t$ をみたす実数とする。座標平面上の 3 点 A$(1, 2)$, B(s, s^2), C(t, t^2) が一直線上にあるとする。以下の問に答えよ。

(1) s と t の間の関係式を求めよ。

(2) 線分 BC の中点を M(u, v) とする。u と v の間の関係式を求めよ。

(3) s, t が変化するとき，v の最小値と，そのときの u, s, t の値を求めよ。

> **ポイント** (1) 点B，Cを通る直線が点Aを通ることから求める。
> (2) s, t, u, v の関係式から s, t を消去する。
> (3) (2)の結果を用いる。

解 法

(1) $s \neq t$ であるので，直線 BC の方程式は

$$y = \frac{s^2 - t^2}{s - t}(x - s) + s^2$$

すなわち $y = (s + t)x - st$

点 A$(1, 2)$ を通るので，代入して

$2 = s + t - st$

$st + 2 = s + t$ ……(答)

(2) 線分 BC の中点が M(u, v) であるので

$$u = \frac{s + t}{2} \quad \text{……①} \qquad v = \frac{s^2 + t^2}{2} \quad \text{……②}$$

①より $s + t = 2u$ ……③

②より $s^2 + t^2 = 2v$ $(s + t)^2 - 2st = 2v$

③を代入して $4u^2 - 2st = 2v$ $st = 2u^2 - v$ ……④

③，④を(1)の結果に代入して

$2u^2 - v + 2 = 2u$

$v = 2u^2 - 2u + 2$ ……(答)

(3) (2)より $v = 2u^2 - 2u + 2$

$$= 2\left(u - \frac{1}{2}\right)^2 + \frac{3}{2} \geqq \frac{3}{2}$$

$u=\dfrac{1}{2}$ のとき $v=\dfrac{3}{2}$ であり，このとき，③，④より

$$s+t=1, \quad st=-1$$

したがって，s，t は，2次方程式 $x^2-x-1=0$ の解である。

これより $\qquad x=\dfrac{1\pm\sqrt{5}}{2}$

$s<t$ より，$s=\dfrac{1-\sqrt{5}}{2}$，$t=\dfrac{1+\sqrt{5}}{2}$ として，$v=\dfrac{3}{2}$ となる u，s，t が存在する。

ゆえに，v の最小値は $\qquad \dfrac{3}{2}$ ……(答)

そのときの u，s，t の値は $\qquad u=\dfrac{1}{2}$，$s=\dfrac{1-\sqrt{5}}{2}$，$t=\dfrac{1+\sqrt{5}}{2}$ ……(答)

〔注〕 v は u の2次関数である。u のとりうる値の範囲については，$s+t=2u$，$st=s+t-2$ $=2u-2$（(1)より）から，s，t は2次方程式 $x^2-2ux+(2u-2)=0$ の解であり，判別式 $u^2-2u+2=(u-1)^2+1>0$ であることから，u はすべての実数値をとることができる。(3)では，最小となる u，s，t の値を求めることにより確認できるので，u のとりうる値の範囲については触れなくてもよい。

　本問は，内容としては，点 $(1, 2)$ を通る直線と放物線 $y=x^2$ との2つの交点の中点の軌跡を扱っているが，図形的な意味を考えなくても誘導に従っていけば解くことができる。

48 2013年度 文系〔2〕 Level B

a, b, c は実数とし，$a<b$ とする。平面上の相異なる 3 点 A $(a,\ a^2)$，B $(b,\ b^2)$，C $(c,\ c^2)$ が，辺 AB を斜辺とする直角三角形を作っているとする。次の問いに答えよ。

⑴ a を b，c を用いて表せ。

⑵ $b-a\geqq 2$ が成り立つことを示せ。

⑶ 斜辺 AB の長さの最小値と，そのときの A，B，C の座標をそれぞれ求めよ。

> **ポイント** ⑴ AB が斜辺であるので CA⊥CB。このことを a, b, c で表す。
> ⑵ $b-a$ を⑴から b, c のみで表すと，相加平均と相乗平均の関係が利用できる。
> ⑶ AB^2 を a, b で表し，⑵の利用を考える。

解法

⑴ AB が斜辺であるので CA⊥CB である。

C は A，B と異なる点であるので，$c\neq a$, $c\neq b$ で

CA の傾きは $\dfrac{a^2-c^2}{a-c}=a+c$

CB の傾きは $\dfrac{b^2-c^2}{b-c}=b+c$

よって

$$(a+c)(b+c)=-1 \qquad a+c=-\frac{1}{b+c}$$

$$a=-c-\frac{1}{b+c} \quad \cdots\cdots(答)$$

⑵ ⑴より $\quad b-a=b-\left(-c-\dfrac{1}{b+c}\right)=b+c+\dfrac{1}{b+c}$

ここで，$a<b$ より，$a+c<b+c$ であり

これと $(a+c)(b+c)=-1<0$ であることから

$$a+c<0<b+c$$

ゆえに，相加平均と相乗平均の関係から

$$b+c+\frac{1}{b+c}\geqq 2\sqrt{(b+c)\cdot\frac{1}{b+c}}=2$$

等号は $b+c=\dfrac{1}{b+c}$，すなわち $b+c=1$ のとき成立する。

よって　　$b-a \geqq 2$　　　　　　　　　　　　　　　　　　　　　　　（証明終）

(3)　　$\mathrm{AB}^2 = (b-a)^2 + (b^2-a^2)^2 = (b-a)^2 + (b-a)^2(b+a)^2$

$\qquad\qquad = (b-a)^2\{1+(b+a)^2\}$

(2)より，$(b-a)^2 \geqq 4$，また，$(b+a)^2 \geqq 0$ なので

$\qquad (b-a)^2\{1+(b+a)^2\} \geqq 4$

よって　　$\mathrm{AB}^2 \geqq 4$　　　$\mathrm{AB} \geqq 2$

等号成立は，$b-a=2$ かつ $b+a=0$ のときである。

$b-a=2$ となるのは，(2)で等号が成立する場合なので

$\qquad b+c=1$

したがって　　$b-a=2,\ b+a=0,\ b+c=1$

これより　　$a=-1,\ b=1,\ c=0$

ゆえに，AB の長さの最小値は　　2　……（答）

そのときのA，B，Cの座標は　　$\mathrm{A}(-1,\ 1),\ \mathrm{B}(1,\ 1),\ \mathrm{C}(0,\ 0)$　……（答）

49

xy 平面上に相異なる 4 点 A，B，C，D があり，線分 AC と BD は原点 O で交わっている。点 A の座標は $(1, 2)$ で，線分 OA と OD の長さは等しく，四角形 ABCD は円に内接している。$\angle AOD = \theta$ とおき，点 C の x 座標を a，四角形 ABCD の面積を S とする。以下の問に答えよ。

(1) 線分 OC の長さを a を用いた式で表せ。また，線分 OB と OC の長さは等しいことを示せ。

(2) S を a と θ を用いた式で表せ。

(3) $\theta = \dfrac{\pi}{6}$ とし，$20 \leqq S \leqq 40$ とするとき，a のとりうる値の最大値を求めよ。

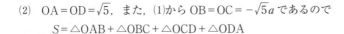 **ポイント** (1) C は直線 OA 上にあるので，C の y 座標も a で表される。a の符号に注意。後半は，方べきの定理や円周角の定理の利用が考えられる。
(2) 四角形で面積を直接求めることができるのは特別なもの（長方形，台形など）に限られるので，三角形に分割して求める。
(3) $a < 0$ に注意して不等式をきちんと解く。

解法 1

(1) 線分 AC 上に原点 O があり，直線 OA の方程式は $y = 2x$ であるので

$$C (a, 2a) \quad (a < 0)$$

よって

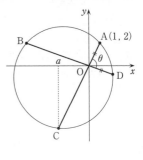

$$OC = \sqrt{a^2 + (2a)^2} = \sqrt{5} \, |a|$$
$$= -\sqrt{5} \, a \quad \cdots\cdots(答)$$

四角形 ABCD は円に内接しているので，方べきの定理より

$$OA \cdot OC = OB \cdot OD$$

仮定より，OA = OD であるので

$$OB = OC \qquad\qquad (証明終)$$

(2) $OA = OD = \sqrt{5}$，また，(1)から $OB = OC = -\sqrt{5} \, a$ であるので

$$S = \triangle OAB + \triangle OBC + \triangle OCD + \triangle ODA$$

$$= \frac{1}{2} \cdot \sqrt{5} \cdot (-\sqrt{5}a) \sin(\pi - \theta) + \frac{1}{2}(-\sqrt{5}a)^2 \sin\theta$$

$$+ \frac{1}{2}(-\sqrt{5}a) \cdot \sqrt{5} \sin(\pi - \theta) + \frac{1}{2}(\sqrt{5})^2 \sin\theta$$

$$= \frac{5}{2}(a-1)^2 \sin\theta \quad \cdots\cdots\text{(答)}$$

(3) $\theta = \dfrac{\pi}{6}$ より $\quad S = \dfrac{5}{2}(a-1)^2 \cdot \dfrac{1}{2} = \dfrac{5}{4}(a-1)^2$

$20 \leqq S \leqq 40$ とすると

$$20 \leqq \frac{5}{4}(a-1)^2 \leqq 40$$

$$16 \leqq (a-1)^2 \leqq 32$$

$a < 0$ より，$a - 1 < 0$ であるので

$$-4\sqrt{2} \leqq a-1 \leqq -4$$

$$1 - 4\sqrt{2} \leqq a \leqq -3$$

ゆえに，a のとりうる値の最大値は $\quad -3 \quad \cdots\cdots\text{(答)}$

解法 2

((1)の後半)

OA = OD より $\quad \angle OAD = \angle ODA$

円周角の定理より $\quad \angle OBC = \angle OAD$

$\qquad\qquad\qquad \angle OCB = \angle ODA$

したがって $\quad \angle OBC = \angle OCB$

ゆえに，△OBC は二等辺三角形であるので

$\quad$ OB = OC $\qquad\qquad$（証明終）

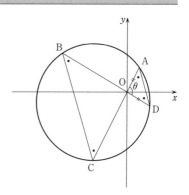

〔注〕 このような問題では，図を描くことが大切である。

　図の描き方としては，まず，座標平面に点 A (1, 2) をとる。

　次に OD = OA となる点を適当なところにとる。このときの∠AOD が θ となる。

　さらに，OD の O の方への延長上に点 B をとる（どこでもよい）。

　こうすれば，△ABD の外接円と直線 OA の A と異なる交点が C となる。

参考 一般に，四角形 ABCD において，対角線 AC，BD のなす角が θ であるとき，四角形 ABCD の面積を S とすると

$$S = \frac{1}{2} \mathrm{AC \cdot BD} \sin \theta$$

［証明］ 対角線 AC，BD の交点を O とすると

$$S = \triangle \mathrm{OAB} + \triangle \mathrm{OBC} + \triangle \mathrm{OCD} + \triangle \mathrm{ODA}$$

$$= \frac{1}{2} \mathrm{OA \cdot OB} \sin \theta + \frac{1}{2} \mathrm{OB \cdot OC} \sin (\pi - \theta)$$

$$+ \frac{1}{2} \mathrm{OC \cdot OD} \sin \theta + \frac{1}{2} \mathrm{OD \cdot OA} \sin (\pi - \theta)$$

$$= \frac{1}{2} (\mathrm{OA \cdot OB} + \mathrm{OB \cdot OC} + \mathrm{OC \cdot OD} + \mathrm{OD \cdot OA}) \sin \theta$$

$$= \frac{1}{2} (\mathrm{OA} + \mathrm{OC}) (\mathrm{OB} + \mathrm{OD}) \sin \theta$$

$$= \frac{1}{2} \mathrm{AC \cdot BD} \sin \theta \qquad \text{（証明終）}$$

(2)でこのことを用いると

$$\mathrm{AC} = \mathrm{OA} + \mathrm{OC} = \sqrt{5} + (-\sqrt{5}\,a) = \sqrt{5}\,(1 - a)$$

$$\mathrm{BD} = \mathrm{AC} = \sqrt{5}\,(1 - a) \quad \text{より}$$

$$S = \frac{1}{2} \{\sqrt{5}\,(1 - a)\}^2 \sin \theta = \frac{5}{2} (a - 1)^2 \sin \theta$$

50 2012年度　文系〔1〕・理系〔1〕 Level C

　座標平面上に 2 点 A $(1, 0)$，B $(-1, 0)$ と直線 l があり，A と l の距離と B と l の距離の和が 1 であるという。以下の問に答えよ。

(1) l は y 軸と平行でないことを示せ。

(2) l が線分 AB と交わるとき，l の傾きを求めよ。

(3) l が線分 AB と交わらないとき，l と原点との距離を求めよ。

> **ポイント** (1)　直線を $x=k$ とおき，A，B からの距離の和を場合に分けて計算する。
> (2)・(3)　直線を $y=mx+n$ とおき，点と直線の距離の公式を用いて，A，B からの距離の和を求める。線分 AB と交わる，交わらないという条件から，絶対値を 1 つにまとめることができる。図形的に求めると〔解法 2〕のようになる。

解法 1

(1)　A と l の距離，B と l の距離をそれぞれ d_A，d_B とおく。
l の方程式を $x=k$ （k は実数）とすると

$$d_A + d_B = |k-1| + |k-(-1)| = |k-1| + |k+1|$$

$$= \begin{cases} -2k & (k < -1) \\ 2 & (-1 \leq k < 1) \\ 2k & (k \geq 1) \end{cases}$$

いずれの場合も $d_A + d_B \geq 2$ であるので，$d_A + d_B = 1$ となることはない。
すなわち，l は y 軸と平行でない。　　　　　　　　　　　　　　　　（証明終）

(2)　l の方程式を $y=mx+n$ （m，n は実数）とおくと，$mx-y+n=0$ より

$$d_A + d_B = \frac{|m+n|}{\sqrt{m^2+1}} + \frac{|-m+n|}{\sqrt{m^2+1}} = \frac{|m+n| + |-m+n|}{\sqrt{m^2+1}}$$

ここで，$f(x) = mx+n$ とおくと，直線 l が線分 AB と交わることから

$$f(1)f(-1) \leq 0 \qquad (m+n)(-m+n) \leq 0 \qquad (m+n)(m-n) \geq 0$$

したがって，$m+n$ と $m-n$ は同符号または一方が 0 なので

$$|m+n| + |-m+n| = |m+n| + |m-n| = |(m+n)+(m-n)| = 2|m|$$

よって　　　$d_A + d_B = \dfrac{2|m|}{\sqrt{m^2+1}}$

$d_A + d_B = 1$ より

$$\frac{2|m|}{\sqrt{m^2+1}}=1 \qquad 2|m|=\sqrt{m^2+1}$$

両辺 0 以上なので平方して

$$4m^2=m^2+1 \qquad m^2=\frac{1}{3}$$

ゆえに，l の傾きは $\quad m=\pm\dfrac{1}{\sqrt{3}}$ ……(答)

(3) (2)と同様に

$$d_A+d_B=\frac{|m+n|+|-m+n|}{\sqrt{m^2+1}}$$

直線 l が線分 AB と交わらないことから

$$f(1)f(-1)>0 \qquad (m+n)(-m+n)>0$$

したがって，$m+n$ と $-m+n$ は同符号なので

$$|m+n|+|-m+n|=|(m+n)+(-m+n)|=2|n|$$

よって $\quad d_A+d_B=\dfrac{2|n|}{\sqrt{m^2+1}}$

$d_A+d_B=1$ より

$$\frac{2|n|}{\sqrt{m^2+1}}=1 \qquad \frac{|n|}{\sqrt{m^2+1}}=\frac{1}{2}$$

ゆえに，l と原点との距離は

$$\frac{|n|}{\sqrt{m^2+1}}=\frac{1}{2} \quad ……(答)$$

解法 2

(2) A，B から l に下ろした垂線の足をそれぞれ P，Q とすると，条件より $\quad$ AP+BQ=1
B を通り l と平行な直線を l'，直線 AP と l' の交点を R とすれば，$\triangle$ABR について

$$AB=2, \quad AR=AP+PR=AP+BQ=1,$$
$$\angle ARB=90°$$

したがって $\quad \angle ABR=30°$

ゆえに，l' の傾き，すなわち l の傾きは

$$\pm\frac{1}{\sqrt{3}} \quad ……(答)$$

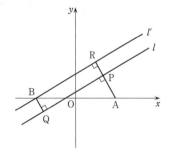

⑶ Oを原点とし，A，B，Oから l に下ろした垂線の足をそれぞれP，Q，Sとする。

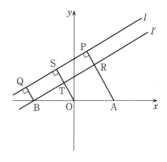

l が x 軸と平行であるとき

OS = AP = BQ で，AP + BQ = 1 より　　OS = $\dfrac{1}{2}$

l が x 軸と平行でないとき

Bを通り l と平行な直線を l'，AP，OSと l' の交点をそれぞれR，Tとすれば，OはABの中点であり，OT∥ARであることから

　　　AR = 2OT

また，PR = ST = BQ であるので

　　　AR = AP − PR = AP − BQ，　OT = OS − ST = OS − BQ

よって　　　AP − BQ = 2 (OS − BQ)

したがって　　　OS = $\dfrac{AP + BQ}{2}$

AP + BQ = 1 であるので　　　OS = $\dfrac{1}{2}$

以上より，l と原点との距離は　　$\dfrac{1}{2}$　……(答)

51

a を正の実数とし，双曲線 $\dfrac{x^2}{4} - \dfrac{y^2}{4} = 1$ と直線 $y = \sqrt{a}\,x + \sqrt{a}$ が異なる2点 P，Q で交わっているとする。線分 PQ の中点を R$(s,\ t)$ とする。以下の問に答えよ。

⑴　a のとりうる値の範囲を求めよ。

⑵　$s,\ t$ の値を a を用いて表せ。

⑶　a が⑴で求めた範囲を動くときに s のとりうる値の範囲を求めよ。

⑷　t の値を s を用いて表せ。

ポイント　⑴　双曲線と直線の方程式から y を消去してできる x の2次方程式が，異なる2つの実数解をもつ条件を求める。
⑵　⑴で得られた2次方程式の解と係数の関係を用いる。
⑶　s は a の分数関数であるので，グラフを利用する。
⑷　⑵の結果から a を消去する。

解　法

⑴　$\dfrac{x^2}{4} - \dfrac{y^2}{4} = 1$ より　　$x^2 - y^2 = 4$

$y = \sqrt{a}\,x + \sqrt{a}$ を代入すると

$$x^2 - (\sqrt{a}\,x + \sqrt{a})^2 = 4$$

$$(1-a)x^2 - 2ax - a - 4 = 0 \quad \cdots\cdots ①$$

$a = 1$ のとき

$$-2x - 5 = 0 \qquad x = -\frac{5}{2}$$

①の実数解が1つなので不適。

$0 < a < 1,\ 1 < a$ のとき

①の判別式を D とすると，異なる2つの実数解をもつので　　$D > 0$

よって

$$\frac{D}{4} = (-a)^2 - (1-a)(-a-4) > 0 \qquad -3a + 4 > 0 \qquad a < \frac{4}{3}$$

したがって　　$0 < a < 1,\ 1 < a < \dfrac{4}{3}$　　$\cdots\cdots$(答)

(2)　①の2つの実数解を α, β とおくと

$$P(\alpha, \sqrt{a}\alpha+\sqrt{a}),\ Q(\beta, \sqrt{a}\beta+\sqrt{a})$$

であるので

$$s=\frac{\alpha+\beta}{2},\ t=\frac{(\sqrt{a}\alpha+\sqrt{a})+(\sqrt{a}\beta+\sqrt{a})}{2}=\sqrt{a}\cdot\frac{\alpha+\beta}{2}+\sqrt{a}$$

(1)より $a\neq1$ であり，①の解と係数の関係より

$$\alpha+\beta=\frac{2a}{1-a}$$

よって

$$\left.\begin{array}{l} s=\dfrac{a}{1-a}\\[3mm] t=\sqrt{a}\cdot\dfrac{a}{1-a}+\sqrt{a}=\dfrac{\sqrt{a}}{1-a} \end{array}\right\}\quad\cdots\cdots\text{(答)}$$

(3)　$s=\dfrac{a}{1-a}=\dfrac{-1}{a-1}-1$ より，グラフは右図のようにな

るので，$0<a<1$, $1<a<\dfrac{4}{3}$ より

$$s<-4,\ 0<s\ \cdots\cdots\text{(答)}$$

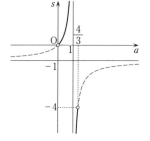

(4)　$s=\dfrac{a}{1-a}$ より　$s-sa=a$　$(s+1)a=s$

$s+1\neq0$ より　$a=\dfrac{s}{s+1}$

よって　$t=\dfrac{\sqrt{a}}{1-a}=\dfrac{\sqrt{\dfrac{s}{s+1}}}{1-\dfrac{s}{s+1}}=(s+1)\sqrt{\dfrac{s}{s+1}}$

$s>0$ のとき，$s+1=\sqrt{(s+1)^2}$ であるので

$$(s+1)\sqrt{\frac{s}{s+1}}=\sqrt{(s+1)^2}\sqrt{\frac{s}{s+1}}=\sqrt{\frac{(s+1)^2s}{s+1}}=\sqrt{s^2+s}$$

$s<-4$ のとき，$s+1=-\sqrt{(s+1)^2}$ であるので

$$(s+1)\sqrt{\frac{s}{s+1}}=-\sqrt{(s+1)^2}\sqrt{\frac{s}{s+1}}=-\sqrt{\frac{(s+1)^2s}{s+1}}=-\sqrt{s^2+s}$$

したがって　$t=\begin{cases}\sqrt{s^2+s} & (s>0)\\ -\sqrt{s^2+s} & (s<-4)\end{cases}\quad\cdots\cdots\text{(答)}$

52

2021 年度　理系〔4〕　　　　　　　　　　　　**Level B**

m を実数とする。座標平面上の放物線 $y=x^2$ と直線 $y=mx+1$ の共有点をA，Bとし，原点をOとする。以下の問に答えよ。

(1)　$\angle\mathrm{AOB}=\dfrac{\pi}{2}$ が成り立つことを示せ。

(2)　3点A，B，Oを通る円の方程式を求めよ。

(3)　放物線 $y=x^2$ と(2)の円がA，B，O以外の共有点をもたないような m の値をすべて求めよ。

> **ポイント**　(1)　放物線と直線の方程式から y を消去してできる x の2次方程式の2つの解がA，Bの x 座標であるので，解と係数の関係を利用する。
> (2)　(1)より，求める円はA，Bを直径の両端とする円である。
> (3)　放物線と円の方程式から y を消去してできる x の4次方程式の解のうちの3つはO，A，Bの x 座標であるので，もう1つの解を求める。

解　法

(1)　$y=x^2$ と $y=mx+1$ より y を消去すると

$$x^2=mx+1$$
$$x^2-mx-1=0　\cdots\cdots①$$

①の判別式を D とすると　　$D=m^2+4>0$

よって，①は異なる2つの実数解をもつので，それらを α，β $(\alpha<\beta)$ とし，A$(\alpha,\ \alpha^2)$，B$(\beta,\ \beta^2)$ とする。

①において，解と係数の関係より

$$\alpha+\beta=m,\ \ \alpha\beta=-1　\cdots\cdots②$$

$\alpha\neq0$，$\beta\neq0$ であり，OA，OBの傾きの積は

$$\frac{\alpha^2}{\alpha}\cdot\frac{\beta^2}{\beta}=\alpha\beta=-1$$

よって，$\angle\mathrm{AOB}=\dfrac{\pi}{2}$ である。　　　　　　　　　　（証明終）

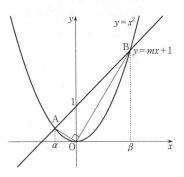

(2)　(1)より，3点A，B，Oを通る円の中心は ABの中点である。

したがって，中心の x 座標は，②より　　$\dfrac{\alpha+\beta}{2}=\dfrac{m}{2}$

中心は直線 $y=mx+1$ 上にあるので，中心の y 座標は

$$m\cdot\dfrac{m}{2}+1=\dfrac{m^2+2}{2}$$

よって，中心の座標は　　$\left(\dfrac{m}{2},\ \dfrac{m^2+2}{2}\right)$

円が O を通ることより半径は $\sqrt{\left(\dfrac{m}{2}\right)^2+\left(\dfrac{m^2+2}{2}\right)^2}$ であるから，求める円の方程式は

$$\left(x-\dfrac{m}{2}\right)^2+\left(y-\dfrac{m^2+2}{2}\right)^2=\left(\dfrac{m}{2}\right)^2+\left(\dfrac{m^2+2}{2}\right)^2$$

すなわち　　$x^2+y^2-mx-(m^2+2)y=0$　……(答)

(3)　$y=x^2$ を $x^2+y^2-mx-(m^2+2)y=0$ に代入すると

$$x^2+x^4-mx-(m^2+2)x^2=0$$
$$x^4-(m^2+1)x^2-mx=0$$
$$x(x^2-mx-1)(x+m)=0$$
$$x=0,\ \alpha,\ \beta,\ -m$$

よって，A，B，O 以外に共有点をもたないのは，

$-m=0$ または，$-m$ が $x^2-mx-1=0$ の解であるときである。

$-m$ が $x^2-mx-1=0$ の解であるとき

$$(-m)^2-m\cdot(-m)-1=0$$
$$m^2=\dfrac{1}{2}\qquad m=\pm\dfrac{1}{\sqrt{2}}$$

ゆえに　　$m=0,\ \pm\dfrac{1}{\sqrt{2}}$　……(答)

〔注〕 (3) y を消去してできる 4 次方程式 $x^4-(m^2+1)x^2-mx=0$ は 0，α,β を解にもつので，左辺は $x(x-\alpha)(x-\beta)=x(x^2-mx-1)$ を因数にもつ。このことを利用して左辺を因数分解すればよい。

53

p, r を $-r<p<r$ をみたす実数とする。4点 P(p, p^2), Q(r, p^2), R(r, r^2), S(p, r^2) に対し，線分 PR の長さは1であるとする。このとき，長方形 PQRS の面積の最大値と，そのときのP，Rの x 座標をそれぞれ求めよ。

ポイント　条件（線分 PR の長さは1），長方形の面積をそれぞれ，p, r で表してみると，条件は，「和が一定」の形であり，面積の最大値は「積の最大値」の形であるので，相加平均と相乗平均の関係を利用することが考えられる。また，〔解法2〕のように面積を $r+p$ で表し，$x=r+p$ とおいて微分してもよい。

解法 1

PR の長さが1であるので
$$\mathrm{PR}^2 = (r-p)^2 + (r^2-p^2)^2 = 1 \quad \cdots\cdots①$$
長方形 PQRS の面積を T とすると，$-r<p<r$ より，PQ$=r-p$，QR$=r^2-p^2$ なので
$$T = (r-p)(r^2-p^2) \quad \cdots\cdots②$$
$(r-p)^2>0$，$(r^2-p^2)^2>0$ であるので，相加平均と相乗平均の関係から
$$(r-p)^2 + (r^2-p^2)^2 \geqq 2\sqrt{(r-p)^2(r^2-p^2)^2} \quad \cdots\cdots③$$
$$= 2(r-p)(r^2-p^2) \quad (r-p>0,\ r^2-p^2>0)$$
よって，①，②から　　$1 \geqq 2T$　　$T \leqq \dfrac{1}{2}$

③で等号が成立するのは　　　$(r-p)^2 = (r^2-p^2)^2$

また，①より　　　$(r-p)^2 = (r^2-p^2)^2 = \dfrac{1}{2}$

$r-p>0$ なので，$(r-p)^2 = \dfrac{1}{2}$ より　　　$r-p = \dfrac{\sqrt{2}}{2}$　　$\cdots\cdots④$

$r-p>0$，$r^2-p^2>0$ なので，$(r-p)^2 = (r^2-p^2)^2$ より
$$r-p = r^2-p^2$$
$$r-p = (r-p)(r+p)$$
$$r+p = 1 \quad \cdots\cdots⑤$$
④，⑤より　　　$p = \dfrac{2-\sqrt{2}}{4}$，$r = \dfrac{2+\sqrt{2}}{4}$

以上より，長方形 PQRS の面積の最大値は　　　$\dfrac{1}{2}$　　$\cdots\cdots$(答)

そのときのP，Rの x 座標はそれぞれ　　　$\dfrac{2-\sqrt{2}}{4}$，$\dfrac{2+\sqrt{2}}{4}$　　$\cdots\cdots$(答)

参考 対角線の長さが1である長方形の隣り合う2辺の長さを x, y, 面積を S とすると

$$x^2+y^2=1, \quad x>0, \quad y>0, \quad S=xy$$

であり，相加平均と相乗平均の大小関係から

$$1=x^2+y^2 \geqq 2\sqrt{x^2y^2}=2xy \quad (x>0, \; y>0)$$

したがって $\quad S=xy \leqq \dfrac{1}{2}$

等号成立は $\quad x=y=\dfrac{1}{\sqrt{2}} \quad$ （正方形の場合）

したがって，$r-p=r^2-p^2=\dfrac{1}{\sqrt{2}}$ となる r, p が存在することを示すのと同じである。

解法 2

$\mathrm{PR}=1$ より $\quad \mathrm{PR}^2=(r-p)^2+(r^2-p^2)^2=1$

よって $\quad (r-p)^2\{1+(r+p)^2\}=1 \quad$ ……①′

長方形 PQRS の面積を T とすると $\quad T=(r-p)(r^2-p^2)$

よって $\quad (r-p)^2(r+p)=T \quad$ ……②′

①′，②′ より $\quad T=\dfrac{r+p}{1+(r+p)^2}$

ここで，$x=r+p$ とおくと $\quad x>0$

$$T=\dfrac{x}{1+x^2}$$

$$\dfrac{dT}{dx}=\dfrac{1+x^2-x\cdot 2x}{(1+x^2)^2}=\dfrac{(1+x)(1-x)}{(1+x^2)^2}$$

増減表より，$x=1$ のとき T は最大値 $\dfrac{1}{2}$ をとる。

……(答)

x	0	$\cdots$	1	$\cdots$
$\dfrac{dT}{dx}$		+	0	−
T		↗	$\dfrac{1}{2}$	↘

このとき，$r+p=1$ と①′ より $\quad r-p=\dfrac{\sqrt{2}}{2} \quad$（$r-p>0$ による）

この2式より $\quad p=\dfrac{2-\sqrt{2}}{4}, \; r=\dfrac{2+\sqrt{2}}{4} \quad$ ……(答)

54

2011 年度　理系〔2〕　　　　　　　　　　　　　　　　　　　　Level C

以下の問に答えよ。

(1) t を正の実数とするとき，$|x|+|y|=t$ の表す xy 平面上の図形を図示せよ。

(2) a を $a \geqq 0$ をみたす実数とする。x, y が連立不等式

$$\begin{cases} ax+(2-a)\,y \geqq 2 \\ y \geqq 0 \end{cases}$$

をみたすとき，$|x|+|y|$ のとりうる値の最小値 m を，a を用いた式で表せ。

(3) a が $a \geqq 0$ の範囲を動くとき，(2)で求めた m の最大値を求めよ。

ポイント　(1) 場合分けをして絶対値をはずしてもよいが，対称性に着目するとよい。
(2) 連立不等式の表す領域と，(1)の図形が共有点をもつような t の範囲を考える。a について，場合分けが必要となる。境界となっている直線 $ax+(2-a)\,y=2$ の特徴を考えてみよう。
(3) m は a の関数であるので，グラフを描いて最大となるところを求めればよい。

解法

(1) 　$|x|+|y|=t$　$(t>0)$　……①
点 $(x,\ y)$ が①を満たすとき，$(x,\ -y)$，$(-x,\ y)$ も①
を満たすので，①の表す図形は x 軸，y 軸に関して対称である。
$x \geqq 0$, $y \geqq 0$ のとき，$x+y=t$ であるので，$|x|+|y|=t$ の表す図形は右のようになる。

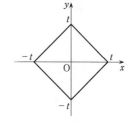

(2) 　連立不等式 $\begin{cases} ax+(2-a)\,y \geqq 2 \\ y \geqq 0 \end{cases}$ の表す領域を D とする。

$|x|+|y|=t$ とおくと，D と(1)の図形が共有点をもつような t の値の範囲が $|x|+|y|$ のとりうる値の範囲となる。
不等式 $ax+(2-a)\,y \geqq 2$ は，直線 $ax+(2-a)\,y=2$ に関して，原点を含まない側の領域を表す。
また，直線 $ax+(2-a)\,y=2$ は $a(x-y)+2(y-1)=0$ と変形できるので，つねに定点
$(1,\ 1)$ を通り，$a=0$ のとき直線 $y=1$，$a=2$ のとき直線 $x=1$，$a \neq 0$, 2 のとき 2 点
$\left(\dfrac{2}{a},\ 0 \right)$, $\left(0,\ \dfrac{2}{2-a} \right)$ を通る。

以上より,(1)の図形を E とすると

(i) $a=0$ のとき

領域 D は図(i)の斜線部(境界を含む,以下同様)のようになるので,図形 E が $(0, 1)$ を通るとき,t は最小で $m=1$

(ii) $0<a\leqq1$ のとき

$0<\dfrac{2}{2-a}\leqq\dfrac{2}{a}$ であるので,領域 D は図(ii)のようになり,図形 E が $\left(0, \dfrac{2}{2-a}\right)$ を通るとき,t は最小で $m=\dfrac{2}{2-a}$

(iii) $1<a<2$ のとき

$\dfrac{2}{a}<\dfrac{2}{2-a}$ であるので,領域 D は図(iii)のようになり,図形 E が $\left(\dfrac{2}{a}, 0\right)$ を通るとき,t は最小で $m=\dfrac{2}{a}$

(iv) $a=2$ のとき

領域 D は図(iv)のようになるので,図形 E が $(1, 0)$ を通るとき,t は最小で $m=1$

(v) $a>2$ のとき

$\dfrac{2}{2-a}<0<\dfrac{2}{a}$ であるので,領域 D は図(v)のようになり,図形 E が $\left(\dfrac{2}{a}, 0\right)$ を通るとき,t は最小で $m=\dfrac{2}{a}$

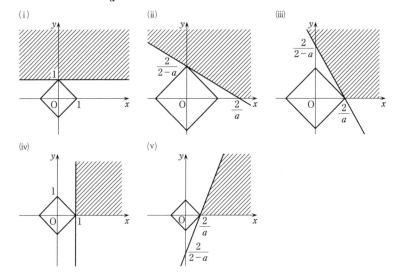

(i)〜(v)より

$$m = \begin{cases} \dfrac{2}{2-a} & (0 \leqq a \leqq 1) \\[2mm] \dfrac{2}{a} & (1 < a) \end{cases} \quad \cdots\cdots(答)$$

(3) (2)より $a \geqq 0$ における m のグラフは右のように
なるので，m の最大値は

2 $(a = 1)$ ……(答)

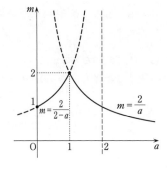

55 2008年度 理系〔2〕 Level B

xy 平面上に 3 点 A $(1, 0)$，B $(-1, 0)$，C $(0, \sqrt{3})$ をとる。このとき，次の間に答えよ。

⑴　A，Bの2点を中心とする同じ半径 r の2つの円が接する。このような r の値を求めよ。

⑵　⑴で求めた r の値について，Cを中心とする半径 r の円が，A，Bの2点を中心とする半径 r の2つの円のどちらとも接することを示せ。

⑶　A，B，Cの3点を中心とする同じ半径 s の3つの円が直線 l に接する。このような s の値と直線 l の方程式をすべて求めよ。

> **ポイント** ⑴・⑵　2つの円が接するための条件は，2つの円の半径をそれぞれ r_1, r_2,
> 中心間の距離を d とすると
> $$d = r_1 + r_2 \quad (外接) \qquad d = |r_1 - r_2| \quad (内接)$$
> である。本問では，半径が等しい場合であるので，外接のみを考えればよい。
> ⑶　円と直線が接するための条件は，円の中心と直線の距離が半径と等しいことである。
> 直線 l の方程式を $ax + by + c = 0$ $(a \neq 0$ または $b \neq 0)$ とおき，点と直線の距離の公式を
> 用いる。

解 法

⑴　中心間の距離 AB $= 2$ であるので，2円が接するとき
$$2 = r + r \qquad r = 1 \quad \cdots\cdots(答)$$

⑵　AC $= \sqrt{1^2 + (\sqrt{3})^2} = 2$, BC $= 2$ であるので，$r = 1$ のとき，AC $= 2r$, BC $= 2r$ が成り立つ。
ゆえに，Cを中心とする半径1の円は，A，Bを中心とする半径1の2つの円のどちらとも接する。　　　　　　　　　　　　　　　　　　　　　　　　　　(証明終)

⑶　l の方程式を $ax + by + c = 0$ $(a \neq 0$ または $b \neq 0)$ とおくと，A，B，Cの3点を中心とする半径 s の円が l に接するので，3点A，B，Cと l の距離はすべて s に等しい。

よって　　$\dfrac{|a+c|}{\sqrt{a^2+b^2}} = \dfrac{|-a+c|}{\sqrt{a^2+b^2}} = \dfrac{|\sqrt{3}b+c|}{\sqrt{a^2+b^2}} = s$

したがって $\quad |a+c|=|-a+c|=|\sqrt{3}\,b+c|$

$|a+c|=|-a+c|$ より

$\qquad (a+c)^2=(-a+c)^2$

$\qquad ac=0$

よって $\quad a=0$ または $c=0$

(ⅰ) $a=0$ のとき

$b\neq0$ で，$|-a+c|=|\sqrt{3}\,b+c|$ より

$\qquad |c|=|\sqrt{3}\,b+c|$

$\qquad c=\pm(\sqrt{3}\,b+c)$

$c=\sqrt{3}\,b+c$ のとき，$b=0$ となり不適。

$c=-(\sqrt{3}\,b+c)$ のとき $\quad c=-\dfrac{\sqrt{3}}{2}b$

したがって，l の方程式は $\quad by-\dfrac{\sqrt{3}}{2}b=0$

$b\neq0$ であるので $\quad y=\dfrac{\sqrt{3}}{2}$

このとき $\quad s=\dfrac{\sqrt{3}}{2}$

(ⅱ) $c=0$ のとき

$|-a+c|=|\sqrt{3}\,b+c|$ より

$\qquad |a|=\sqrt{3}\,|b| \qquad a=\pm\sqrt{3}\,b$

したがって，l の方程式は $\quad \pm\sqrt{3}\,bx+by=0$

$b\neq0$ であるので $\quad \pm\sqrt{3}\,x+y=0 \qquad y=\pm\sqrt{3}\,x$

このとき $\quad s=\dfrac{\sqrt{3}}{\sqrt{(\sqrt{3})^2+1^2}}=\dfrac{\sqrt{3}}{2}$

以上より

$$\left.\begin{array}{l} s=\dfrac{\sqrt{3}}{2} \\[2mm] l \text{ の方程式は} \quad y=\dfrac{\sqrt{3}}{2},\ y=\pm\sqrt{3}\,x \end{array}\right\}\quad \cdots\cdots\text{(答)}$$

〔注〕 円と円，または，円と直線が接する場合，2 つの方程式から y を消去してできる x の 2 次方程式について，（判別式）$=0$ として求めることもできるが，計算が繁雑になる 場合が多い。「距離」に着目する方がよいだろう。

(3)で，l の方程式を $ax+by+c=0$ とおいたが，この場合，a, b, c の値はただ 1 通りに は定まらない（比のみが定まる）。本問の場合，x 軸に垂直な直線は題意を満たさないの で，l の方程式を $y=mx+n$ とおき，$mx-y+n=0$ として同様にして解けば，m, n の値 が定まる。

§5 ベクトル

56 2010年度　文系〔2〕　　　　　　　　　　　　　　Level B

空間内に4点O，A，B，Cがあり，

$$OA=3,\ OB=OC=4,\ \angle BOC=\angle COA=\angle AOB=\frac{\pi}{3}$$

であるとする。3点A，B，Cを通る平面に垂線OHをおろす。このとき，以下の問に答えよ。

(1) $\vec{a}=\overrightarrow{OA}$，$\vec{b}=\overrightarrow{OB}$，$\vec{c}=\overrightarrow{OC}$ とし，$\overrightarrow{OH}=r\vec{a}+s\vec{b}+t\vec{c}$ と表すとき，r，s，t を求めよ。

(2) 直線CHと直線ABの交点をDとするとき，長さの比 CH：HD，AD：DB をそれぞれ求めよ。

ポイント (1) 与えられた条件から，内積 $\vec{a}\cdot\vec{b}$，$\vec{b}\cdot\vec{c}$，$\vec{c}\cdot\vec{a}$ の値が得られるので，平面ABC上の平行でない2つのベクトル $\overrightarrow{AB}$，$\overrightarrow{AC}$ に対して，$\overrightarrow{OH}\perp\overrightarrow{AB}$，$\overrightarrow{OH}\perp\overrightarrow{AC}$ を内積で表せばよい。また，「Hが平面ABC上にある」$\Longleftrightarrow r+s+t=1$ である。

(2) CH：HD$=u$：$1-u$，AD：DB$=v$：$1-v$ とおき，$\overrightarrow{OH}$ を u，v，$\vec{a}$，$\vec{b}$，$\vec{c}$ で表し，(1)の結果と合わせて，u，v の値を求めればよい。また，〔**解法2**〕のように(1)で求めたものを変形し，内分点の公式に帰着させて求めることもできる。

解法1

(1) 条件より，$|\vec{a}|=3$，$|\vec{b}|=|\vec{c}|=4$ なので

$$\begin{cases} \vec{a}\cdot\vec{b}=|\vec{a}||\vec{b}|\cos\angle AOB=3\cdot4\cos\dfrac{\pi}{3}=6 \\[2mm] \vec{b}\cdot\vec{c}=|\vec{b}||\vec{c}|\cos\angle BOC=4\cdot4\cos\dfrac{\pi}{3}=8 \\[2mm] \vec{c}\cdot\vec{a}=|\vec{c}||\vec{a}|\cos\angle COA=4\cdot3\cos\dfrac{\pi}{3}=6 \end{cases}$$

OH は平面ABC に垂直であるので　　$\overrightarrow{OH}\perp\overrightarrow{AB}$，$\overrightarrow{OH}\perp\overrightarrow{AC}$

したがって　　$\overrightarrow{OH}\cdot\overrightarrow{AB}=0$，$\overrightarrow{OH}\cdot\overrightarrow{AC}=0$

$\overrightarrow{OH}\cdot\overrightarrow{AB}=0$ より

$$(r\vec{a}+s\vec{b}+t\vec{c})\cdot(\vec{b}-\vec{a})=0$$

$$r\vec{a}\cdot\vec{b}+s|\vec{b}|^2+t\vec{b}\cdot\vec{c}-r|\vec{a}|^2-s\vec{a}\cdot\vec{b}-t\vec{c}\cdot\vec{a}=0$$

$$6r + 16s + 8t - 9r - 6s - 6t = 0$$

$$-3r + 10s + 2t = 0 \quad \cdots\cdots ①$$

$\overrightarrow{OH} \cdot \overrightarrow{AC} = 0$ より

$$(r\vec{a} + s\vec{b} + t\vec{c}) \cdot (\vec{c} - \vec{a}) = 0$$

$$r\vec{c} \cdot \vec{a} + s\vec{b} \cdot \vec{c} + t|\vec{c}|^2 - r|\vec{a}|^2 - s\vec{a} \cdot \vec{b} - t\vec{c} \cdot \vec{a} = 0$$

$$6r + 8s + 16t - 9r - 6s - 6t = 0$$

$$-3r + 2s + 10t = 0 \quad \cdots\cdots ②$$

また，Hは平面 ABC 上にあるので $r + s + t = 1 \quad \cdots\cdots ③$

①，②，③を解いて $r = \dfrac{2}{3}, \ s = \dfrac{1}{6}, \ t = \dfrac{1}{6} \quad \cdots\cdots$（答）

(2) CH：HD $= u : 1 - u$，AD：DB $= v : 1 - v$ $(u, \ v$ は実数) とおくと

$$\overrightarrow{OH} = (1 - u)\overrightarrow{OC} + u\overrightarrow{OD}$$

$$\overrightarrow{OD} = (1 - v)\overrightarrow{OA} + v\overrightarrow{OB}$$

したがって

$$\overrightarrow{OH} = (1 - u)\vec{c} + u\{(1 - v)\vec{a} + v\vec{b}\} = u(1 - v)\vec{a} + uv\vec{b} + (1 - u)\vec{c}$$

O，A，B，C は同一平面上にないので，(1)の結果より

$$u(1 - v) = \frac{2}{3} \quad \cdots\cdots ④, \quad uv = \frac{1}{6} \quad \cdots\cdots ⑤, \quad 1 - u = \frac{1}{6} \quad \cdots\cdots ⑥$$

⑤，⑥より $u = \dfrac{5}{6}, \ v = \dfrac{1}{5}$

これは④を満たす。よって

$$\text{CH} : \text{HD} = \frac{5}{6} : 1 - \frac{5}{6} = 5 : 1, \quad \text{AD} : \text{DB} = \frac{1}{5} : 1 - \frac{1}{5} = 1 : 4 \quad \cdots\cdots（答）$$

解法 2

(2) (1)より

$$\overrightarrow{OH} = \frac{2}{3}\vec{a} + \frac{1}{6}\vec{b} + \frac{1}{6}\vec{c} = \frac{1}{6}(4\vec{a} + \vec{b} + \vec{c}) = \frac{\vec{c} + 5 \cdot \dfrac{4\vec{a} + \vec{b}}{5}}{6}$$

ここで，$\dfrac{4\vec{a} + \vec{b}}{5} = \dfrac{4\overrightarrow{OA} + \overrightarrow{OB}}{5} = \overrightarrow{OD}$ とすると $\overrightarrow{OH} = \dfrac{\overrightarrow{OC} + 5\overrightarrow{OD}}{6}$

これは，AB を 1：4 に内分する点がDであり，H は CD を 5：1 に内分する点であることを示している。

よって CH：HD $= 5 : 1$，AD：DB $= 1 : 4 \quad \cdots\cdots$（答）

57

以下の問に答えよ。

(1) xy 平面において，O $(0, 0)$，A$\left(\dfrac{1}{\sqrt{2}}, \dfrac{1}{\sqrt{2}}\right)$ とする。このとき，

$$(\overrightarrow{\mathrm{OP}}\cdot\overrightarrow{\mathrm{OA}})^2 + |\overrightarrow{\mathrm{OP}} - (\overrightarrow{\mathrm{OP}}\cdot\overrightarrow{\mathrm{OA}})\,\overrightarrow{\mathrm{OA}}|^2 \leqq 1$$

をみたす点 P 全体のなす図形の面積を求めよ。

(2) xyz 空間において，O $(0, 0, 0)$，A$\left(\dfrac{1}{\sqrt{3}}, \dfrac{1}{\sqrt{3}}, \dfrac{1}{\sqrt{3}}\right)$ とする。このとき，

$$(\overrightarrow{\mathrm{OP}}\cdot\overrightarrow{\mathrm{OA}})^2 + |\overrightarrow{\mathrm{OP}} - (\overrightarrow{\mathrm{OP}}\cdot\overrightarrow{\mathrm{OA}})\,\overrightarrow{\mathrm{OA}}|^2 \leqq 1$$

をみたす点 P 全体のなす図形の体積を求めよ。

ポイント (1)・(2)とも，左辺を公式 $|\vec{a}-\vec{b}|^2 = |\vec{a}|^2 - 2\vec{a}\cdot\vec{b} + |\vec{b}|^2$ を用いて変形する。その際，内積 $\overrightarrow{\mathrm{OP}}\cdot\overrightarrow{\mathrm{OA}}$ は実数であるので，$|(\overrightarrow{\mathrm{OP}}\cdot\overrightarrow{\mathrm{OA}})\,\overrightarrow{\mathrm{OA}}|^2 = (\overrightarrow{\mathrm{OP}}\cdot\overrightarrow{\mathrm{OA}})^2|\overrightarrow{\mathrm{OA}}|^2$ となることに注意する。〔解法2〕のように，(1)で P (x, y)，(2)で P (x, y, z) とおき，成分を計算してもよい。

解法 1

(1) $\qquad (\overrightarrow{\mathrm{OP}}\cdot\overrightarrow{\mathrm{OA}})^2 + |\overrightarrow{\mathrm{OP}} - (\overrightarrow{\mathrm{OP}}\cdot\overrightarrow{\mathrm{OA}})\,\overrightarrow{\mathrm{OA}}|^2 \leqq 1 \quad \cdots\cdots①$

$\qquad (左辺) = (\overrightarrow{\mathrm{OP}}\cdot\overrightarrow{\mathrm{OA}})^2 + |\overrightarrow{\mathrm{OP}}|^2 - 2(\overrightarrow{\mathrm{OP}}\cdot\overrightarrow{\mathrm{OA}})(\overrightarrow{\mathrm{OP}}\cdot\overrightarrow{\mathrm{OA}}) + (\overrightarrow{\mathrm{OP}}\cdot\overrightarrow{\mathrm{OA}})^2|\overrightarrow{\mathrm{OA}}|^2$

$\qquad\qquad = |\overrightarrow{\mathrm{OP}}|^2 + (|\overrightarrow{\mathrm{OA}}|^2 - 1)(\overrightarrow{\mathrm{OP}}\cdot\overrightarrow{\mathrm{OA}})^2$

ここで，$|\overrightarrow{\mathrm{OA}}| = \sqrt{\left(\dfrac{1}{\sqrt{2}}\right)^2 + \left(\dfrac{1}{\sqrt{2}}\right)^2} = 1$ であるから，①は次のようになる。

$\qquad |\overrightarrow{\mathrm{OP}}|^2 \leqq 1$

$|\overrightarrow{\mathrm{OP}}| \geqq 0$ であるから　　$|\overrightarrow{\mathrm{OP}}| \leqq 1 \quad \cdots\cdots②$

②をみたす点 P 全体のなす図形は原点を中心とする半径1の円の周および内部であり，その面積は　　π ……(答)

(2) $\qquad (\overrightarrow{\mathrm{OP}}\cdot\overrightarrow{\mathrm{OA}})^2 + |\overrightarrow{\mathrm{OP}} - (\overrightarrow{\mathrm{OP}}\cdot\overrightarrow{\mathrm{OA}})\,\overrightarrow{\mathrm{OA}}|^2 \leqq 1 \quad \cdots\cdots③$

$\qquad |\overrightarrow{\mathrm{OA}}| = \sqrt{\left(\dfrac{1}{\sqrt{3}}\right)^2 + \left(\dfrac{1}{\sqrt{3}}\right)^2 + \left(\dfrac{1}{\sqrt{3}}\right)^2} = 1$

であるから，(1)と同様に，③は次のようになる。

$\qquad |\overrightarrow{\mathrm{OP}}| \leqq 1 \quad \cdots\cdots④$

④をみたす点P全体のなす図形は原点を中心とする半径1の球の表面および内部であり，その体積は　$\dfrac{4\pi}{3}$　……(答)

解法 2

(1)　$(\overrightarrow{OP}\cdot\overrightarrow{OA})^2+|\overrightarrow{OP}-(\overrightarrow{OP}\cdot\overrightarrow{OA})\overrightarrow{OA}|^2\leqq1$　……①′

点Pの座標を $P(x,\ y)$ とする。

点O，Aの座標は，それぞれ $O(0,\ 0)$，$A\left(\dfrac{1}{\sqrt{2}},\ \dfrac{1}{\sqrt{2}}\right)$ であるから

$$\overrightarrow{OP}=(x,\ y),\quad \overrightarrow{OA}=\left(\dfrac{1}{\sqrt{2}},\ \dfrac{1}{\sqrt{2}}\right)$$

$$(①′の左辺)=\left(\dfrac{x+y}{\sqrt{2}}\right)^2+\left(x-\dfrac{x+y}{2}\right)^2+\left(y-\dfrac{x+y}{2}\right)^2$$

$$=\dfrac{1}{4}\{2(x+y)^2+(x-y)^2+(y-x)^2\}=x^2+y^2$$

よって，①′は次のようになる。

$$x^2+y^2\leqq1\quad……②′$$

②′をみたす点P全体のなす図形は原点を中心とする半径1の円の周および内部であり，その面積は　π　……(答)

(2)　$(\overrightarrow{OP}\cdot\overrightarrow{OA})^2+|\overrightarrow{OP}-(\overrightarrow{OP}\cdot\overrightarrow{OA})\overrightarrow{OA}|^2\leqq1$　……③′

点Pの座標を $P(x,\ y,\ z)$ とする。

点O，Aの座標は，それぞれ $O(0,\ 0,\ 0)$，$A\left(\dfrac{1}{\sqrt{3}},\ \dfrac{1}{\sqrt{3}},\ \dfrac{1}{\sqrt{3}}\right)$ であるから

$$\overrightarrow{OP}=(x,\ y,\ z),\quad \overrightarrow{OA}=\left(\dfrac{1}{\sqrt{3}},\ \dfrac{1}{\sqrt{3}},\ \dfrac{1}{\sqrt{3}}\right)$$

$$(③′の左辺)=\left(\dfrac{x+y+z}{\sqrt{3}}\right)^2+\left(x-\dfrac{x+y+z}{3}\right)^2+\left(y-\dfrac{x+y+z}{3}\right)^2+\left(z-\dfrac{x+y+z}{3}\right)^2$$

$$=\dfrac{1}{9}\{3(x+y+z)^2+(2x-y-z)^2+(2y-z-x)^2+(2z-x-y)^2\}$$

$$=x^2+y^2+z^2$$

よって，③′は次のようになる。

$$x^2+y^2+z^2\leqq1\quad……④′$$

④′をみたす点P全体のなす図形は原点を中心とする半径1の球の表面および内部であり，その体積は　$\dfrac{4\pi}{3}$　……(答)

58 2019年度　文系〔3〕・理系〔2〕　　　　　　　Level　B

$|\overrightarrow{AB}|=2$ をみたす△PAB を考え，辺 AB の中点をM，△PAB の重心をG とする。以下の問に答えよ。

(1) $|\overrightarrow{PM}|^2$ を内積 $\overrightarrow{PA}\cdot\overrightarrow{PB}$ を用いて表せ。

(2) $\angle AGB=\dfrac{\pi}{2}$ のとき，$\overrightarrow{PA}\cdot\overrightarrow{PB}$ の値を求めよ。

(3) 点Aと点Bを固定し，$\overrightarrow{PA}\cdot\overrightarrow{PB}=\dfrac{5}{4}$ をみたすように点Pを動かすとき，$\angle ABG$ の最大値を求めよ。ただし，$0<\angle ABG<\pi$ とする。

> **ポイント** (1) $\overrightarrow{AB}=\overrightarrow{PB}-\overrightarrow{PA}$ として，条件 $|\overrightarrow{AB}|=2$ を用いる。
>
> (2) $\angle AGB=\dfrac{\pi}{2}$ より，G は AB を直径とする円周上にある。
>
> (3) $|\overrightarrow{GM}|=\dfrac{1}{3}|\overrightarrow{PM}|$ であるので，(1)を用いて，G の軌跡を求める。

解　法

(1)　$|\overrightarrow{PM}|^2 = \left| \dfrac{\overrightarrow{PA}+\overrightarrow{PB}}{2} \right|^2$

$\qquad\qquad = \dfrac{1}{4}(|\overrightarrow{PA}|^2 + 2\overrightarrow{PA}\cdot\overrightarrow{PB} + |\overrightarrow{PB}|^2)$ ……①

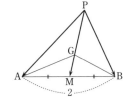

ここで，$|\overrightarrow{AB}|=2$ より

$\qquad |\overrightarrow{PB}-\overrightarrow{PA}|^2 = 4$

$\qquad |\overrightarrow{PA}|^2 - 2\overrightarrow{PA}\cdot\overrightarrow{PB} + |\overrightarrow{PB}|^2 = 4$

$\qquad |\overrightarrow{PA}|^2 + |\overrightarrow{PB}|^2 = 4 + 2\overrightarrow{PA}\cdot\overrightarrow{PB}$

これを①に代入して

$\qquad |\overrightarrow{PM}|^2 = \dfrac{1}{4}(4 + 4\overrightarrow{PA}\cdot\overrightarrow{PB}) = \overrightarrow{PA}\cdot\overrightarrow{PB} + 1$ ……(答)

(2)　$\angle AGB=\dfrac{\pi}{2}$ より，G は AB を直径とする円周上にあるので

$\qquad |\overrightarrow{GM}| = 1$

$\overrightarrow{PM} = 3\overrightarrow{GM}$ より　　$|\overrightarrow{PM}|^2 = 9|\overrightarrow{GM}|^2 = 9$

(1)より $\quad \overrightarrow{\mathrm{PA}} \cdot \overrightarrow{\mathrm{PB}} + 1 = 9$

ゆえに $\quad \overrightarrow{\mathrm{PA}} \cdot \overrightarrow{\mathrm{PB}} = 8$ ……(答)

(3) $\overrightarrow{\mathrm{PA}} \cdot \overrightarrow{\mathrm{PB}} = \dfrac{5}{4}$ のとき

$$|\overrightarrow{\mathrm{PM}}|^2 = \overrightarrow{\mathrm{PA}} \cdot \overrightarrow{\mathrm{PB}} + 1 = \frac{5}{4} + 1 = \frac{9}{4}$$

よって $\quad |\overrightarrow{\mathrm{PM}}| = \dfrac{3}{2}$

したがって $\quad |\overrightarrow{\mathrm{GM}}| = \dfrac{1}{3}|\overrightarrow{\mathrm{PM}}| = \dfrac{1}{2}$

ゆえに，点Pが，$\overrightarrow{\mathrm{PA}} \cdot \overrightarrow{\mathrm{PB}} = \dfrac{5}{4}$ をみたすように動くとき，GはMを中心とし，半径 $\dfrac{1}{2}$ の円周上の，線分 AB 上の2点を除く部分を動く。

よって，∠ABG が最大となるのは，Bから，中心M，

半径 $\dfrac{1}{2}$ の円に引いた2本の接線の接点にGが一致する

ときである。

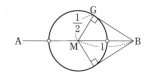

このとき

$$\angle \mathrm{MGB} = \frac{\pi}{2}$$

$$\mathrm{MG} : \mathrm{MB} = \frac{1}{2} : 1 = 1 : 2$$

であるので $\quad \angle \mathrm{MBG} = \dfrac{\pi}{6}$

ゆえに，∠ABG の最大値は $\quad \dfrac{\pi}{6}$ ……(答)

〔注〕 (1) $|\overrightarrow{\mathrm{PM}}|^2$ と条件 $|\overrightarrow{\mathrm{AB}}| = 2$ を $\overrightarrow{\mathrm{PA}}$, $\overrightarrow{\mathrm{PB}}$ を用いて表せばよい。文字式の計算のように

$$|\overrightarrow{\mathrm{PM}}|^2 = \left|\frac{\overrightarrow{\mathrm{PA}} + \overrightarrow{\mathrm{PB}}}{2}\right|^2 = \frac{1}{4}|\overrightarrow{\mathrm{PA}} + \overrightarrow{\mathrm{PB}}|^2$$

$$= \frac{1}{4}(|\overrightarrow{\mathrm{PB}} - \overrightarrow{\mathrm{PA}}|^2 + 4\overrightarrow{\mathrm{PA}} \cdot \overrightarrow{\mathrm{PB}}) = \frac{1}{4}(|\overrightarrow{\mathrm{AB}}|^2 + 4\overrightarrow{\mathrm{PA}} \cdot \overrightarrow{\mathrm{PB}})$$

$$= \overrightarrow{\mathrm{PA}} \cdot \overrightarrow{\mathrm{PB}} + 1$$

としてもよい。

59 2018年度 文系〔1〕・理系〔1〕 Level A

t を $0 < t < 1$ を満たす実数とする。OABC を 1 辺の長さが 1 の正四面体とする。辺 OA を $1-t:t$ に内分する点を P，辺 OB を $t:1-t$ に内分する点を Q，辺 BC の中点 を R とする。また $\vec{a} = \overrightarrow{OA}$，$\vec{b} = \overrightarrow{OB}$，$\vec{c} = \overrightarrow{OC}$ とする。以下の問に答えよ。

(1) $\overrightarrow{QP}$ と $\overrightarrow{QR}$ を t，$\vec{a}$，$\vec{b}$，$\vec{c}$ を用いて表せ。

(2) $\angle PQR = \dfrac{\pi}{2}$ のとき，t の値を求めよ。

(3) t が(2)で求めた値をとるとき，$\triangle PQR$ の面積を求めよ。

ポイント (1) $\overrightarrow{QP} = \overrightarrow{OP} - \overrightarrow{OQ}$，$\overrightarrow{QR} = \overrightarrow{OR} - \overrightarrow{OQ}$ であるので，$\overrightarrow{OP}$，$\overrightarrow{OQ}$，$\overrightarrow{OR}$ を t，$\vec{a}$，$\vec{b}$，$\vec{c}$ で表す。

(2) 内積 $\overrightarrow{QP} \cdot \overrightarrow{QR}$ を t で表し，$\overrightarrow{QP} \cdot \overrightarrow{QR} = 0$ より t の値を求める。

(3) $\angle PQR = \dfrac{\pi}{2}$ であるので，面積は $\dfrac{1}{2} |\overrightarrow{QP}| |\overrightarrow{QR}|$ である。

解 法

(1) $\overrightarrow{OP} = (1-t)\vec{a}$，$\overrightarrow{OQ} = t\vec{b}$，$\overrightarrow{OR} = \dfrac{\vec{b} + \vec{c}}{2}$ であるので

$$\left. \begin{array}{l} \overrightarrow{QP} = \overrightarrow{OP} - \overrightarrow{OQ} = (1-t)\vec{a} - t\vec{b} \\[2mm] \overrightarrow{QR} = \overrightarrow{OR} - \overrightarrow{OQ} = \dfrac{\vec{b} + \vec{c}}{2} - t\vec{b} = \left(\dfrac{1}{2} - t \right)\vec{b} + \dfrac{1}{2}\vec{c} \end{array} \right\} \quad \cdots\cdots(答)$$

(2) OABC は 1 辺の長さが 1 の正四面体なので

$$|\vec{a}| = |\vec{b}| = |\vec{c}| = 1, \quad \vec{a} \cdot \vec{b} = \vec{b} \cdot \vec{c} = \vec{c} \cdot \vec{a} = 1 \cdot 1 \cdot \cos\frac{\pi}{3} = \frac{1}{2}$$

よって

$$\overrightarrow{QP} \cdot \overrightarrow{QR} = \{(1-t)\vec{a} - t\vec{b}\} \cdot \left\{ \left(\frac{1}{2} - t \right)\vec{b} + \frac{1}{2}\vec{c} \right\}$$

$$= (1-t)\left(\frac{1}{2} - t \right)\vec{a} \cdot \vec{b} + \frac{1}{2}(1-t)\vec{a} \cdot \vec{c} - t\left(\frac{1}{2} - t \right)\vec{b} \cdot \vec{b} - \frac{1}{2}t\vec{b} \cdot \vec{c}$$

$$= \frac{1}{2}(1-t)\left(\frac{1}{2} - t \right) + \frac{1}{4}(1-t) - t\left(\frac{1}{2} - t \right) - \frac{1}{4}t$$

$$= \frac{3}{2}t^2 - \frac{7}{4}t + \frac{1}{2}$$

$$= \frac{1}{4}(2t-1)(3t-2)$$

$\angle PQR = \dfrac{\pi}{2}$ より，$\overrightarrow{QP} \cdot \overrightarrow{QR} = 0$，$0 < t < 1$ であるので

$$t = \frac{1}{2}, \ \frac{2}{3} \quad \cdots\cdots (答)$$

(3) $\quad |\overrightarrow{QP}|^2 = |(1-t)\vec{a} - t\vec{b}|^2$

$$= (1-t)^2|\vec{a}|^2 - 2t(1-t)\vec{a}\cdot\vec{b} + t^2|\vec{b}|^2$$

$$= (1-t)^2 - t(1-t) + t^2$$

$$= 3t^2 - 3t + 1$$

$\quad |\overrightarrow{QR}|^2 = \left|\left(\dfrac{1}{2}-t\right)\vec{b} + \dfrac{1}{2}\vec{c}\right|^2$

$$= \left(\frac{1}{2}-t\right)^2|\vec{b}|^2 + \left(\frac{1}{2}-t\right)\vec{b}\cdot\vec{c} + \frac{1}{4}|\vec{c}|^2$$

$$= \left(\frac{1}{2}-t\right)^2 + \frac{1}{2}\left(\frac{1}{2}-t\right) + \frac{1}{4}$$

$$= t^2 - \frac{3}{2}t + \frac{3}{4}$$

$t = \dfrac{1}{2}$ のとき

$$|\overrightarrow{QP}|^2 = \frac{3}{4} - \frac{3}{2} + 1 = \frac{1}{4} \qquad |\overrightarrow{QP}| = \frac{1}{2}$$

$$|\overrightarrow{QR}|^2 = \frac{1}{4} - \frac{3}{4} + \frac{3}{4} = \frac{1}{4} \qquad |\overrightarrow{QR}| = \frac{1}{2}$$

$$\triangle PQR = \frac{1}{2}|\overrightarrow{QP}||\overrightarrow{QR}| = \frac{1}{2}\cdot\frac{1}{2}\cdot\frac{1}{2} = \frac{1}{8}$$

$t = \dfrac{2}{3}$ のとき

$$|\overrightarrow{QP}|^2 = \frac{4}{3} - 2 + 1 = \frac{1}{3} \qquad |\overrightarrow{QP}| = \frac{\sqrt{3}}{3}$$

$$|\overrightarrow{QR}|^2 = \frac{4}{9} - 1 + \frac{3}{4} = \frac{7}{36} \qquad |\overrightarrow{QR}| = \frac{\sqrt{7}}{6}$$

$$\triangle PQR = \frac{1}{2}|\overrightarrow{QP}||\overrightarrow{QR}| = \frac{1}{2}\cdot\frac{\sqrt{3}}{3}\cdot\frac{\sqrt{7}}{6} = \frac{\sqrt{21}}{36}$$

したがって

$$\left.\begin{array}{ll} t=\dfrac{1}{2}\,\text{のとき} & \triangle\text{PQR}=\dfrac{1}{8} \\[3mm] t=\dfrac{2}{3}\,\text{のとき} & \triangle\text{PQR}=\dfrac{\sqrt{21}}{36} \end{array}\right\} \ \cdots\cdots(\text{答})$$

〔注〕 $t=\dfrac{1}{2}$ のとき，P，Q，Rはそれぞれ辺 OA，OB，BC の中点であることから，直ち

に QP$=\dfrac{1}{2}$AB$=\dfrac{1}{2}$，QR$=\dfrac{1}{2}$OC$=\dfrac{1}{2}$ がわかる。検算として用いるとよい。

60 2016年度 文系〔1〕・理系〔1〕 Level A

四面体 OABC において，P を辺 OA の中点，Q を辺 OB を 2：1 に内分する点，R を辺 BC の中点とする。P，Q，R を通る平面と辺 AC の交点を S とする。$\overrightarrow{OA}=\vec{a}$, $\overrightarrow{OB}=\vec{b}$, $\overrightarrow{OC}=\vec{c}$ とおく。以下の問に答えよ。

(1) $\overrightarrow{PQ}$, $\overrightarrow{PR}$ をそれぞれ $\vec{a}$, $\vec{b}$, $\vec{c}$ を用いて表せ。

(2) 比 $|\overrightarrow{AS}|$：$|\overrightarrow{SC}|$ を求めよ。

(3) 四面体 OABC を 1 辺の長さが 1 の正四面体とするとき，$|\overrightarrow{QS}|$ を求めよ。

ポイント (1) まず，$\overrightarrow{OP}$, $\overrightarrow{OQ}$, $\overrightarrow{OR}$ を $\vec{a}$, $\vec{b}$, $\vec{c}$ で表す。

(2) S は辺 AC 上かつ平面 PQR 上にあることから，$\overrightarrow{OS}$ を $\vec{a}$, $\vec{b}$, $\vec{c}$ と実数を用いて 2 通りに表すことができる。

(3) $\overrightarrow{QS}$ を $\vec{a}$, $\vec{b}$, $\vec{c}$ で表し，$|\overrightarrow{QS}|^2$ を計算する。

解 法

(1) $\overrightarrow{OP}=\dfrac{1}{2}\vec{a}$, $\overrightarrow{OQ}=\dfrac{2}{3}\vec{b}$, $\overrightarrow{OR}=\dfrac{\vec{b}+\vec{c}}{2}$ であるので

$$\left.\begin{array}{l} \overrightarrow{PQ}=\overrightarrow{OQ}-\overrightarrow{OP}=-\dfrac{1}{2}\vec{a}+\dfrac{2}{3}\vec{b} \\[3mm] \overrightarrow{PR}=\overrightarrow{OR}-\overrightarrow{OP}=\dfrac{\vec{b}+\vec{c}}{2}-\dfrac{1}{2}\vec{a}=-\dfrac{1}{2}\vec{a}+\dfrac{1}{2}\vec{b}+\dfrac{1}{2}\vec{c} \end{array}\right\} \quad\cdots\cdots(答)$$

(2) S は辺 AC 上にあるので

$$\overrightarrow{OS}=(1-t)\vec{a}+t\vec{c} \quad (t は実数) \quad\cdots\cdots①$$

と表される。

また，S は平面 PQR 上にあるので，x, y を実数として

$$\begin{aligned} \overrightarrow{OS}&=\overrightarrow{OP}+\overrightarrow{PS} \\ &=\overrightarrow{OP}+x\overrightarrow{PQ}+y\overrightarrow{PR} \\ &=\dfrac{1}{2}\vec{a}+x\left(-\dfrac{1}{2}\vec{a}+\dfrac{2}{3}\vec{b}\right)+y\left(-\dfrac{1}{2}\vec{a}+\dfrac{1}{2}\vec{b}+\dfrac{1}{2}\vec{c}\right) \\ &=\dfrac{1}{2}(1-x-y)\vec{a}+\left(\dfrac{2}{3}x+\dfrac{1}{2}y\right)\vec{b}+\dfrac{1}{2}y\vec{c} \quad\cdots\cdots② \end{aligned}$$

と表される。

O, A, B, Cは同一平面上にないので, ①, ②より

$$\frac{1}{2}(1-x-y)=1-t \quad \cdots\cdots③$$

$$\frac{2}{3}x+\frac{1}{2}y=0 \quad \cdots\cdots④$$

$$\frac{1}{2}y=t \quad \cdots\cdots⑤$$

③＋⑤より　$\frac{1}{2}(1-x)=1$　$x=-1$

したがって, ④, ⑤より　$y=\frac{4}{3}$, $t=\frac{2}{3}$

よって　$\overrightarrow{OS}=\frac{1}{3}\vec{a}+\frac{2}{3}\vec{c}$

SはACを2：1に内分する点であるので

$|\overrightarrow{AS}|:|\overrightarrow{SC}|=2:1$ ……(答)

> 〔注〕　一般に, 2点A$(\vec{a})$, B$(\vec{b})$を通る直線上の点P$(\vec{p})$は, tを実数として
> $$\vec{p}=\overrightarrow{OP}=\overrightarrow{OA}+t\overrightarrow{AB}=\vec{a}+t(\vec{b}-\vec{a})=(1-t)\vec{a}+t\vec{b}$$
> と表される。本問では, Sは辺AC上の点なので, $t:1-t$ $(0<t<1)$ に内分する点である。
> また, Sは平面PQR上の点であることから, x, yを実数として, $\overrightarrow{PS}=x\overrightarrow{PQ}+y\overrightarrow{PR}$ と表される。したがって, $\overrightarrow{OS}$ を $\vec{a}$, $\vec{b}$, $\vec{c}$ で2通りに表し, O, A, B, Cが同一平面上にない ($\vec{a}$, $\vec{b}$, $\vec{c}$は1次独立である) ことから, t, x, yについての連立方程式が得られる。

(3)　四面体OABCは1辺の長さが1の正四面体であるので

$$|\vec{a}|=|\vec{b}|=|\vec{c}|=1$$

$$\vec{a}\cdot\vec{b}=\vec{b}\cdot\vec{c}=\vec{c}\cdot\vec{a}=1\cdot1\cos60°=\frac{1}{2}$$

$$\overrightarrow{QS}=\overrightarrow{OS}-\overrightarrow{OQ}=\frac{1}{3}\vec{a}-\frac{2}{3}\vec{b}+\frac{2}{3}\vec{c}$$

$$|\overrightarrow{QS}|^2=\left|\frac{1}{3}\vec{a}-\frac{2}{3}\vec{b}+\frac{2}{3}\vec{c}\right|^2$$

$$=\frac{1}{9}(|\vec{a}|^2+4|\vec{b}|^2+4|\vec{c}|^2-4\vec{a}\cdot\vec{b}-8\vec{b}\cdot\vec{c}+4\vec{c}\cdot\vec{a})$$

$$=\frac{1}{9}(1+4+4-2-4+2)=\frac{5}{9}$$

よって　$|\overrightarrow{QS}|=\frac{\sqrt{5}}{3}$ ……(答)

61

　空間において，原点 O を通らない平面 α 上に一辺の長さ 1 の正方形があり，その頂点を順に A，B，C，D とする。このとき，以下の問に答えよ。

(1)　ベクトル $\overrightarrow{OD}$ を，$\overrightarrow{OA}$，$\overrightarrow{OB}$，$\overrightarrow{OC}$ を用いて表せ。

(2)　OA = OB = OC のとき，ベクトル

$$\overrightarrow{OA} + \overrightarrow{OB} + \overrightarrow{OC} + \overrightarrow{OD}$$

　が，平面 α と垂直であることを示せ。

ポイント　(1)　四角形 ABCD が正方形であることから，$\overrightarrow{AD} = \overrightarrow{BC}$ が成り立つ。これを原点 O を始点とするベクトルで表す。

(2)　ベクトル $\vec{v}$ が平面 α と垂直であることを示すには，α 上の平行でない 2 つのベクトルと垂直であることを示せばよい。

解法

(1)　四角形 ABCD は正方形であるので　　$\overrightarrow{AD} = \overrightarrow{BC}$

したがって　　$\overrightarrow{OD} - \overrightarrow{OA} = \overrightarrow{OC} - \overrightarrow{OB}$

ゆえに　　$\overrightarrow{OD} = \overrightarrow{OA} - \overrightarrow{OB} + \overrightarrow{OC}$　……(答)

(2)　$\overrightarrow{BA} \perp \overrightarrow{BC}$ であるので　　$\overrightarrow{BA} \cdot \overrightarrow{BC} = 0$

$$(\overrightarrow{OA} - \overrightarrow{OB}) \cdot (\overrightarrow{OC} - \overrightarrow{OB}) = 0$$

$$|\overrightarrow{OB}|^2 - \overrightarrow{OA} \cdot \overrightarrow{OB} - \overrightarrow{OB} \cdot \overrightarrow{OC} + \overrightarrow{OC} \cdot \overrightarrow{OA} = 0 \quad ……①$$

$\vec{v} = \overrightarrow{OA} + \overrightarrow{OB} + \overrightarrow{OC} + \overrightarrow{OD}$ とおくと，(1)より

$$\vec{v} = \overrightarrow{OA} + \overrightarrow{OB} + \overrightarrow{OC} + \overrightarrow{OA} - \overrightarrow{OB} + \overrightarrow{OC} = 2(\overrightarrow{OA} + \overrightarrow{OC})$$

$$\vec{v} \cdot \overrightarrow{BA} = 2(\overrightarrow{OA} + \overrightarrow{OC}) \cdot (\overrightarrow{OA} - \overrightarrow{OB})$$

$$= 2(|\overrightarrow{OA}|^2 - \overrightarrow{OA} \cdot \overrightarrow{OB} - \overrightarrow{OB} \cdot \overrightarrow{OC} + \overrightarrow{OC} \cdot \overrightarrow{OA})$$

$$= 2(|\overrightarrow{OB}|^2 - \overrightarrow{OA} \cdot \overrightarrow{OB} - \overrightarrow{OB} \cdot \overrightarrow{OC} + \overrightarrow{OC} \cdot \overrightarrow{OA}) \quad (|\overrightarrow{OA}| = |\overrightarrow{OB}|)$$

$$= 0 \quad (①より)$$

ここで，$\vec{v} = \vec{0}$ と仮定すると

$$2(\overrightarrow{OA} + \overrightarrow{OC}) = \vec{0} \qquad \overrightarrow{OA} = -\overrightarrow{OC}$$

となり，3 点 O，A，C が一直線上にあることになるが，これは平面 α が原点 O を通らないことに矛盾する。

よって，$\vec{v} \neq \vec{0}$，また，$\overrightarrow{BA} \neq \vec{0}$ であるので

$\qquad \vec{v} \perp \overrightarrow{BA}$ ……②

同様に

$\qquad \vec{v} \cdot \overrightarrow{BC} = 2\,(\overrightarrow{OA} + \overrightarrow{OC}) \cdot (\overrightarrow{OC} - \overrightarrow{OB})$

$\qquad\qquad = 2\,(|\overrightarrow{OC}|^2 - \overrightarrow{OA} \cdot \overrightarrow{OB} - \overrightarrow{OB} \cdot \overrightarrow{OC} + \overrightarrow{OC} \cdot \overrightarrow{OA})$

$\qquad\qquad = 0 \quad (|\overrightarrow{OC}| = |\overrightarrow{OB}|,\ ①より)$

$\vec{v} \neq \vec{0}$，$\overrightarrow{BC} \neq \vec{0}$ であるので $\qquad \vec{v} \perp \overrightarrow{BC}$ ……③

$\overrightarrow{BA} \not\parallel \overrightarrow{BC}$ と，②，③より，$\vec{v}$ は平面 α と垂直である。 （証明終）

〔注〕 (2) $\vec{v} \cdot \overrightarrow{BA} = 0$ より，直ちに $\vec{v} \perp \overrightarrow{BA}$ としてはいけない。

一般に $\quad \vec{a} \cdot \vec{b} = 0 \Longleftrightarrow \vec{a} = \vec{0}$ または $\vec{b} = \vec{0}$ または $\vec{a} \perp \vec{b}$

であるので，$\vec{a} \neq \vec{0}$ かつ $\vec{b} \neq \vec{0}$ であることを確認しておかなければならない。

本問では，平面 α が原点 O を通らないことから $\vec{v} \neq \vec{0}$ がいえる。

62

空間において，2点 A(0, 1, 0)，B(−1, 0, 0) を通る直線を l とする。次の問いに答えよ。

(1) 点Pを l 上に，点Qを z 軸上にとる。$\overrightarrow{PQ}$ がベクトル (3, 1, −1) と平行になるときのPとQの座標をそれぞれ求めよ。

(2) 点Rを l 上に，点Sを z 軸上にとる。$\overrightarrow{RS}$ が $\overrightarrow{AB}$ およびベクトル (0, 0, 1) の両方に垂直になるときのRとSの座標をそれぞれ求めよ。

(3) R，Sを(2)で求めた点とする。点Tを l 上に，点Uを z 軸上にとる。また，$\vec{v}=(a, b, c)$ は零ベクトルではなく，$\overrightarrow{RS}$ に垂直ではないとする。$\overrightarrow{TU}$ が $\vec{v}$ と平行になるときのTとUの座標をそれぞれ求めよ。

> **ポイント**　一般に，2点 A($\vec{a}$)，B($\vec{b}$) を通る直線のベクトル方程式は，$\vec{p}=(1-t)\vec{a}+t\vec{b}$ であるので，$\overrightarrow{OP}$ の成分（Pの座標と同じ）は実数を用いて表すことができる。l 上の点，z 軸上の点をそれぞれ実数を用いて表し，平行条件（実数倍），垂直条件（（内積）=0）を用いる。

解 法

(1) 点PはA，Bを通る直線上にあるので，実数 p を用いて
$$\overrightarrow{OP}=(1-p)\overrightarrow{OA}+p\overrightarrow{OB}$$
と表せる。したがって
$$\overrightarrow{OP}=(1-p)(0, 1, 0)+p(-1, 0, 0)=(-p, 1-p, 0)$$
また，点Qは z 軸上なので，$\overrightarrow{OQ}=(0, 0, q)$（$q$ は実数）とおくと
$$\overrightarrow{PQ}=\overrightarrow{OQ}-\overrightarrow{OP}=(0, 0, q)-(-p, 1-p, 0)=(p, p-1, q)$$
$\overrightarrow{PQ}/\!/(3, 1, -1)$ となるとき，$\overrightarrow{PQ}=k(3, 1, -1)$ となる実数 k が存在するので
$$p=3k, \quad p-1=k, \quad q=-k$$
これより　$p=\dfrac{3}{2}, \quad q=-\dfrac{1}{2}, \quad k=\dfrac{1}{2}$

よって，P，Qの座標は
$$P\left(-\frac{3}{2}, -\frac{1}{2}, 0\right), \quad Q\left(0, 0, -\frac{1}{2}\right) \quad \cdots\cdots(答)$$

(2)　点 R は l 上，点 S は z 軸上にあるので，(1)と同様に，実数 r, s を用いて，
$\overrightarrow{OR} = (-r,\ 1-r,\ 0)$, $\overrightarrow{OS} = (0,\ 0,\ s)$ とおくと

$\qquad \overrightarrow{RS} = \overrightarrow{OS} - \overrightarrow{OR} = (r,\ r-1,\ s)$

また，$\overrightarrow{AB} = (-1,\ -1,\ 0)$ であり，$\overrightarrow{RS} \perp \overrightarrow{AB}$, $\overrightarrow{RS} \perp (0,\ 0,\ 1)$ から

$\qquad \overrightarrow{RS} \cdot \overrightarrow{AB} = 0$, $\overrightarrow{RS} \cdot (0,\ 0,\ 1) = 0$

よって　　$-r-(r-1) = 0$, $s = 0$

すなわち　　$r = \dfrac{1}{2}$, $s = 0$

ゆえに，R，S の座標は

$\qquad \mathrm{R}\left(-\dfrac{1}{2},\ \dfrac{1}{2},\ 0\right)$, $\mathrm{S}(0,\ 0,\ 0)$　……(答)

(3)　点 T は l 上，点 U は z 軸上にあるので，(1)と同様に，実数 t, u を用いて，
$\overrightarrow{OT} = (-t,\ 1-t,\ 0)$, $\overrightarrow{OU} = (0,\ 0,\ u)$ とおくと

$\qquad \overrightarrow{TU} = (t,\ t-1,\ u)$

$\vec{v} = (a,\ b,\ c)$ は零ベクトルでなく，$\overrightarrow{RS}$ と垂直ではないので，$\vec{v} \cdot \overrightarrow{RS} \neq 0$ であり，(2)より $\overrightarrow{RS} = \left(\dfrac{1}{2},\ -\dfrac{1}{2},\ 0\right)$ であるので

$\qquad \dfrac{1}{2}a - \dfrac{1}{2}b \neq 0 \qquad a \neq b$

$\overrightarrow{TU} /\!/ \vec{v}$ となるとき，$\overrightarrow{TU} = m\vec{v}$ となる実数 m が存在するので

$\qquad t = ma$ ……①　　　$t-1 = mb$ ……②　　　$u = mc$ ……③

①-②より　　$(a-b)m = 1$

$a \neq b$ なので　　$m = \dfrac{1}{a-b}$

①から　　$t = \dfrac{a}{a-b}$

③から　　$u = \dfrac{c}{a-b}$

よって，T，U の座標は

$\qquad \mathrm{T}\left(-\dfrac{a}{a-b},\ -\dfrac{b}{a-b},\ 0\right)$, $\mathrm{U}\left(0,\ 0,\ \dfrac{c}{a-b}\right)$　……(答)

63

Level B

$\vec{0}$ でない 2 つのベクトル $\vec{a}$, $\vec{b}$ が垂直であるとする。$\vec{a}+\vec{b}$ と $\vec{a}+3\vec{b}$ のなす角を θ ($0 \leqq \theta \leqq \pi$) とする。以下の問に答えよ。

(1) $|\vec{a}| = x$, $|\vec{b}| = y$ とするとき，$\sin^2\theta$ を x, y を用いて表せ。

(2) θ の最大値を求めよ。

ポイント (1) 内積 $(\vec{a}+\vec{b}) \cdot (\vec{a}+3\vec{b}) = |\vec{a}+\vec{b}||\vec{a}+3\vec{b}|\cos\theta$ から $\cos\theta$ を求める（〔**解法 1**〕）。図形的に考え，三角形の面積を利用してもよい（〔**解法2**〕）。
(2) $\sin^2\theta$ が x, y の分数式であるので，相加平均と相乗平均の関係を利用できるように変形する。

解法 1

(1) $\vec{a} \perp \vec{b}$ より　　$\vec{a} \cdot \vec{b} = 0$

また，$|\vec{a}| = x$, $|\vec{b}| = y$ より

$$|\vec{a}+\vec{b}|^2 = |\vec{a}|^2 + 2\vec{a} \cdot \vec{b} + |\vec{b}|^2 = x^2 + y^2$$
$$|\vec{a}+3\vec{b}|^2 = |\vec{a}|^2 + 6\vec{a} \cdot \vec{b} + 9|\vec{b}|^2 = x^2 + 9y^2$$
$$(\vec{a}+\vec{b}) \cdot (\vec{a}+3\vec{b}) = |\vec{a}|^2 + 4\vec{a} \cdot \vec{b} + 3|\vec{b}|^2 = x^2 + 3y^2$$

$x>0$, $y>0$ であるので

$$\cos\theta = \frac{(\vec{a}+\vec{b}) \cdot (\vec{a}+3\vec{b})}{|\vec{a}+\vec{b}||\vec{a}+3\vec{b}|} = \frac{x^2+3y^2}{\sqrt{x^2+y^2}\sqrt{x^2+9y^2}} \quad \cdots\cdots①$$

$$\sin^2\theta = 1 - \cos^2\theta = 1 - \frac{(x^2+3y^2)^2}{(x^2+y^2)(x^2+9y^2)}$$

$$= \frac{(x^2+y^2)(x^2+9y^2) - (x^2+3y^2)^2}{(x^2+y^2)(x^2+9y^2)}$$

$$= \frac{4x^2y^2}{(x^2+y^2)(x^2+9y^2)} \quad \cdots\cdots(答)$$

(2) (1)より

$$\sin^2\theta = \frac{4x^2y^2}{x^4+10x^2y^2+9y^4} = \frac{4}{\dfrac{x^2}{y^2}+9\dfrac{y^2}{x^2}+10} \quad (x>0, \ y>0)$$

相加平均と相乗平均の大小関係より

$$\frac{x^2}{y^2} + 9\frac{y^2}{x^2} \geqq 2\sqrt{\frac{x^2}{y^2} \cdot 9\frac{y^2}{x^2}} = 6$$

等号成立は，$\dfrac{x^2}{y^2} = 9\dfrac{y^2}{x^2}$ のとき。

このとき，$x^4 = 9y^4$，$x > 0$，$y > 0$ より　　$x = \sqrt{3}\,y$

よって　　　$\sin^2\theta \leqq \dfrac{4}{6+10} = \dfrac{1}{4}$

$\sin^2\theta$ は，$x = \sqrt{3}\,y$ のとき，最大値 $\dfrac{1}{4}$ をとる。

①より $\cos\theta > 0$ であるので　　$0 \leqq \theta < \dfrac{\pi}{2}$，$\sin\theta \geqq 0$

ゆえに，$\sin\theta$ は，$x = \sqrt{3}\,y$ のとき，最大値 $\dfrac{1}{2}$ をとる。

このとき，θ も最大となり，最大値は　　$\theta = \dfrac{\pi}{6}$　……（答）

解法 2

(1) $\vec{a} \perp \vec{b}$，$|\vec{a}| = x$，$|\vec{b}| = y$ より，$\vec{a} + \vec{b}$，$\vec{a} + 3\vec{b}$
は右図のようなベクトルを表す。
右図において

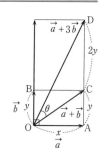

$$\mathrm{OC} = |\vec{a} + \vec{b}| = \sqrt{x^2 + y^2}$$

$$\mathrm{OD} = |\vec{a} + 3\vec{b}| = \sqrt{x^2 + 9y^2}$$

$$\angle \mathrm{COD} = \theta$$

よって，△OCD の面積に着目することにより

$$\frac{1}{2}\mathrm{OC} \cdot \mathrm{OD}\sin\theta = \frac{1}{2}\mathrm{CD} \cdot \mathrm{OA}$$

$$\frac{1}{2}\sqrt{x^2 + y^2}\sqrt{x^2 + 9y^2}\sin\theta = \frac{1}{2} \cdot 2y \cdot x$$

$x > 0$，$y > 0$ であるので

$$\sin\theta = \frac{2xy}{\sqrt{x^2 + y^2}\sqrt{x^2 + 9y^2}}$$

よって　　$\sin^2\theta = \dfrac{4x^2y^2}{(x^2 + y^2)(x^2 + 9y^2)}$　……（答）

§6 微・積分法

64 2022年度 文系〔1〕 Level B

a を正の実数とする。$x \geqq 0$ のとき $f(x) = x^2$, $x < 0$ のとき $f(x) = -x^2$ とし, 曲線 $y = f(x)$ を C, 直線 $y = 2ax - 1$ を l とする。以下の問に答えよ。

(1) C と l の共有点の個数を求めよ。

(2) C と l がちょうど2個の共有点をもつとする。C と l で囲まれた図形の面積を求めよ。

> **ポイント** (1) $y = x^2$ $(x \geqq 0)$ と直線 l, $y = -x^2$ $(x < 0)$ と直線 l の共有点の個数をそれぞれ調べ, それらを合わせる。
> (2) 共有点の x 座標を求め, グラフの概形から積分により求める。

解法

(1) 曲線 C の $x \geqq 0$ の部分を C_1, $x < 0$ の部分を C_2 とする。

(i) $x \geqq 0$ のとき

$y = x^2$ と $y = 2ax - 1$ から y を消去すると

$$x^2 = 2ax - 1 \qquad x^2 - 2ax + 1 = 0$$

これの判別式を D とし, $D = 0$ とすると

$$\frac{D}{4} = a^2 - 1 = 0$$

$a > 0$ より $\quad a = 1$

よって, C_1 と直線 l は $a = 1$ のとき接する。

l は点 $(0, -1)$ を通り, 傾き $2a$ の直線であるので, 図(i)より C_1 と l の共有点の個数は

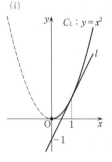
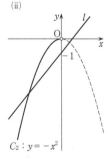

$\quad 0 < a < 1$ のとき0個, $a = 1$ のとき1個, $a > 1$ のとき2個

(ii) $x < 0$ のとき

図(ii)において, l の傾き $2a > 0$ より, C_2 と l の共有点の個数は $\quad$ 1個

(i), (ii)より, C と l の共有点の個数は

$0<a<1$ のとき1個，$a=1$ のとき2個，$a>1$ のとき3個 ……(答)

(2) (1)より $a=1$, $l:y=2x-1$

C_1 と l の共有点の x 座標は

$\qquad x^2-2x+1=0 \qquad (x-1)^2=0 \qquad x=1$

C_2 と l の共有点の x 座標は

$\qquad -x^2=2x-1 \qquad x^2+2x-1=0 \qquad x=-1\pm\sqrt{2}$

$x<0$ より $x=-1-\sqrt{2}$

C と l で囲まれた図形は右図の網かけ部分であるので，求める面積は

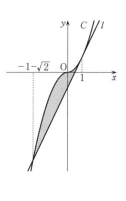

$$\int_{-1-\sqrt{2}}^{0}\{(-x^2)-(2x-1)\}\,dx+\int_{0}^{1}\{x^2-(2x-1)\}\,dx$$

$$=\int_{-1-\sqrt{2}}^{0}\{-(x+1)^2+2\}\,dx+\int_{0}^{1}(x-1)^2\,dx$$

$$=\left[-\frac{1}{3}(x+1)^3+2x\right]_{-1-\sqrt{2}}^{0}+\left[\frac{1}{3}(x-1)^3\right]_{0}^{1}$$

$$=\left(-\frac{1}{3}\right)-\left(\frac{2\sqrt{2}}{3}-2-2\sqrt{2}\right)+0-\left(-\frac{1}{3}\right)$$

$$=\frac{4\sqrt{2}}{3}+2 \quad ……(答)$$

〔注〕 (2) 積分の計算については，公式 $\int(x-\alpha)^2\,dx=\dfrac{1}{3}(x-\alpha)^3+C$（$C$ は積分定数）が利用できる形に変形している。

65

a, b, c, p は実数とし，$f(x) = x^3 + ax^2 + bx + c$ は $(x-p)^2$ で割り切れるとする。以下の問に答えよ。

(1) b, c を a, p を用いて表せ。

(2) $f(x)$ の導関数 $f'(x)$ は，$f'\left(p + \dfrac{4}{3}\right) = 0$ をみたすとする。a を p を用いて表せ。

(3) (2)の条件のもとで $p = 0$ とする。曲線 $y = f(x)$ と $y = f'(x)$ の交点を x 座標が小さい方から順に A，B，C とし，線分 AB と曲線 $y = f'(x)$ で囲まれた部分の面積を S_1，線分 BC と曲線 $y = f'(x)$ で囲まれた部分の面積を S_2 とする。このとき，$S_1 + S_2$ の値を求めよ。

> **ポイント**　(1)　$x^3 + ax^2 + bx + c$ を $(x-p)^2$ で実際に割り算し，商と余りを求める。
> (2)　(1)より，$f(x)$ を a, p で表し，$f'(x)$ を求める。
> (3)　$y = f'(x)$ は 2 次関数であるので，公式 $\displaystyle\int_\alpha^\beta (x-\alpha)(x-\beta)\,dx = -\dfrac{1}{6}(\beta-\alpha)^3$ を用いることができる。x^2 の係数に注意。

解法

(1)　$f(x) = x^3 + ax^2 + bx + c$ を $(x-p)^2 = x^2 - 2px + p^2$ で割ると
商は $x + a + 2p$，余りは $(b + 2ap + 3p^2)x + c - ap^2 - 2p^3$ となる。
$(x-p)^2$ で割り切れることより

$$b + 2ap + 3p^2 = 0 \quad かつ \quad c - ap^2 - 2p^3 = 0$$

よって

$$b = -2ap - 3p^2, \quad c = ap^2 + 2p^3 \quad \cdots\cdots(答)$$

(2)　(1)より

$$f(x) = x^3 + ax^2 - (2ap + 3p^2)x + ap^2 + 2p^3$$
$$f'(x) = 3x^2 + 2ax - 2ap - 3p^2$$

よって

$$f'\left(p + \frac{4}{3}\right) = 3\left(p + \frac{4}{3}\right)^2 + 2a\left(p + \frac{4}{3}\right) - 2ap - 3p^2 = \frac{8}{3}a + 8p + \frac{16}{3}$$

$f'\left(p + \dfrac{4}{3}\right) = 0$ より

$$\frac{8}{3}a + 8p + \frac{16}{3} = 0$$

$$a = -3p - 2 \quad \cdots\cdots(答)$$

(3) $p = 0$ とすると，(1)，(2)より

$$a = -2, \quad b = 0, \quad c = 0$$

$$f(x) = x^3 - 2x^2, \quad f'(x) = 3x^2 - 4x$$

$f(x) = f'(x)$ とおくと

$$x^3 - 2x^2 = 3x^2 - 4x \qquad x^3 - 5x^2 + 4x = 0$$

$$x(x-1)(x-4) = 0 \qquad x = 0, \ 1, \ 4$$

よって　　A$(0, \ 0)$，B$(1, \ -1)$，C$(4, \ 32)$

直線 AB の方程式は　　$y = -x$

直線 BC の方程式は　　$y = 11x - 12$

$y = 3x^2 - 4x$ の概形は下図のようになるので

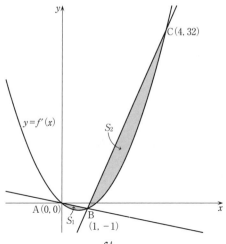

$$S_1 + S_2 = \int_0^1 \{-x - (3x^2 - 4x)\}\, dx + \int_1^4 \{(11x - 12) - (3x^2 - 4x)\}\, dx$$

$$= -3 \int_0^1 x(x-1)\, dx - 3 \int_1^4 (x-1)(x-4)\, dx$$

$$= -3 \left\{ -\frac{1}{6}(1-0)^3 \right\} - 3 \left\{ -\frac{1}{6}(4-1)^3 \right\}$$

$$= 14 \quad \cdots\cdots(答)$$

66

a, b, c を実数とし，$a \neq 0$ とする。2次関数 $f(x)$ を

$$f(x) = ax^2 + bx + c$$

で定める。曲線 $y = f(x)$ は点 $\left(2,\ 2 - \dfrac{c}{2}\right)$ を通り，

$$\int_0^3 f(x)\,dx = \frac{9}{2}$$

をみたすとする。以下の問に答えよ。

(1)　関数 $f(x)$ を a を用いて表せ。

(2)　点 $(1,\ f(1))$ における曲線 $y = f(x)$ の接線を l とする。直線 l の方程式を a を用いて表せ。

(3)　$0 < a < \dfrac{1}{2}$ とする。(2)で求めた直線 l の $y \geqq 0$ の部分と曲線 $y = f(x)$ の $x \geqq 0$ の部分および x 軸で囲まれた図形の面積 S の最大値と，そのときの a の値を求めよ。

ポイント　(1)　2つの条件を式で表し，b, c について解く。

(2)　$(1,\ f(1))$ における接線の方程式は，$y = f'(1)(x-1) + f(1)$ である。

(3)　$0 < a < \dfrac{1}{2}$ に注意してグラフの概形を描き，積分により S を求める。最大値については平方完成すればよい。

解 法

(1)　曲線 $y = f(x)$ は点 $\left(2,\ 2 - \dfrac{c}{2}\right)$ を通るので

$$f(2) = 2 - \frac{c}{2}$$

よって　　$4a + 2b + c = 2 - \dfrac{c}{2}$

$$8a + 4b + 3c = 4 \quad \cdots\cdots ①$$

また

$$\int_0^3 f(x)\,dx = \int_0^3 (ax^2 + bx + c)\,dx = \left[\frac{a}{3}x^3 + \frac{b}{2}x^2 + cx\right]_0^3$$

$$= 9a + \frac{9}{2}b + 3c$$

であるので, $\int_0^3 f(x)\,dx = \dfrac{9}{2}$ より

$$9a + \dfrac{9}{2}b + 3c = \dfrac{9}{2} \quad \cdots\cdots ②$$

②$-$① より $\quad a + \dfrac{1}{2}b = \dfrac{1}{2} \qquad b = -2a + 1$

①へ代入して $\quad 8a - 8a + 4 + 3c = 4 \qquad c = 0$

ゆえに $\quad f(x) = ax^2 + (-2a+1)x \quad \cdots\cdots$(答)

(2) (1)より $\quad f(1) = a - 2a + 1 = -a + 1$

また, $f'(x) = 2ax - 2a + 1$ より $\quad f'(1) = 2a - 2a + 1 = 1$

よって, 点 $(1,\ -a+1)$ における接線 l の方程式は

$$y = 1 \cdot (x-1) - a + 1$$
$$y = x - a \quad \cdots\cdots$$(答)

(3) $f(x) = 0$ とおくと

$$ax\left(x - 2 + \dfrac{1}{a}\right) = 0 \quad (a \neq 0)$$

$$x = 0,\ 2 - \dfrac{1}{a}$$

$0 < a < \dfrac{1}{2}$ より, $\dfrac{1}{a} > 2$ であるので

$$2 - \dfrac{1}{a} < 0$$

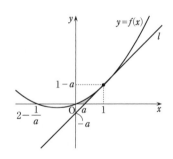

よって, 曲線 $y = f(x)$ と直線 l の概形は上のようになり, S は網かけ部分の面積であるので

$$S = \int_0^1 \{ax^2 + (-2a+1)x\}\,dx - \dfrac{1}{2}(1-a)(1-a)$$

$$= \left[\dfrac{a}{3}x^3 + \dfrac{-2a+1}{2}x^2\right]_0^1 - \left(\dfrac{1}{2}a^2 - a + \dfrac{1}{2}\right)$$

$$= \dfrac{a}{3} - a + \dfrac{1}{2} - \dfrac{1}{2}a^2 + a - \dfrac{1}{2}$$

$$= -\dfrac{1}{2}a^2 + \dfrac{a}{3}$$

$$= -\dfrac{1}{2}\left(a - \dfrac{1}{3}\right)^2 + \dfrac{1}{18}$$

$0 < a < \dfrac{1}{2}$ より, S の最大値は $\dfrac{1}{18}$, そのときの a の値は $a = \dfrac{1}{3}$ $\cdots\cdots$(答)

67

t を正の実数とする。$f(x) = x^3 + 3x^2 - 3(t^2 - 1)x + 2t^3 - 3t^2 + 1$ とおく。以下の問に答えよ。

(1) $2t^3 - 3t^2 + 1$ を因数分解せよ。

(2) $f(x)$ が極小値 0 をもつことを示せ。

(3) $-1 \leqq x \leqq 2$ における $f(x)$ の最小値 m と最大値 M を t の式で表せ。

> **ポイント** (1) 因数定理を用いる。
> (2) 微分して増減を調べる。
> (3) t の値により場合分けする。最小値と最大値で場合分けのポイントが異なるので別々に調べる。

解法

(1)
$$2t^3 - 3t^2 + 1 = (t - 1)(2t^2 - t - 1)$$
$$= (t - 1)^2(2t + 1) \quad \cdots\cdots(答)$$

(2) $f(x) = x^3 + 3x^2 - 3(t^2 - 1)x + 2t^3 - 3t^2 + 1$ より
$$f'(x) = 3x^2 + 6x - 3(t^2 - 1)$$
$$= 3\{x^2 + 2x - (t + 1)(t - 1)\}$$
$$= 3(x + t + 1)(x - t + 1)$$

$f'(x) = 0$ とおくと
$$x = -t - 1, \ t - 1$$

$t > 0$ より，$-t - 1 < t - 1$ であるので，$f(x)$ の増減表は右のようになり，極小値は

x	$\cdots$	$-t-1$	$\cdots$	$t-1$	$\cdots$
$f'(x)$	+	0	−	0	+
$f(x)$	↗	極大	↘	極小	↗

$$f(t - 1) = (t - 1)^3 + 3(t - 1)^2 - 3(t^2 - 1)(t - 1) + 2t^3 - 3t^2 + 1$$
$$= (t - 1)^3 + 3(t - 1)^2 - 3(t - 1)^2(t + 1) + (t - 1)^2(2t + 1)$$
$$= (t - 1)^2\{(t - 1) + 3 - 3(t + 1) + (2t + 1)\}$$
$$= 0$$

ゆえに，$f(x)$ は極小値 0 をもつ。 (証明終)

(3) $t>0$ より，$-t-1<-1<t-1$ である。したがって，$x\geqq -1$ における $f(x)$ の増減表は右のようになる。

x	-1	$\cdots$	$t-1$	$\cdots$
$f'(x)$		$-$	0	$+$
$f(x)$	$f(-1)$	$\searrow$	0	$\nearrow$

$-1\leqq x\leqq 2$ における最小値 m について

(i) $-1<t-1<2$，すなわち，$0<t<3$ のとき
$$m=f(t-1)=0$$

(ii) $t-1\geqq 2$，すなわち，$t\geqq 3$ のとき
$$m=f(2)=8+12-6(t^2-1)+2t^3-3t^2+1=2t^3-9t^2+27$$

$-1\leqq x\leqq 2$ における最大値 M について
$$f(-1)-f(2)=2t^3-(2t^3-9t^2+27)=9(t^2-3)$$
$$=9(t+\sqrt{3})(t-\sqrt{3})$$

であるので

(iii) $f(-1)<f(2)$，すなわち，$0<t<\sqrt{3}$ のとき
$$M=f(2)=2t^3-9t^2+27$$

(iv) $f(-1)\geqq f(2)$，すなわち，$t\geqq \sqrt{3}$ のとき
$$M=f(-1)=2t^3$$

以上より

$$m=\begin{cases} 0 & (0<t<3) \\ 2t^3-9t^2+27 & (3\leqq t) \end{cases}, \quad M=\begin{cases} 2t^3-9t^2+27 & (0<t<\sqrt{3}) \\ 2t^3 & (\sqrt{3}\leqq t) \end{cases} \quad \cdots\cdots(答)$$

〔注〕 $-t-1<-1$ であるので，極大値 $f(-t-1)$ が変域 $-1\leqq x\leqq 2$ に含まれることはない。したがって，最小値については極小値が変域に含まれるかどうか，最大値については $f(-1)$ と $f(2)$ の大小により，場合分けすればよい。

68 2014年度 文系〔1〕 Level B

2次方程式 $x^2-x-1=0$ の2つの解を α, β とし,

$$c_n = \alpha^n + \beta^n, \quad n = 1, 2, 3, \cdots$$

とおく。以下の問に答えよ。

(1) n を2以上の自然数とするとき,

$$c_{n+1} = c_n + c_{n-1}$$

となることを示せ。

(2) 曲線 $y = c_1 x^3 - c_3 x^2 - c_2 x + c_4$ の極値を求めよ。

(3) 曲線 $y = c_1 x^2 - c_3 x + c_2$ と, x 軸で囲まれた図形の面積を求めよ。

ポイント (1) $\alpha^{n+1} + \beta^{n+1} = (\alpha+\beta)(\alpha^n+\beta^n) - \alpha^n\beta - \alpha\beta^n$
$$= (\alpha+\beta)(\alpha^n+\beta^n) - \alpha\beta(\alpha^{n-1}+\beta^{n-1})$$
と変形し,解と係数の関係を用いる。本問では結果が与えられているので,〔**解法2**〕のように $c_{n+1} - (c_n + c_{n-1}) = 0$ となることを示してもよい。

(2) (1)を用いて係数を求め,微分して増減を調べる。

(3) 積分して求める。積分の計算では,公式 $\displaystyle\int_\alpha^\beta (x-\alpha)(x-\beta)\,dx = -\frac{1}{6}(\beta-\alpha)^3$ を用いる。

解法 1

(1) $n \geq 2$ のとき

$$\alpha^{n+1} + \beta^{n+1} = (\alpha+\beta)(\alpha^n+\beta^n) - \alpha^n\beta - \alpha\beta^n$$
$$= (\alpha+\beta)(\alpha^n+\beta^n) - \alpha\beta(\alpha^{n-1}+\beta^{n-1})$$

α, β は $x^2-x-1=0$ の2つの解であるので,解と係数の関係より

$$\alpha+\beta = 1, \quad \alpha\beta = -1$$

よって $\alpha^{n+1} + \beta^{n+1} = (\alpha^n+\beta^n) + (\alpha^{n-1}+\beta^{n-1})$

すなわち $c_{n+1} = c_n + c_{n-1}$ (証明終)

(2) $c_1 = \alpha + \beta = 1$

$$c_2 = \alpha^2 + \beta^2 = (\alpha+\beta)^2 - 2\alpha\beta = 1^2 - 2\cdot(-1) = 3$$

(1)より $c_3 = c_2 + c_1 = 4$, $c_4 = c_3 + c_2 = 7$

よって,曲線の方程式は

$$y = x^3 - 4x^2 - 3x + 7$$

$$y' = 3x^2 - 8x - 3 = (x-3)(3x+1)$$

$y'=0$ を解くと $\quad x=3,\ -\dfrac{1}{3}$

増減表は右のようになるので

x	$\cdots$	$-\dfrac{1}{3}$	$\cdots$	3	$\cdots$
y'	$+$	0	$-$	0	$+$
y	↗	極大	↘	極小	↗

極大値は $\quad \dfrac{203}{27} \quad \left(x=-\dfrac{1}{3}\right)$

極小値は $\quad -11 \quad (x=3)$ $\Bigg\}$ ……(答)

(3) 曲線の方程式は

$$y = x^2 - 4x + 3 = (x-1)(x-3)$$

x 軸との交点の x 座標は $\quad x=1,\ 3$

曲線と x 軸で囲まれた図形は右のようになるので，求める面積は

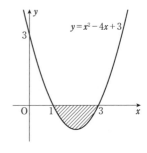

$y = x^2 - 4x + 3$

$$-\int_1^3 (x^2 - 4x + 3)\,dx = -\int_1^3 (x-1)(x-3)\,dx$$

$$= \frac{1}{6}(3-1)^3$$

$$= \frac{4}{3} \quad \cdots\cdots(答)$$

解 法 2

(1) $\quad c_{n+1} - (c_n + c_{n-1}) = \alpha^{n+1} + \beta^{n+1} - \alpha^n - \beta^n - \alpha^{n-1} - \beta^{n-1}$

$$= \alpha^{n-1}(\alpha^2 - \alpha - 1) + \beta^{n-1}(\beta^2 - \beta - 1)$$

$\alpha,\ \beta$ は $x^2 - x - 1 = 0$ の解であるので

$$\alpha^2 - \alpha - 1 = 0,\quad \beta^2 - \beta - 1 = 0$$

よって $\quad c_{n+1} - (c_n + c_{n-1}) = 0$

すなわち $\quad c_{n+1} = c_n + c_{n-1}$ $\qquad\qquad$ (証明終)

69

a を正の実数とする。2つの放物線

$$y = \frac{1}{2}x^2 - 3a$$

$$y = -\frac{1}{2}x^2 + 2ax - a^3 - a^2$$

が異なる2点で交わるとし，2つの放物線によって囲まれる部分の面積を $S(a)$ とする。以下の問に答えよ。

(1) a の値の範囲を求めよ。

(2) $S(a)$ を a を用いて表せ。

(3) $S(a)$ の最大値とそのときの a の値を求めよ。

> **ポイント** (1) 2つの放物線の方程式から y を消去してできる x の2次方程式が異なる2つの実数解をもてばよい。
>
> (2) 2つの放物線によって囲まれる部分なので，積分の公式 $\int_\alpha^\beta (x-\alpha)(x-\beta)\,dx = -\frac{1}{6}(\beta-\alpha)^3$ が利用できる。
>
> (3) 微分して増減を調べる。

解 法

(1) 　　　$y = \frac{1}{2}x^2 - 3a$ 　　　　　　……①

　　　　　$y = -\frac{1}{2}x^2 + 2ax - a^3 - a^2$ 　……②

より，y を消去して

$$\frac{1}{2}x^2 - 3a = -\frac{1}{2}x^2 + 2ax - a^3 - a^2$$

$$x^2 - 2ax + a^3 + a^2 - 3a = 0 \quad ……③$$

この方程式の判別式を D とすると，①，②が異なる2点で交わることより

　　　$D > 0$

よって

　　　$\dfrac{D}{4} = a^2 - (a^3 + a^2 - 3a) > 0$

$-a^3+3a>0 \qquad a(a^2-3)<0$

$a>0$ なので

$a^2-3<0$

$0<a<\sqrt{3}$ ……(答)

(2) $0<a<\sqrt{3}$ のとき，③の解は $x=a\pm\sqrt{-a^3+3a}$ となり，$\alpha=a-\sqrt{-a^3+3a}$，$\beta=a+\sqrt{-a^3+3a}$ とおくと，2つの放物線のグラフは下のようになるので

$$S(a)=\int_{\alpha}^{\beta}\left\{\left(-\frac{1}{2}x^2+2ax-a^3-a^2\right)-\left(\frac{1}{2}x^2-3a\right)\right\}dx$$

$$=\int_{\alpha}^{\beta}(-x^2+2ax-a^3-a^2+3a)\,dx$$

$$=-\int_{\alpha}^{\beta}(x-\alpha)(x-\beta)\,dx$$

$$=\frac{1}{6}(\beta-\alpha)^3=\frac{1}{6}(2\sqrt{-a^3+3a})^3$$

$$=\frac{4}{3}(-a^3+3a)^{\frac{3}{2}}\ \ ……(答)$$

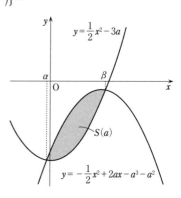

(3) $f(a)=-a^3+3a$ とおくと，$f(a)$ が最大となるとき $S(a)$ も最大となる。

$f'(a)=-3a^2+3=-3(a+1)(a-1)$

$0<a<\sqrt{3}$ における $f(a)$ の増減表は右のようになるので，$f(a)$ の最大値は $f(1)=2$ となる。

したがって，$S(a)$ の最大値は

$$\left.\begin{array}{l}S(1)=\dfrac{4}{3}\cdot 2^{\frac{3}{2}}=\dfrac{8\sqrt{2}}{3}\\[2mm]\text{最大となるときの }a\text{ の値は}\qquad a=1\end{array}\right\}\ \ ……(答)$$

a	0	$\cdots$	1	$\cdots$	$\sqrt{3}$
$f'(a)$		+	0	−	
$f(a)$	(0)	↗	2	↘	(0)

70

実数 x, y に対して, 等式

$$x^2 + y^2 = x + y \quad \cdots\cdots①$$

を考える。$t = x + y$ とおく。以下の問に答えよ。

(1) ①の等式が表す xy 平面上の図形を図示せよ。

(2) x と y が①の等式をみたすとき, t のとりうる値の範囲を求めよ。

(3) x と y が①の等式をみたすとする。

$$F = x^3 + y^3 - x^2 y - x y^2$$

を t を用いた式で表せ。また, F のとりうる値の最大値と最小値を求めよ。

ポイント (1) 円であると考えられるので, 平方完成して標準形にする。
(2) $x + y = t$ は直線を表すので, ①の円と共有点をもつような t の値の範囲を考える。
(3) F は x と y の対称式であるので, まず基本対称式 $x + y$ と xy で表す。xy については ①から t で表すことができる。

解法

(1) $x^2 + y^2 = x + y \quad \cdots\cdots①$ より

$$\left(x - \frac{1}{2}\right)^2 + \left(y - \frac{1}{2}\right)^2 = \frac{1}{2}$$

よって, ①は中心 $\left(\dfrac{1}{2},\ \dfrac{1}{2}\right)$, 半径 $\dfrac{1}{\sqrt{2}}$ の円を表すので図のよう

になる。

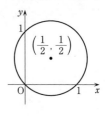

(2) $x + y = t$ は直線を表すので, ①の円と共有点をもつような t の値の範囲を求めれ

ばよい。

円の中心 $\left(\dfrac{1}{2},\ \dfrac{1}{2}\right)$ と直線 $x + y - t = 0$ との距離が半径 $\dfrac{1}{\sqrt{2}}$ 以下であればよいので

$$\frac{\left|\dfrac{1}{2} + \dfrac{1}{2} - t\right|}{\sqrt{1^2 + 1^2}} \leq \frac{1}{\sqrt{2}} \qquad |1 - t| \leq 1 \qquad -1 \leq t - 1 \leq 1$$

$$0 \leq t \leq 2 \quad \cdots\cdots(答)$$

(3) $\quad F = x^3 + y^3 - x^2 y - x y^2 = (x + y)^3 - 3xy(x + y) - xy(x + y)$

$$= (x+y)^3 - 4xy(x+y)$$

①より $\quad (x+y)^2 - 2xy = x+y$

$x+y=t$ なので $\quad t^2 - 2xy = t \qquad xy = \dfrac{1}{2}(t^2 - t)$

よって

$$F = t^3 - 4 \cdot \dfrac{1}{2}(t^2 - t) \cdot t = -t^3 + 2t^2 \quad \cdots\cdots(\text{答})$$

$$\dfrac{dF}{dt} = -3t^2 + 4t = -t(3t-4)$$

$\dfrac{dF}{dt} = 0$ とおくと $\quad t = 0, \dfrac{4}{3}$

$0 \leq t \leq 2$ における増減表は右のようになる。

よって，F は $t = \dfrac{4}{3}$ のとき最大値 $\dfrac{32}{27}$ をとり，$t = 0, 2$

のとき最小値 0 をとる。 $\cdots\cdots(\text{答})$

t	0	$\cdots$	$\dfrac{4}{3}$	$\cdots$	2
$\dfrac{dF}{dt}$		+	0	−	
F	0	↗	$\dfrac{32}{27}$	↘	0

71

x の 2 次関数 $f(x) = ax^2 + bx + c$ とその導関数 $f'(x)$ について，次の問に答えよ。ただし，a, b, c は定数で $a \neq 0$ とする。

(1) 実数 α, β について，$f(\alpha) = f(\beta)$ ならば
$|f'(\alpha)| = |f'(\beta)|$ であることを示せ。

(2) 実数 α, β について，$|f'(\alpha)| = |f'(\beta)|$ ならば
$f(\alpha) = f(\beta)$ であることを示せ。

ポイント (1) $f(\alpha) = f(\beta)$ を計算することにより α と β の関係式が得られる。
(2) 「$|f'(\alpha)| = |f'(\beta)| \Longleftrightarrow f'(\alpha) = f'(\beta)$ または $f'(\alpha) = -f'(\beta)$」であるので，2 つの場合について $f(\alpha) = f(\beta)$ を示す。

解 法

(1) $f(x) = ax^2 + bx + c$ $(a \neq 0)$ より
$$f'(x) = 2ax + b$$
実数 α, β について
$$f(\alpha) = f(\beta)$$
ならば
$$f(\alpha) - f(\beta) = 0 \qquad a(\alpha^2 - \beta^2) + b(\alpha - \beta) = 0$$
$$(\alpha - \beta)\{a(\alpha + \beta) + b\} = 0$$
よって $\alpha - \beta = 0$ または $a(\alpha + \beta) + b = 0$
$\alpha - \beta = 0$ のとき
$\alpha = \beta$ より $f'(\alpha) = f'(\beta)$
$a(\alpha + \beta) + b = 0$ のとき
$a \neq 0$ であるので $\alpha = -\beta - \dfrac{b}{a}$
$$f'(\alpha) = f'\left(-\beta - \frac{b}{a}\right) = 2a\left(-\beta - \frac{b}{a}\right) + b = -(2a\beta + b) = -f'(\beta)$$
以上より，$f(\alpha) = f(\beta)$ ならば $|f'(\alpha)| = |f'(\beta)|$ である。 (証明終)

(2) $|f'(\alpha)| = |f'(\beta)|$ ならば $f'(\alpha) = f'(\beta)$ または $f'(\alpha) = -f'(\beta)$
$f'(\alpha) = f'(\beta)$ のとき
$$2a\alpha + b = 2a\beta + b$$

$a \neq 0$ であるので　　$\alpha = \beta$

したがって　　$f(\alpha) = f(\beta)$

$f'(\alpha) = -f'(\beta)$ のとき

　　　$2a\alpha + b = -(2a\beta + b)$

　　　$a(\alpha + \beta) + b = 0$

よって　　$f(\alpha) - f(\beta) = (\alpha - \beta)\{a(\alpha + \beta) + b\} = 0$

したがって　　$f(\alpha) = f(\beta)$

以上より，$|f'(\alpha)| = |f'(\beta)|$ ならば $f(\alpha) = f(\beta)$ である。　　　　　　　（証明終）

| 参考 | 放物線 $y = f(x)$ のグラフは，その軸に関して対称であるので
　$f(\alpha) = f(\beta)$ が成り立つとき，2 点 $(\alpha, f(\alpha))$，$(\beta, f(\beta))$ は一致するか，または軸に関して対称な位置にある。
　前者の場合 $f'(\alpha) = f'(\beta)$，後者の場合 $f'(\alpha) = -f'(\beta)$ となっている。

72

a を実数，$0<a<1$ とし，$f(x)=\log(1+x^2)-ax^2$ とする。以下の問に答えよ。

(1)　関数 $f(x)$ の極値を求めよ。

(2)　$f(1)=0$ とする。曲線 $y=f(x)$ と x 軸で囲まれた図形の面積を求めよ。

> **ポイント**　(1)　微分して増減を調べる。$0<a<1$ に注意。
> (2)　$f(1)=0$ より a の値が決まる。グラフの概形を描き，積分して求める。

解 法

(1)　$f(x)=\log(1+x^2)-ax^2$ より

$$f'(x)=\frac{2x}{1+x^2}-2ax=\frac{2x(1-a-ax^2)}{1+x^2}$$

$f'(x)=0$ とおくと　　$x=0,\ 1-a-ax^2=0$

$0<a<1$ より　　$x=0,\ x^2=\dfrac{1-a}{a}\ (>0)$

すなわち　　$x=0,\ x=\pm\sqrt{\dfrac{1-a}{a}}$

よって，$f(x)$ の増減表は次のようになる。

x	$\cdots$	$-\sqrt{\dfrac{1-a}{a}}$	$\cdots$	0	$\cdots$	$\sqrt{\dfrac{1-a}{a}}$	$\cdots$
$f'(x)$	$+$	0	$-$	0	$+$	0	$-$
$f(x)$	↗	極大	↘	極小	↗	極大	↘

$$f\left(\pm\sqrt{\frac{1-a}{a}}\right)=\log\left(1+\frac{1-a}{a}\right)-a\cdot\frac{1-a}{a}$$
$$=a-\log a-1$$
$$f(0)=0$$

より

極大値 $a-\log a-1\ \left(x=\pm\sqrt{\dfrac{1-a}{a}}\right)$, 極小値 0 $(x=0)$　……(答)

(2)　$f(1)=0$ より　　$\log 2-a=0$　　$a=\log 2$

よって　　$f(x)=\log(1+x^2)-x^2\log 2$

$f(-x)=f(x)$ より，$f(x)$ は偶関数であり，$f(1)=0$ と(1)の増減表より $y=f(x)$ の概形は右のようになる。

求める面積を S とすると

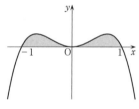

$$S=2\int_0^1 f(x)\,dx$$

$$=2\int_0^1 \{\log(1+x^2)-x^2\log 2\}\,dx$$

$$=2\int_0^1 \log(1+x^2)\,dx-2(\log 2)\int_0^1 x^2 dx$$

ここで

$$\int_0^1 \log(1+x^2)\,dx=\Big[x\log(1+x^2)\Big]_0^1-\int_0^1 x\cdot\frac{2x}{1+x^2}\,dx$$

$$=\log 2-\int_0^1\Big(2-\frac{2}{1+x^2}\Big)dx$$

$$=\log 2-\Big[2x\Big]_0^1+2\int_0^1\frac{1}{1+x^2}\,dx$$

$$=\log 2-2+2\int_0^1\frac{1}{1+x^2}\,dx$$

$\displaystyle\int_0^1\frac{1}{1+x^2}\,dx$ において，$x=\tan\theta\ \Big(-\frac{\pi}{2}<\theta<\frac{\pi}{2}\Big)$ と置換すると

$$dx=\frac{1}{\cos^2\theta}\,d\theta,$$

x	$0\to 1$
θ	$0\to\dfrac{\pi}{4}$

より

$$\int_0^1\frac{1}{1+x^2}\,dx=\int_0^{\frac{\pi}{4}}\frac{1}{1+\tan^2\theta}\cdot\frac{1}{\cos^2\theta}\,d\theta=\int_0^{\frac{\pi}{4}}d\theta=\Big[\theta\Big]_0^{\frac{\pi}{4}}=\frac{\pi}{4}$$

したがって

$$\int_0^1\log(1+x^2)\,dx=\log 2-2+2\cdot\frac{\pi}{4}=\log 2-2+\frac{\pi}{2}$$

また

$$\int_0^1 x^2 dx=\Big[\frac{x^3}{3}\Big]_0^1=\frac{1}{3}$$

よって

$$S=2\Big(\log 2-2+\frac{\pi}{2}\Big)-2(\log 2)\cdot\frac{1}{3}$$

$$=\frac{4}{3}\log 2+\pi-4\quad\cdots\cdots(\text{答})$$

73

2021 年度 理系〔2〕 Level A

次の定積分を求めよ。

(1)　　$I = \displaystyle\int_0^1 x^2 \sqrt{1-x^2}\, dx$

(2)　　$J = \displaystyle\int_0^1 x^3 \log(x^2+1)\, dx$

> **ポイント** (1)　$x = \sin\theta$ と置換する。
> (2)　まず，$x^2+1 = t$ と置換し，部分積分法を用いる（〔解法 1〕）。少し工夫すれば部分積分法のみで求めることもできる（〔解法 2〕）。

解 法 1

(1)　$I = \displaystyle\int_0^1 x^2 \sqrt{1-x^2}\, dx$ において $x = \sin\theta \left(-\dfrac{\pi}{2} \leqq \theta \leqq \dfrac{\pi}{2} \right)$ とおくと

$$dx = \cos\theta\, d\theta, \quad \begin{array}{c|c} x & 0 \to 1 \\ \hline \theta & 0 \to \dfrac{\pi}{2} \end{array}$$

また，$\sqrt{1 - \sin^2\theta} = \sqrt{\cos^2\theta} = |\cos\theta| = \cos\theta \left(0 \leqq \theta \leqq \dfrac{\pi}{2} \text{ より } \cos\theta \geqq 0 \right)$ なので

$$I = \int_0^{\frac{\pi}{2}} \sin^2\theta \sqrt{1 - \sin^2\theta}\, \cos\theta\, d\theta = \int_0^{\frac{\pi}{2}} \sin^2\theta \cos^2\theta\, d\theta$$

$$= \int_0^{\frac{\pi}{2}} \left(\frac{1}{2}\sin 2\theta \right)^2 d\theta = \frac{1}{4} \int_0^{\frac{\pi}{2}} \sin^2 2\theta\, d\theta$$

$$= \frac{1}{4} \int_0^{\frac{\pi}{2}} \frac{1 - \cos 4\theta}{2}\, d\theta = \frac{1}{8} \left[\theta - \frac{1}{4}\sin 4\theta \right]_0^{\frac{\pi}{2}}$$

$$= \frac{\pi}{16} \quad \cdots\cdots (\text{答})$$

(2)　$J = \displaystyle\int_0^1 x^3 \log(x^2+1)\, dx = \int_0^1 x^2 \log(x^2+1) \cdot x\, dx$ において $x^2+1 = t$ とおくと

$$2x\, dx = dt$$

$$x\, dx = \frac{1}{2}\, dt, \quad \begin{array}{c|c} x & 0 \to 1 \\ \hline t & 1 \to 2 \end{array}$$

$$J = \int_0^1 x^2 \log(x^2+1) \cdot x\,dx = \int_1^2 (t-1) \log t \cdot \frac{1}{2} dt$$

$$= \left[\frac{1}{2} \left(\frac{1}{2}t^2 - t \right) \log t \right]_1^2 - \int_1^2 \frac{1}{2} \left(\frac{1}{2}t^2 - t \right) \cdot \frac{1}{t} dt$$

$$= -\frac{1}{2} \int_1^2 \left(\frac{1}{2}t - 1 \right) dt = -\frac{1}{2} \left[\frac{1}{4}t^2 - t \right]_1^2$$

$$= \frac{1}{8} \quad \cdots\cdots (答)$$

〔注〕 (1) 一般に，$\sqrt{a^2-x^2}$ を含む定積分については，$x = a\sin\theta$ と置換し，積分区間については，$-\frac{\pi}{2} \leqq \theta \leqq \frac{\pi}{2}$ の範囲で置き換える。

解法 2

(2)　$$J = \int_0^1 x^3 \log(x^2+1)\,dx = \int_0^1 \left\{ \frac{1}{4}(x^4-1) \right\}' \log(x^2+1)\,dx$$

$$= \left[\frac{1}{4}(x^4-1) \log(x^2+1) \right]_0^1 - \int_0^1 \frac{1}{4}(x^2+1)(x^2-1) \frac{2x}{x^2+1} dx$$

$$= -\frac{1}{2} \int_0^1 (x^3-x)\,dx = -\frac{1}{2} \left[\frac{1}{4}x^4 - \frac{1}{2}x^2 \right]_0^1$$

$$= \frac{1}{8} \quad \cdots\cdots (答)$$

74 2021年度 理系〔5〕 Level B

座標平面上を運動する点 P$(x,\ y)$ の時刻 t における座標が

$$x=\frac{4+5\cos t}{5+4\cos t},\ \ y=\frac{3\sin t}{5+4\cos t}$$

であるとき，以下の問に答えよ。

(1) 点 P と原点 O との距離を求めよ。

(2) 点 P の時刻 t における速度 $\vec{v}=\left(\dfrac{dx}{dt},\ \dfrac{dy}{dt}\right)$ と速さ $|\vec{v}|$ を求めよ。

(3) 定積分 $\displaystyle\int_0^\pi \frac{dt}{5+4\cos t}$ を求めよ。

ポイント (1) OP^2 を計算し，$\sin^2 t+\cos^2 t=1$ を用いて簡単にする。
(2) 商の微分法を用いて計算する。$|\vec{v}|$ については(1)を用いて簡単にできる。
(3) (2)から，$0\leqq t\leqq\pi$ のときに点 P の描く曲線の長さを求めることに帰着できる。

解法

(1) $\quad OP^2=\left(\dfrac{4+5\cos t}{5+4\cos t}\right)^2+\left(\dfrac{3\sin t}{5+4\cos t}\right)^2$

$\qquad =\dfrac{16+40\cos t+25\cos^2 t+9\sin^2 t}{(5+4\cos t)^2}$

$\qquad =\dfrac{25+40\cos t+16\cos^2 t}{(5+4\cos t)^2}=\dfrac{(5+4\cos t)^2}{(5+4\cos t)^2}=1$

$OP\geqq 0$ より $\quad OP=1$ ……(答)

(2) $\quad x=\dfrac{4+5\cos t}{5+4\cos t}$ より

$\qquad \dfrac{dx}{dt}=\dfrac{(-5\sin t)(5+4\cos t)-(4+5\cos t)(-4\sin t)}{(5+4\cos t)^2}$

$\qquad\quad =\dfrac{-9\sin t}{(5+4\cos t)^2}$

$y=\dfrac{3\sin t}{5+4\cos t}$ より

$\qquad \dfrac{dy}{dt}=\dfrac{3\cos t(5+4\cos t)-3\sin t(-4\sin t)}{(5+4\cos t)^2}$

$$= \frac{12\,(\cos^2 t + \sin^2 t) + 15\cos t}{(5 + 4\cos t)^2}$$

$$= \frac{3\,(4 + 5\cos t)}{(5 + 4\cos t)^2}$$

よって $\quad \vec{v} = \left(\dfrac{-9\sin t}{(5 + 4\cos t)^2} , \ \dfrac{3\,(4 + 5\cos t)}{(5 + 4\cos t)^2} \right) \quad$ ……(答)

また，$\vec{v} = \dfrac{3}{5 + 4\cos t}\left(\dfrac{-3\sin t}{5 + 4\cos t} , \ \dfrac{4 + 5\cos t}{5 + 4\cos t} \right)$ であり，$5 + 4\cos t > 0$ であるので，(1)の計算から

$$|\vec{v}| = \frac{3}{5 + 4\cos t} \sqrt{\left(\frac{-3\sin t}{5 + 4\cos t} \right)^2 + \left(\frac{4 + 5\cos t}{5 + 4\cos t} \right)^2}$$

$$= \frac{3}{5 + 4\cos t} \quad \text{……(答)}$$

(3) (2)より $\quad \displaystyle\int_0^\pi \frac{dt}{5 + 4\cos t} = \frac{1}{3}\int_0^\pi |\vec{v}|\,dt$

$\displaystyle\int_0^\pi |\vec{v}|\,dt$ は，$t = 0$ から $t = \pi$ までに点Pが動いた道のりを表す。

(1)より，Pは原点を中心とする半径1の円周上を動く。

$t = 0$ のとき $\quad$ P$(1,\ 0)$

$t = \pi$ のとき $\quad$ P$(-1,\ 0)$

$0 \le t \le \pi$ のとき，$\dfrac{dx}{dt} = \dfrac{-9\sin t}{(5 + 4\cos t)^2} \le 0$ より，x 座標

は単調に減少し，$y = \dfrac{3\sin t}{5 + 4\cos t} \ge 0$ であることから，

Pは $(1,\ 0)$ から $(-1,\ 0)$ まで右図の半円上を動く。

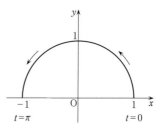

よって，Pが動いた道のりは

$$\frac{1}{2} \cdot 2\pi = \pi$$

ゆえに $\quad \displaystyle\int_0^\pi \frac{dt}{5 + 4\cos t} = \frac{\pi}{3} \quad$ ……(答)

75 2020年度 理系〔1〕 Level A

α は実数とし，$f(x)$ は係数が実数である3次式で，次の条件(i), (ii)をみたすとする。

(i) $f(x)$ の x^3 の係数は1である。

(ii) $f(x)$ とその導関数 $f'(x)$ について，

$$f(\alpha)=f'(\alpha)=0$$

が成り立つ。

以下の問に答えよ。

(1) $f(x)$ は $(x-\alpha)^2$ で割り切れることを示せ。

(2) $f(\alpha+2)=0$ とする。$f'(x)=0$ かつ $x\neq\alpha$ をみたす x を α を用いて表せ。

(3) (2)の条件のもとで $\alpha=0$ とする。xy 平面において不等式

$$y\geq f(x) \quad かつ \quad y\geq f'(x) \quad かつ \quad y\leq 0$$

の表す部分の面積を求めよ。

ポイント (1) $f(x)=(x-\alpha)^2g(x)+ax+b$ とおき，条件(ii)から $a=b=0$ を示す。
(2) $f(\alpha+2)=0$ より $f(x)$ は $(x-\alpha-2)$ を因数にもち，条件(i)から $f(x)$ を α で表すことができる。
(3) $y=f(x)$，$y=f'(x)$ の交点の x 座標を求め，積分して求める。

解 法

(1) $f(x)$ を $(x-\alpha)^2$ で割った商を $g(x)$，余りを $ax+b$ （a, b は実数）とおくと

$$f(x)=(x-\alpha)^2g(x)+ax+b$$
$$f'(x)=2(x-\alpha)g(x)+(x-\alpha)^2g'(x)+a$$

$f(\alpha)=0$ より　　$a\alpha+b=0$　……①

$f'(\alpha)=0$ より　　$a=0$

したがって，①より　　$b=0$

よって，余りが0となるので，$f(x)$ は $(x-\alpha)^2$ で割り切れる。　　（証明終）

(2) $f(\alpha+2)=0$ より $f(x)$ は $(x-\alpha-2)$ を因数にもち，$f(x)$ の x^3 の係数が1であることから

$$f(x)=(x-\alpha)^2(x-\alpha-2)$$
$$f'(x)=2(x-\alpha)(x-\alpha-2)+(x-\alpha)^2\cdot 1$$

$$= (x - \alpha)(3x - 3\alpha - 4)$$

$f'(x) = 0$ となるのは $\quad x = \alpha, \ \alpha + \dfrac{4}{3}$

よって，$f'(x) = 0$ かつ $x \neq \alpha$ をみたす x は

$$x = \alpha + \frac{4}{3} \ \cdots\cdots (答)$$

(3) $\alpha = 0$ のとき，(2)より

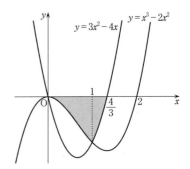

$$f(x) = x^2(x - 2) = x^3 - 2x^2$$
$$f'(x) = x(3x - 4) = 3x^2 - 4x$$

$f(x) = f'(x)$ とおくと

$$x^3 - 2x^2 = 3x^2 - 4x$$
$$x^3 - 5x^2 + 4x = 0$$
$$x(x - 1)(x - 4) = 0$$
$$x = 0, \ 1, \ 4$$

$y \geqq x^3 - 2x^2$ かつ $y \geqq 3x^2 - 4x$ かつ $y \leqq 0$ の表す部
分は上図の網かけ部分のようになるので，求める面積は

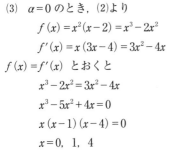

$$-\int_0^1 (x^3 - 2x^2)\, dx - \int_1^{\frac{4}{3}} (3x^2 - 4x)\, dx$$

$$= -\left[\frac{1}{4}x^4 - \frac{2}{3}x^3\right]_0^1 - \left[x^3 - 2x^2\right]_1^{\frac{4}{3}}$$

$$= -\left(\frac{1}{4} - \frac{2}{3}\right) - \left\{\left(\frac{64}{27} - \frac{32}{9}\right) - (1 - 2)\right\}$$

$$= \frac{65}{108} \ \cdots\cdots (答)$$

76

Level B

θ を $0<\theta<\dfrac{\pi}{2}$ をみたす実数とし，原点 O，A $(1,\ 0)$，B $(\cos 2\theta,\ \sin 2\theta)$ を頂点とする △OAB の内接円の中心を P とする。また，θ がこの範囲を動くときに点 P が描く曲線と線分 OA によって囲まれた部分を D とする。以下の問に答えよ。

(1)　点 P の座標は $\left(1-\sin\theta,\ \dfrac{\sin\theta\cos\theta}{1+\sin\theta}\right)$ で表されることを示せ。

(2)　D を x 軸のまわりに 1 回転させてできる立体の体積を求めよ。

ポイント　(1)　内心は角の二等分線の交点であるので，角の二等分線と線分の比の関係などを用いる。

(2)　P $(x,\ y)$ とすると，θ が 0 から $\dfrac{\pi}{2}$ まで変化するとき，x は 1 から 0 まで変化し，$y>0$ であることから，点 P が描く曲線の概形がわかる。回転体の体積は $\pi\displaystyle\int_0^1 y^2 dx$ を計算する。

解法

(1)　AB の中点を M とする。OA＝OB＝1 より OM は∠AOB の二等分線であるので，点 P は OM 上にある。

また，$\angle \text{OMA}=\dfrac{\pi}{2}$，$\angle \text{AOM}=\theta$ であるので

$$\text{OM}=\cos\theta,\quad \text{AM}=\sin\theta$$

AP は∠OAM の二等分線であるので

$$\text{OP}:\text{PM}=\text{OA}:\text{AM}=1:\sin\theta$$

よって　$\text{OP}=\dfrac{1}{1+\sin\theta}\text{OM}=\dfrac{\cos\theta}{1+\sin\theta}$

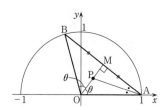

P $(x,\ y)$ とおくと

$$x=\text{OP}\cos\theta=\dfrac{\cos^2\theta}{1+\sin\theta}=\dfrac{1-\sin^2\theta}{1+\sin\theta}$$

$$=\dfrac{(1+\sin\theta)(1-\sin\theta)}{1+\sin\theta}=1-\sin\theta$$

$$y=\text{OP}\sin\theta=\dfrac{\cos\theta}{1+\sin\theta}\cdot\sin\theta=\dfrac{\sin\theta\cos\theta}{1+\sin\theta}$$

ゆえに，点 P の座標は $\left(1-\sin\theta,\ \dfrac{\sin\theta\cos\theta}{1+\sin\theta}\right)$ で表される。 （証明終）

(2) (1)より，P$(x,\ y)$ について

$$x=1-\sin\theta \quad\cdots\cdots① \qquad y=\frac{\sin\theta\cos\theta}{1+\sin\theta} \quad\cdots\cdots②$$

$\theta=0$ のとき $\qquad (x,\ y)=(1,\ 0)$

$\theta=\dfrac{\pi}{2}$ のとき $\qquad (x,\ y)=(0,\ 0)$

また，①より θ が 0 から $\dfrac{\pi}{2}$ まで変化するとき，x は 1 から 0 まで変化し，②より

$0<\theta<\dfrac{\pi}{2}$ のとき，$y>0$ である。

よって，点 P が描く曲線の概形は右図のようになり，D
は網かけ部分である。

求める回転体の体積を V とすると

$$V=\pi\int_0^1 y^2 dx$$

①より $\sin\theta=1-x$ であるので

$$\begin{aligned}
y^2&=\frac{\sin^2\theta\cos^2\theta}{(1+\sin\theta)^2}=\frac{\sin^2\theta\,(1-\sin^2\theta)}{(1+\sin\theta)^2}\\
&=\frac{\sin^2\theta\,(1-\sin\theta)}{1+\sin\theta}=\frac{(1-x)^2x}{2-x}\\
&=-\frac{x^3-2x^2+x}{x-2}=-\left(x^2+1+\frac{2}{x-2}\right)
\end{aligned}$$

したがって

$$\begin{aligned}
V&=-\pi\int_0^1\left(x^2+1+\frac{2}{x-2}\right)dx\\
&=-\pi\left[\frac{1}{3}x^3+x+2\log|x-2|\right]_0^1\\
&=-\pi\left(\frac{1}{3}+1-2\log2\right)\\
&=\pi\left(2\log2-\frac{4}{3}\right) \quad\cdots\cdots（答）
\end{aligned}$$

〔注〕 (2) 通常は下記のように θ に置換するが，本問の場合，容易に y^2 を x で表すことができる。
積分を θ に置換すると次のようになる。

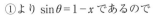

$x = 1 - \sin\theta$ より　　$dx = -\cos\theta d\theta$,

x	$0 \to 1$
θ	$\dfrac{\pi}{2} \to 0$

よって

$$V = \pi \int_{\frac{\pi}{2}}^{0} \left(\frac{\sin\theta\cos\theta}{1+\sin\theta} \right)^2 (-\cos\theta)\, d\theta$$

$$= \pi \int_{0}^{\frac{\pi}{2}} \frac{\sin^2\theta\,(1-\sin^2\theta)}{(1+\sin\theta)^2} \cos\theta d\theta$$

$$= \pi \int_{0}^{\frac{\pi}{2}} \frac{\sin^2\theta\,(1-\sin\theta)}{1+\sin\theta} \cos\theta d\theta$$

$1 + \sin\theta = t$ とおくと　　$\cos\theta d\theta = dt$,

θ	$0 \to \dfrac{\pi}{2}$
t	$1 \to 2$

よって

$$V = \pi \int_{1}^{2} \frac{(t-1)^2(2-t)}{t}\, dt$$

$$= -\pi \int_{1}^{2} \left(t^2 - 4t + 5 - \frac{2}{t} \right) dt$$

$$= -\pi \left[\frac{1}{3}t^3 - 2t^2 + 5t - 2\log t \right]_{1}^{2}$$

$$= \pi \left(2\log 2 - \frac{4}{3} \right)$$

77 2020年度　理系〔4〕 Level B

n を自然数とし，$2n\pi \leqq x \leqq (2n+1)\pi$ に対して $f(x) = \dfrac{\sin x}{x}$ とする。以下の問に答えよ。

(1) $f(x)$ が最大となる x の値がただ1つ存在することを示せ。

(2) (1)の x の値を x_n とする。このとき，$\displaystyle\lim_{n \to \infty} \dfrac{n}{\tan x_n}$ を求めよ。

> **ポイント** (1) 微分して増減を調べる。$f'(x)$ の符号を調べる際，分母は正なので分子を $g(x)$ とおき，$g(x)$ の符号の変化を調べる。
> (2) x_n は $g(x) = 0$ の解であることと，はさみうちの原理を用いる。

解法

(1) $f(x) = \dfrac{\sin x}{x}$ より　　$f'(x) = \dfrac{x\cos x - \sin x}{x^2}$

$g(x) = x\cos x - \sin x$ とおくと

$\qquad g'(x) = 1 \cdot \cos x + x(-\sin x) - \cos x = -x\sin x$

$2n\pi < x < (2n+1)\pi$ のとき，$\sin x > 0$，$x > 0$ であるので　　$g'(x) < 0$

よって，$2n\pi \leqq x \leqq (2n+1)\pi$ において，$g(x)$ は単調に減少し

$\qquad g(2n\pi) = 2n\pi > 0$，$g((2n+1)\pi) = -(2n+1)\pi < 0$

より，$g(x) = 0$ は $2n\pi < x < (2n+1)\pi$ にただ1つの実数解をもつ。

その解を α とすると

$2n\pi < x < \alpha$ のとき　　$g(x) > 0$

$\alpha < x < (2n+1)\pi$ のとき　　$g(x) < 0$

$g(x)$ と $f'(x)$ の符号は一致するので，$f(x)$ の増減表は次のようになる。

x	$2n\pi$	$\cdots$	α	$\cdots$	$(2n+1)\pi$
$f'(x)$		$+$	0	$-$	
$f(x)$	0	$\nearrow$	極大かつ最大	$\searrow$	0

よって，$f(x)$ が最大となる x の値がただ1つ存在する。　　　　　　　　（証明終）

(2) x_n は(1)の $g(x) = 0$ の解であるので

$\qquad x_n \cos x_n - \sin x_n = 0$　　　$x_n \cos x_n = \sin x_n$

$\cos x_n = 0$ とすると $\sin x_n \neq 0$ であり，これをみたさない。

よって，$\cos x_n \neq 0$ であり

$$x_n = \frac{\sin x_n}{\cos x_n} \qquad \text{すなわち} \qquad x_n = \tan x_n$$

$2n\pi < x_n < (2n+1)\pi$ より $\qquad \dfrac{n}{(2n+1)\pi} < \dfrac{n}{x_n} < \dfrac{n}{2n\pi}$

したがって $\qquad \dfrac{n}{(2n+1)\pi} < \dfrac{n}{\tan x_n} < \dfrac{1}{2\pi}$

$$\lim_{n \to \infty} \frac{n}{(2n+1)\pi} = \lim_{n \to \infty} \frac{1}{\left(2 + \dfrac{1}{n}\right)\pi} = \frac{1}{2\pi}$$

ゆえに，はさみうちの原理より

$$\lim_{n \to \infty} \frac{n}{\tan x_n} = \frac{1}{2\pi} \quad \cdots\cdots (\text{答})$$

78

以下の問に答えよ。

(1) 関数

$$f(x) = \frac{\log x}{x}$$

の $x > 0$ における最大値とそのときの x の値を求めよ。

(2) a を $a \neq 1$ をみたす正の実数とする。曲線 $y = e^x$ と曲線 $y = x^a$ $(x > 0)$ が共有点 P をもち,さらに点 P において共通の接線をもつとする。点 P の x 座標を t とするとき,a と t の値を求めよ。

(3) a と t を(2)で求めた実数とする。x を $x \neq t$ をみたす正の実数とするとき,e^x と x^a の大小を判定せよ。

ポイント (1) 微分して増減を調べる。

(2) 2つの曲線 $y = g(x)$ と $y = h(x)$ が $x = t$ で共有点をもち,さらに共通の接線をもつ条件は

$$g(t) = h(t) \quad \text{かつ} \quad g'(t) = h'(t)$$

(3) (1)を利用する。

解法

(1) $f(x) = \dfrac{\log x}{x}$ より

$$f'(x) = \frac{\dfrac{1}{x} \cdot x - (\log x) \cdot 1}{x^2} = \frac{1 - \log x}{x^2}$$

$f'(x) = 0$ とおくと

$$\log x = 1, \quad x = e$$

$x > 0$ における $f(x)$ の増減表は右のようになるので

$f(x)$ の最大値 $\dfrac{1}{e}$

そのときの x の値 $x = e$ ......(答)

x	0	$\cdots$	e	$\cdots$
$f'(x)$		+	0	−
$f(x)$		↗	$\dfrac{1}{e}$	↘

(2) $y = e^x$ より $\quad y' = e^x$

$y = x^a$ より $\quad y' = ax^{a-1}$

共有点Pをもつことから　　$e^t = t^a$ ……①

Pで共通の接線をもつことから　　$e^t = at^{a-1}$ ……②

①，②より　　$t^a = at^{a-1}$

$t^{a-1} > 0$ であるので　　$t = a$

①に代入して　　$e^a = a^a$

両辺の自然対数をとると　　$a = a\log a$

$a > 0$ であるので　　$1 = \log a$　　$a = e$

よって　　$a = e,\ t = e$ ……(答)

(3)　$x \neq e$ であるので，(1)より

$$\frac{\log x}{x} < \frac{1}{e}$$

$x > 0,\ e > 0$ より

　　$e \log x < x$　　　$\log x^e < \log e^x$

底 $e > 1$ であるので　　$x^e < e^x$

すなわち　　$x^a < e^x$ ……(答)

〔注〕　(3)　e^x と x^e の自然対数の差をとると次のようになる。

$$\log e^x - \log x^e = x - e\log x = xe\left(\frac{1}{e} - \frac{\log x}{x}\right)$$

$x \neq e$ であるので，(1)より　　$\dfrac{\log x}{x} < \dfrac{1}{e}$

また，$x > 0,\ e > 0$ なので　　$xe\left(\dfrac{1}{e} - \dfrac{\log x}{x}\right) > 0$

いずれにしても，(1)を利用することになる。

79 　2019年度　理系〔5〕　Level B

媒介変数表示

$$x = \sin t, \quad y = (1 + \cos t)\sin t \quad (0 \le t \le \pi)$$

で表される曲線を C とする。以下の問に答えよ。

(1) $\dfrac{dy}{dx}$ および $\dfrac{d^2 y}{dx^2}$ を t の関数として表せ。

(2) C の凹凸を調べ，C の概形を描け。

(3) C で囲まれる領域の面積 S を求めよ。

ポイント (1) $\dfrac{dy}{dx} = \dfrac{\dfrac{dy}{dt}}{\dfrac{dx}{dt}},\ \dfrac{d^2 y}{dx^2} = \dfrac{d}{dx}\left(\dfrac{dy}{dx}\right) = \dfrac{\dfrac{d}{dt}\left(\dfrac{dy}{dx}\right)}{\dfrac{dx}{dt}}$ である。

(2) (1)から，t が 0 から π まで変化するときの C 上の点 (x, y) の動きを表にする。

(3) $0 \le x \le 1$ において，x の関数とみて，上方にある曲線を y_1，下方にある曲線を y_2 とすれば，$S = \displaystyle\int_0^1 y_1 dx - \int_0^1 y_2 dx$ となる。変数 t に置換する際，積分区間の対応に注意する。

解法

(1) $x = \sin t, \quad y = (1 + \cos t)\sin t \quad (0 \le t \le \pi)$ より

$$\frac{dx}{dt} = \cos t$$

$$\frac{dy}{dt} = -\sin t \cdot \sin t + (1 + \cos t) \cdot \cos t$$

$$= -\sin^2 t + \cos t + \cos^2 t$$

$$= 2\cos^2 t + \cos t - 1$$

$$= (2\cos t - 1)(\cos t + 1)$$

よって

$$\frac{dy}{dx} = \frac{\dfrac{dy}{dt}}{\dfrac{dx}{dt}} = \frac{2\cos^2 t + \cos t - 1}{\cos t} = 2\cos t + 1 - \frac{1}{\cos t}$$

また

$$\frac{d^2y}{dx^2}=\frac{d}{dx}\left(\frac{dy}{dx}\right)=\frac{\dfrac{d}{dt}\left(\dfrac{dy}{dx}\right)}{\dfrac{dx}{dt}}=\frac{\dfrac{d}{dt}\left(2\cos t+1-\dfrac{1}{\cos t}\right)}{\cos t}$$

$$=\frac{-2\sin t-\dfrac{\sin t}{\cos^2 t}}{\cos t}$$

$$=-\frac{\sin t}{\cos t}\left(2+\frac{1}{\cos^2 t}\right)$$

$$=-\tan t(\tan^2 t+3)$$

よって $\dfrac{dy}{dx}=2\cos t+1-\dfrac{1}{\cos t}$, $\dfrac{d^2y}{dx^2}=-\tan t(\tan^2 t+3)$ ……(答)

(2) $\tan^2 t+3>0$ であるので

$0<t<\dfrac{\pi}{2}$ のとき，$\dfrac{d^2y}{dx^2}<0$，したがって，C は上に凸

$\dfrac{\pi}{2}<t<\pi$ のとき，$\dfrac{d^2y}{dx^2}>0$，したがって，C は下に凸

……(答)

また，$0<t<\pi$ のとき，$\dfrac{dx}{dt}=0$ とおくと $t=\dfrac{\pi}{2}$，$\dfrac{dy}{dt}=0$ とおくと $t=\dfrac{\pi}{3}$ であるので，t が 0 から π まで変化するときの，C 上の点 (x, y) の動きは下の表のようになる。

t	0	$\cdots$	$\dfrac{\pi}{3}$	$\cdots$	$\dfrac{\pi}{2}$	$\cdots$	π
$\dfrac{dx}{dt}$		$+$	$+$	$+$	0	$-$	
$\dfrac{dy}{dt}$		$+$	0	$-$	$-$		
$\dfrac{dy}{dx}$	(2)	$+$	0	$-$	╱	$+$	(0)
$\dfrac{d^2y}{dx^2}$		$-$	$-$	$-$	╱	$+$	
(x, y)	$(0, 0)$	↗	$\left(\dfrac{\sqrt{3}}{2}, \dfrac{3\sqrt{3}}{4}\right)$	↘	$(1, 1)$	↘	$(0, 0)$

よって，C の概形は，次図のようになる。

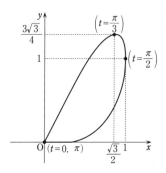

(3)　曲線 C の，$0 \leqq t \leqq \dfrac{\pi}{2}$ に対応する部分の y を y_1，$\dfrac{\pi}{2} \leqq t \leqq \pi$ に対応する部分の y を

y_2 とおくと

$$
\begin{aligned}
S &= \int_0^1 y_1 dx - \int_0^1 y_2 dx \\
&= \int_0^{\frac{\pi}{2}} (1 + \cos t) \sin t \cdot \cos t \, dt - \int_\pi^{\frac{\pi}{2}} (1 + \cos t) \sin t \cdot \cos t \, dt \\
&= -\int_0^\pi (\cos^2 t + \cos t)(\cos t)' \, dt \\
&= -\left[\frac{1}{3}\cos^3 t + \frac{1}{2}\cos^2 t \right]_0^\pi \\
&= -\left\{ \left(-\frac{1}{3} + \frac{1}{2} \right) - \left(\frac{1}{3} + \frac{1}{2} \right) \right\} \\
&= \frac{2}{3} \quad \cdots\cdots (\text{答})
\end{aligned}
$$

80

k を 2 以上の整数とする。また

$$f(x) = \frac{1}{k}\left((k-1)x + \frac{1}{x^{k-1}}\right)$$

とおく。以下の問に答えよ。

(1)　$x>0$ において，関数 $y=f(x)$ の増減と漸近線を調べてグラフの概形をかけ。

(2)　数列 $\{x_n\}$ が $x_1>1$，$x_{n+1}=f(x_n)$ $(n=1, 2, \cdots)$ を満たすとき，$x_n>1$ を示せ。

(3)　(2)の数列 $\{x_n\}$ に対し，

$$x_{n+1}-1 < \frac{k-1}{k}(x_n-1)$$

を示せ。また $\displaystyle\lim_{n \to \infty} x_n$ を求めよ。

ポイント　(1)　微分して，$x>0$ における増減を調べる。漸近線については，x 軸に垂直なものは，$\displaystyle\lim_{x \to +0} f(x) = \infty$ から求め，x 軸に垂直でないものは，$\displaystyle\lim_{x \to \infty}\{f(x)-(ax+b)\}=0$ となる a, b を求める。

(2)　(1)を利用し，数学的帰納法で示す。

(3)　$\dfrac{k-1}{k}(x_n-1)-(x_{n+1}-1)$ を x_n で表し，$x_n>1$ を用いる。〔**解法 2**〕のように平均値の定理を用いてもよい。極限については，はさみうちの原理を用いる。

解法 1

(1)　$f(x) = \dfrac{1}{k}\left\{(k-1)x + \dfrac{1}{x^{k-1}}\right\}$ より

$$f'(x) = \frac{1}{k}\left\{(k-1)-(k-1)\frac{1}{x^k}\right\}$$

$$= \frac{k-1}{k} \cdot \frac{x^k-1}{x^k}$$

$f'(x)=0$ とおくと　　$x^k=1$

$x>0$ より　　$x=1$

よって，$x>0$ における増減表は右のようになる。
また

$$\lim_{x \to +0} f(x) = \infty$$

x	(0)	$\cdots$	1	$\cdots$
$f'(x)$		$-$	0	$+$
$f(x)$		$\searrow$	1	$\nearrow$

$$\lim_{x\to\infty}\left\{f(x)-\frac{k-1}{k}x\right\}$$

$$=\lim_{x\to\infty}\frac{1}{kx^{k-1}}=0 \quad (k\geqq2)$$

したがって，漸近線は

$$x=0 \quad と \quad y=\frac{k-1}{k}x$$

以上より，グラフの概形は右のようになる。

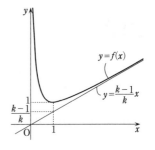

(2) 数列 $\{x_n\}$ が $x_1>1$，$x_{n+1}=f(x_n)$ $(n=1, 2, \cdots)$ をみたすとき

$$x_n>1 \quad \cdots\cdots①$$

であることを数学的帰納法で証明する。

(i) $n=1$ のとき

$x_1>1$ であるので，①が成り立つ。

(ii) $n=m$ のとき

①が成り立つと仮定する。

すなわち，$x_m>1$ であると仮定すると

(1)のグラフより $\quad f(x_m)>1$

したがって，$x_{m+1}=f(x_m)>1$ となり，$n=m+1$ のときも①が成り立つ。

(i)，(ii)より，すべての自然数 n について，$x_n>1$ が成り立つ。 （証明終）

(3) $\dfrac{k-1}{k}(x_n-1)-(x_{n+1}-1)=\dfrac{k-1}{k}(x_n-1)-\left[\dfrac{1}{k}\left\{(k-1)x_n+\dfrac{1}{x_n^{k-1}}\right\}-1\right]$

$$=\frac{k-1}{k}x_n-\frac{k-1}{k}-\frac{k-1}{k}x_n-\frac{1}{kx_n^{k-1}}+1$$

$$=\frac{x_n^{k-1}-1}{kx_n^{k-1}}>0 \quad ((2)より x_n>1, \ k-1\geqq1)$$

ゆえに $\quad x_{n+1}-1<\dfrac{k-1}{k}(x_n-1)$ （証明終）

これより，$n\geqq2$ のとき

$$x_n-1<\frac{k-1}{k}(x_{n-1}-1)<\left(\frac{k-1}{k}\right)^2(x_{n-2}-1)<\cdots<\left(\frac{k-1}{k}\right)^{n-1}(x_1-1)$$

$x_n>1$ であるので

$$0<x_n-1<\left(\frac{k-1}{k}\right)^{n-1}(x_1-1)$$

$k\geqq2$ より，$0<\dfrac{k-1}{k}<1$ であるので

$$\lim_{n\to\infty}\left(\frac{k-1}{k}\right)^{n-1}(x_1-1)=0$$

よって，はさみうちの原理より

$$\lim_{n\to\infty}(x_n-1)=0$$

$$\lim_{n\to\infty}x_n=1 \quad \cdots\cdots(答)$$

解法 2

(3) ＜平均値の定理を用いた証明＞

$f(x)$ は $x>0$ で微分可能で，$x_n>1$ であるので，区間 $[1,\ x_n]$ において，平均値の定理を用いると

$$\frac{f(x_n)-f(1)}{x_n-1}=f'(c_n) \quad (1<c_n<x_n)$$

となる c_n が存在する。

$f(x_n)=x_{n+1},\ f(1)=1,\ f'(c_n)=\dfrac{k-1}{k}\cdot\dfrac{c_n{}^k-1}{c_n{}^k}$ より

$$\frac{x_{n+1}-1}{x_n-1}=\frac{k-1}{k}\cdot\frac{c_n{}^k-1}{c_n{}^k}$$

$\dfrac{k-1}{k}>0,\ 0<\dfrac{c_n{}^k-1}{c_n{}^k}<1$ なので $\quad\dfrac{k-1}{k}\cdot\dfrac{c_n{}^k-1}{c_n{}^k}<\dfrac{k-1}{k}$

よって $\quad\dfrac{x_{n+1}-1}{x_n-1}<\dfrac{k-1}{k}$

$x_n-1>0$ より $\quad x_{n+1}-1<\dfrac{k-1}{k}(x_n-1)$ （証明終）

参考 関数 $y=f(x)$ の漸近線について，x 軸に垂直なものについては，$\lim\limits_{x\to a+0}f(x)=\pm\infty$ または $\lim\limits_{x\to a-0}f(x)=\pm\infty$ ならば，$x=a$ が漸近線である。それ以外のものは，$\lim\limits_{x\to\pm\infty}\{f(x)-(ax+b)\}=0$ をみたすとき，$y=ax+b$ が漸近線となる。一般に，$y=ax+b$ を漸近線にもつとき，$\lim\limits_{x\to\pm\infty}\dfrac{f(x)}{x}=a,\ \lim\limits_{x\to\pm\infty}\{f(x)-ax\}=b$ として，$a,\ b$ を求めることができる。

81

座標空間において，Oを原点とし，A$(2, 0, 0)$，B$(0, 2, 0)$，C$(1, 1, 0)$ とする。△OAB を直線 OC の周りに1回転してできる回転体を L とする。以下の問に答えよ。

(1) 直線 OC 上にない点 P(x, y, z) から直線 OC におろした垂線を PH とする。$\overrightarrow{OH}$ と $\overrightarrow{HP}$ を x，y，z の式で表せ。

(2) 点 P(x, y, z) が L の点であるための条件は
$$z^2 \leq 2xy \text{ かつ } 0 \leq x+y \leq 2$$
であることを示せ。

(3) $1 \leq a \leq 2$ とする。L を平面 $x=a$ で切った切り口の面積 $S(a)$ を求めよ。

(4) 立体 $\{(x, y, z) | (x, y, z) \in L, 1 \leq x \leq 2\}$ の体積を求めよ。

ポイント (1) Hは直線 OC 上にあるので，$\overrightarrow{OH} = t\overrightarrow{OC}$ (t は実数) とおける。$\overrightarrow{HP} \perp \overrightarrow{OC}$ であることから，内積を用いて，t を x，y，z で表す。

(2) Pが L の点であるための条件は，$|\overrightarrow{HP}|$ がHを通り OC に垂直な平面で L を切ったときの切り口である円の半径以下であることと，Hが線分 OC 上にあることである。

(3) (2)で $x=a$ としたとき，y，z の2つの不等式で表される領域の面積が $S(a)$ である。

(4) $S(a)$ を a について1から2まで積分する。計算については置換積分法を用いる。

解 法

(1) $\overrightarrow{OH} = t\overrightarrow{OC} = (t, t, 0)$ (t は実数) とおくと
$$\overrightarrow{HP} = \overrightarrow{OP} - \overrightarrow{OH} = (x-t, y-t, z)$$
$\overrightarrow{HP} \perp \overrightarrow{OC}$ より　　$\overrightarrow{HP} \cdot \overrightarrow{OC} = 0$
よって　　$(x-t) \cdot 1 + (y-t) \cdot 1 + z \cdot 0 = 0$
$$x + y - 2t = 0 \qquad t = \frac{x+y}{2}$$
ゆえに
$$\overrightarrow{OH} = \left(\frac{x+y}{2}, \frac{x+y}{2}, 0\right), \quad \overrightarrow{HP} = \left(\frac{x-y}{2}, \frac{-x+y}{2}, z\right) \quad \cdots\cdots(\text{答})$$

(2) Hを通り直線OCに垂直な平面とx軸，y軸との交点をそれぞれD，Eとする。

DH＝EH＝OHであるので，PがLの点であるための条件は$|\overrightarrow{\mathrm{HP}}|\leqq|\overrightarrow{\mathrm{OH}}|$かつHが線分OC上にあることである。$|\overrightarrow{\mathrm{HP}}|^2\leqq|\overrightarrow{\mathrm{OH}}|^2$より

$$\left(\frac{x-y}{2}\right)^2+\left(\frac{-x+y}{2}\right)^2+z^2\leqq\left(\frac{x+y}{2}\right)^2+\left(\frac{x+y}{2}\right)^2$$

$$z^2\leqq\frac{(x+y)^2-(x-y)^2}{2}$$

$$z^2\leqq2xy$$

Hが線分OC上にあることより

$$0\leqq\frac{x+y}{2}\leqq1 \qquad 0\leqq x+y\leqq2$$

以上より，PがLの点であるための条件は

$$z^2\leqq2xy \qquad かつ \qquad 0\leqq x+y\leqq2 \qquad\qquad （証明終）$$

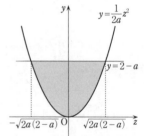

(3) (2)より，Lを平面$x=a$（$1\leqq a\leqq2$）で切った切り口は

$$z^2\leqq2ay \qquad かつ \qquad 0\leqq a+y\leqq2$$

すなわち，$y\geqq\dfrac{1}{2a}z^2$，$-a\leqq y\leqq2-a$をみたすので，右図の網かけ部分（境界を含む）になる。

$\dfrac{1}{2a}z^2=2-a$とおくと

$$z^2=2a(2-a)$$

$$z=\pm\sqrt{2a(2-a)}$$

よって，$\alpha=\sqrt{2a(2-a)}$とおくと

$$S(a)=\int_{-\alpha}^{\alpha}\left\{(2-a)-\frac{1}{2a}z^2\right\}dz$$

$$=-\frac{1}{2a}\int_{-\alpha}^{\alpha}(z-\alpha)(z+\alpha)\,dz$$

$$=-\frac{1}{2a}\cdot\left(-\frac{1}{6}\right)\{\alpha-(-\alpha)\}^3$$

$$=\frac{2}{3a}\alpha^3$$

$$=\frac{4\sqrt{2}}{3}(2-a)\sqrt{a(2-a)} \quad\cdots\cdots（答）$$

〔注〕 積分の計算で，公式 $\int_\alpha^\beta (x-\alpha)(x-\beta)\,dx = -\dfrac{1}{6}(\beta-\alpha)^3$ を用いているが，次のように計算してもよい。

$$\int_{-\alpha}^{\alpha} \left\{ (2-a) - \frac{1}{2a}z^2 \right\} dz$$

$$= 2\int_0^\alpha \left\{ -\frac{1}{2a}z^2 + (2-a) \right\} dz \quad \text{(偶関数の積分)}$$

$$= \left[-\frac{1}{3a}z^3 + 2(2-a)z \right]_0^\alpha$$

$$= -\frac{1}{3a}\alpha^3 + 2(2-a)\alpha$$

$$= -\frac{1}{3a}\cdot 2a(2-a)\sqrt{2a(2-a)} + 2(2-a)\sqrt{2a(2-a)}$$

$$= \frac{4\sqrt{2}}{3}(2-a)\sqrt{a(2-a)}$$

(4) 求める体積を V とおくと

$$V = \int_1^2 S(a)\,da$$

$$= \int_1^2 \frac{4\sqrt{2}}{3}(2-a)\sqrt{a(2-a)}\,da$$

$$= \frac{4\sqrt{2}}{3}\int_1^2 (2-a)\sqrt{1-(a-1)^2}\,da$$

$a-1=u$ とおくと

$$da = du, \quad \begin{array}{c|c} a & 1\to2 \\ \hline u & 0\to1 \end{array}, \quad a = u+1$$

$$V = \frac{4\sqrt{2}}{3}\int_0^1 (1-u)\sqrt{1-u^2}\,du$$

$$= \frac{4\sqrt{2}}{3}\left(\int_0^1 \sqrt{1-u^2}\,du - \int_0^1 u\sqrt{1-u^2}\,du \right)$$

$\int_0^1 \sqrt{1-u^2}\,du$ は半径 1 の円の面積の $\dfrac{1}{4}$ であるので

$$\int_0^1 \sqrt{1-u^2}\,du = \frac{\pi}{4}$$

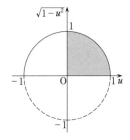

また，$\int_0^1 u\sqrt{1-u^2}\,du$ において，$1-u^2=v$ とおくと

$$-2u\,du = dv, \quad u\,du = -\frac{1}{2}dv, \quad \begin{array}{c|c} u & 0\to1 \\ \hline v & 1\to0 \end{array}$$

$$\int_0^1 u\sqrt{1-u^2}\,du = \int_1^0 \sqrt{v}\left(-\frac{1}{2}dv\right) = \frac{1}{2}\int_0^1 v^{\frac{1}{2}}dv = \frac{1}{2}\left[\frac{2}{3}v^{\frac{3}{2}}\right]_0^1 = \frac{1}{3}$$

ゆえに $V = \dfrac{4\sqrt{2}}{3}\left(\dfrac{\pi}{4} - \dfrac{1}{3}\right) = \dfrac{\sqrt{2}\,(3\pi - 4)}{9}$ ……(答)

参考 ＜三角関数を用いて置換した場合＞

$\displaystyle\int_1^2 (2-a)\sqrt{1-(a-1)^2}\,da$ において，$a-1 = \sin\theta$ とおくと

$da = \cos\theta\,d\theta$,

a	$1 \rightarrow 2$
θ	$0 \rightarrow \dfrac{\pi}{2}$

$a = \sin\theta + 1$

であるので

$$V = \frac{4\sqrt{2}}{3}\int_0^{\frac{\pi}{2}} (1-\sin\theta)\sqrt{1-\sin^2\theta}\,\cos\theta\,d\theta$$

$$= \frac{4\sqrt{2}}{3}\left\{\int_0^{\frac{\pi}{2}}\cos^2\theta\,d\theta + \int_0^{\frac{\pi}{2}}\cos^2\theta\,(-\sin\theta)\,d\theta\right\}$$

$$= \frac{4\sqrt{2}}{3}\left(\int_0^{\frac{\pi}{2}}\frac{1+\cos 2\theta}{2}\,d\theta + \left[\frac{1}{3}\cos^3\theta\right]_0^{\frac{\pi}{2}}\right)$$

$$= \frac{4\sqrt{2}}{3}\left(\left[\frac{1}{2}\theta + \frac{1}{4}\sin 2\theta\right]_0^{\frac{\pi}{2}} - \frac{1}{3}\right)$$

$$= \frac{4\sqrt{2}}{3}\left(\frac{\pi}{4} - \frac{1}{3}\right)$$

となる。

82

2017 年度　理系〔1〕　　　　　　　　　　　　　　**Level B**

n を自然数とする。

$$f(x) = \sin x - nx^2 + \frac{1}{9}x^3$$

とおく。$3<\pi<4$ であることを用いて，以下の問に答えよ。

(1)　$0<x<\dfrac{\pi}{2}$ のとき，$f''(x)<0$ であることを示せ。

(2)　方程式 $f(x)=0$ は $0<x<\dfrac{\pi}{2}$ の範囲に解をただ 1 つもつことを示せ。

(3)　(2)における解を x_n とする。$\displaystyle\lim_{n\to\infty} x_n = 0$ であることを示し，$\displaystyle\lim_{n\to\infty} nx_n$ を求めよ。

ポイント　(1) $f''(x)$ を求め，$0<x<\dfrac{\pi}{2}$, $n\geqq 1$, $3<\pi<4$ から示す。

(2)　(1)より，$f'(x)=0$ の解の存在と $f(x)$ の増減がわかる。

(3)　$f(x_n)=0$ から $x_n{}^2$ を n, $\sin x_n$, $x_n{}^3$ で表し，$0<x_n<\dfrac{\pi}{2}$ であることから，はさみうちの原理を用いる。

解法

(1)　$f(x) = \sin x - nx^2 + \dfrac{1}{9}x^3$ より

$$f'(x) = \cos x - 2nx + \frac{1}{3}x^2, \quad f''(x) = -\sin x - 2n + \frac{2}{3}x$$

$0<x<\dfrac{\pi}{2}$, $n\geqq 1$, $3<\pi<4$ より

$$-\sin x<0, \quad -2n\leqq -2, \quad \frac{2}{3}x<\frac{2}{3}\cdot\frac{\pi}{2}<\frac{4}{3}$$

よって　　$-\sin x - 2n + \dfrac{2}{3}x < -2 + \dfrac{4}{3} = -\dfrac{2}{3} < 0$

ゆえに，$0<x<\dfrac{\pi}{2}$ のとき　　$f''(x)<0$　　　　　　　　　　　(証明終)

(2)　(1)より $f'(x)$ は $0<x<\dfrac{\pi}{2}$ において単調に減少し

$f'(0) = 1 > 0$

$f'\left(\dfrac{\pi}{2}\right) = -n\pi + \dfrac{\pi^2}{12} = \dfrac{\pi}{12}(\pi - 12n) < \dfrac{\pi}{12}(4 - 12 \cdot 1) < 0$

よって，$f'(x)$ は連続だから $f'(x) = 0$ の解が $0 < x < \dfrac{\pi}{2}$

にただ1つ存在するので，その解を α とすると，

$f(x)$ の $0 < x < \dfrac{\pi}{2}$ における増減表は右のようになり

x	0	$\cdots$	α	$\cdots$	$\dfrac{\pi}{2}$
$f'(x)$		$+$	0	$-$	
$f(x)$		↗		↘	

$f(0) = 0$

$f\left(\dfrac{\pi}{2}\right) = 1 - \dfrac{n\pi^2}{4} + \dfrac{\pi^3}{72} < 1 - \dfrac{1 \cdot 3^2}{4} + \dfrac{4^3}{72}$

$= -\dfrac{13}{36} < 0$

よって，$f(x) = 0$ は連続だから $0 < x < \dfrac{\pi}{2}$ の範囲に解をただ1つもつ。 （証明終）

(3) x_n は $f(x) = 0$ の解であるので

$\sin x_n - n x_n{}^2 + \dfrac{1}{9} x_n{}^3 = 0$ ……①

$n \geqq 1$ なので $x_n{}^2 = \dfrac{1}{n}\left(\sin x_n + \dfrac{1}{9} x_n{}^3\right)$

$0 < x_n < \dfrac{\pi}{2}$ より $\sin x_n + \dfrac{1}{9} x_n{}^3 < 1 + \dfrac{1}{9} \cdot \dfrac{\pi^3}{8} = 1 + \dfrac{\pi^3}{72}$

よって $0 < x_n{}^2 < \dfrac{1}{n}\left(1 + \dfrac{\pi^3}{72}\right)$

$\displaystyle\lim_{n \to \infty} \dfrac{1}{n}\left(1 + \dfrac{\pi^3}{72}\right) = 0$ であるので，はさみうちの原理より

$\displaystyle\lim_{n \to \infty} x_n{}^2 = 0$

したがって $\displaystyle\lim_{n \to \infty} x_n = 0$ （証明終）

また，①より $n x_n = \dfrac{\sin x_n}{x_n} + \dfrac{1}{9} x_n{}^2$

ここで，$\displaystyle\lim_{n \to \infty} x_n = 0$ であるので $\displaystyle\lim_{n \to \infty} \dfrac{\sin x_n}{x_n} = 1$

ゆえに $\displaystyle\lim_{n \to \infty} n x_n = \lim_{n \to \infty}\left(\dfrac{\sin x_n}{x_n} + \dfrac{1}{9} x_n{}^2\right) = 1$ ……（答）

83 2017年度 理系〔2〕 Level B

n を自然数とする。以下の問に答えよ。

(1) 実数 x に対して，次の等式が成り立つことを示せ。

$$\sum_{k=0}^{n} (-1)^k e^{-kx} - \frac{1}{1+e^{-x}} = \frac{(-1)^n e^{-(n+1)x}}{1+e^{-x}}$$

(2) 次の等式をみたす S の値を求めよ。

$$\sum_{k=1}^{n} \frac{(-1)^k (1-e^{-k})}{k} - S = (-1)^n \int_0^1 \frac{e^{-(n+1)x}}{1+e^{-x}} dx$$

(3) 不等式

$$\int_0^1 \frac{e^{-(n+1)x}}{1+e^{-x}} dx \leq \frac{1}{n+1}$$

が成り立つことを示し，$\displaystyle\sum_{k=1}^{\infty} \frac{(-1)^k(1-e^{-k})}{k}$ を求めよ。

ポイント (1) $\displaystyle\sum_{k=0}^{n} (-1)^k e^{-kx}$ は等比数列の和である。

(2) 右辺に着目すれば，(1)の両辺を積分することに気づくだろう。

(3) 左辺の被積分関数より大きく，積分可能な関数を考える。後半は(2)の等式において $n\to\infty$ とする。

解 法

(1) $$\sum_{k=0}^{n} (-1)^k e^{-kx} = \sum_{k=0}^{n} (-e^{-x})^k$$

これは，初項1，公比 $-e^{-x}$，項数 $n+1$ である等比数列の和であり，$-e^{-x} \neq 1$ であるので

$$\sum_{k=0}^{n} (-1)^k e^{-kx} = \frac{1-(-e^{-x})^{n+1}}{1-(-e^{-x})} = \frac{1}{1+e^{-x}} + \frac{(-1)^n e^{-(n+1)x}}{1+e^{-x}}$$

ゆえに $$\sum_{k=0}^{n} (-1)^k e^{-kx} - \frac{1}{1+e^{-x}} = \frac{(-1)^n e^{-(n+1)x}}{1+e^{-x}}$$　　　　　　(証明終)

(2) (1)より

$$\int_0^1 \sum_{k=0}^{n} (-1)^k e^{-kx} dx - \int_0^1 \frac{1}{1+e^{-x}} dx = (-1)^n \int_0^1 \frac{e^{-(n+1)x}}{1+e^{-x}} dx \quad \cdots\cdots①$$

$$\int_0^1 \sum_{k=0}^n (-1)^k e^{-kx} dx = \int_0^1 dx + \sum_{k=1}^n (-1)^k \int_0^1 e^{-kx} dx$$

$$= \left[x\right]_0^1 + \sum_{k=1}^n (-1)^k \left[-\frac{1}{k} e^{-kx}\right]_0^1$$

$$= 1 + \sum_{k=1}^n (-1)^k \left(-\frac{1}{k} e^{-k} + \frac{1}{k}\right)$$

$$= \sum_{k=1}^n \frac{(-1)^k (1-e^{-k})}{k} + 1$$

$$\int_0^1 \frac{1}{1+e^{-x}} dx = \int_0^1 \frac{e^x}{e^x+1} dx = \int_0^1 \frac{(e^x+1)'}{e^x+1} dx = \left[\log(e^x+1)\right]_0^1$$

$$= \log(e+1) - \log 2 = \log \frac{e+1}{2}$$

よって，①の左辺は

$$\sum_{k=1}^n \frac{(-1)^k (1-e^{-k})}{k} + 1 - \log \frac{e+1}{2}$$

$$= \sum_{k=1}^n \frac{(-1)^k (1-e^{-k})}{k} - \left(\log \frac{e+1}{2} - 1\right)$$

ゆえに　　　$S = \log \dfrac{e+1}{2} - 1 = \log \dfrac{e+1}{2e}$　……(答)

(3)　$0 \le x \le 1$ において，$\dfrac{1}{1+e^{-x}} \le 1$, $e^{-(n+1)x} > 0$ であるので

$$\frac{e^{-(n+1)x}}{1+e^{-x}} \le e^{-(n+1)x}$$

$$\int_0^1 \frac{e^{-(n+1)x}}{1+e^{-x}} dx \le \int_0^1 e^{-(n+1)x} dx　……②$$

また

$$\int_0^1 e^{-(n+1)x} dx = \left[-\frac{1}{n+1} e^{-(n+1)x}\right]_0^1 = -\frac{e^{-(n+1)}}{n+1} + \frac{1}{n+1} \le \frac{1}{n+1}　……③$$

②，③より　　　$\displaystyle\int_0^1 \frac{e^{-(n+1)x}}{1+e^{-x}} dx \le \frac{1}{n+1}$　　　　　　　　　　(証明終)

したがって　　　$-\dfrac{1}{n+1} \le (-1)^n \displaystyle\int_0^1 \dfrac{e^{-(n+1)x}}{1+e^{-x}} dx \le \dfrac{1}{n+1}$

$\displaystyle\lim_{n\to\infty} \left(-\frac{1}{n+1}\right) = \lim_{n\to\infty} \frac{1}{n+1} = 0$ であるので，はさみうちの原理より

$$\lim_{n\to\infty} (-1)^n \int_0^1 \frac{e^{-(n+1)x}}{1+e^{-x}} dx = 0$$

(2)より

$$\sum_{k=1}^{n} \frac{(-1)^k(1-e^{-k})}{k} = (-1)^n \int_0^1 \frac{e^{-(n+1)x}}{1+e^{-x}}dx + \log\frac{e+1}{2e}$$

であるので

$$\sum_{k=1}^{\infty} \frac{(-1)^k(1-e^{-k})}{k} = \lim_{n\to\infty}\sum_{k=1}^{n} \frac{(-1)^k(1-e^{-k})}{k}$$

$$= \lim_{n\to\infty}\left\{(-1)^n \int_0^1 \frac{e^{-(n+1)x}}{1+e^{-x}}dx + \log\frac{e+1}{2e}\right\}$$

$$= \log\frac{e+1}{2e} \quad \cdots\cdots(\text{答})$$

84 2017年度　理系〔5〕　　　　　　　　Level D

r, c, ω は正の定数とする。座標平面上の動点Pは時刻 $t=0$ のとき原点にあり，毎秒 c の速さで x 軸上を正の方向へ動いているとする。また，動点Qは時刻 $t=0$ のとき点 $(0, -r)$ にあるとする。点Pから見て，動点Qが点Pを中心とする半径 r の円周上を毎秒 ω ラジアンの割合で反時計回りに回転しているとき，以下の問に答えよ。

(1) 時刻 t における動点Qの座標 $(x(t), y(t))$ を求めよ。

(2) 動点Qの描く曲線が交差しない，すなわち，$t_1 \neq t_2$ ならば $(x(t_1), y(t_1)) \neq (x(t_2), y(t_2))$ であるための必要十分条件を r, c, ω を用いて与えよ。

ポイント (1) $\overrightarrow{OQ} = \overrightarrow{OP} + \overrightarrow{PQ}$ であるので，$\overrightarrow{OP}$, $\overrightarrow{PQ}$ の成分を求める。

(2) 微分して，点Qの描く曲線の概形を考え，交差しない条件を求める。あるいは〔解法2〕のように，対偶「$(x(t_1), y(t_1)) = (x(t_2), y(t_2))$ ならば $t_1 = t_2$」となる条件を求めてもよい。

解法 1

(1) 点Pは x 軸上を毎秒 c の速さで動くので

$$\overrightarrow{OP} = (ct, 0)$$

また，$|\overrightarrow{PQ}| = r$ であり，$\overrightarrow{PQ}$ と x 軸の正の方向のなす角は $\dfrac{3}{2}\pi + \omega t$ であるので

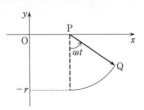

$$\overrightarrow{PQ} = \left(r\cos\left(\frac{3\pi}{2} + \omega t\right), \ r\sin\left(\frac{3\pi}{2} + \omega t\right)\right)$$

$$= (r\sin\omega t, \ -r\cos\omega t)$$

よって　　$\overrightarrow{OQ} = \overrightarrow{OP} + \overrightarrow{PQ} = (ct + r\sin\omega t, \ -r\cos\omega t)$

ゆえに　　Q $(ct + r\sin\omega t, \ -r\cos\omega t)$　……(答)

(2) $x(t) = ct + r\sin\omega t$, $y(t) = -r\cos\omega t$ より

$$\frac{dx}{dt} = c + r\omega\cos\omega t = r\omega\left(\frac{c}{r\omega} + \cos\omega t\right)$$

$$\frac{dy}{dt} = r\omega\sin\omega t$$

(ⅰ) $\dfrac{c}{r\omega} \ge 1$ のとき

$\dfrac{dx}{dt} \ge 0$ であるので，つねに $x(t)$ は増加する。

したがって，$t_1 \neq t_2$ ならば $x(t_1) \neq x(t_2)$，すなわち $(x(t_1),\ y(t_1)) \neq (x(t_2),\ y(t_2))$ が成り立つので，点Qの描く曲線は交差しない。

(ⅱ) $0 < \dfrac{c}{r\omega} < 1$ のとき，$0 \le t \le \dfrac{2\pi}{\omega}$ において

$\dfrac{dx}{dt} = 0$ とおくと　　$\cos\omega t = -\dfrac{c}{r\omega}$

$-1 < -\dfrac{c}{r\omega} < 0$ であるので，2つの解 $\alpha,\ \beta$ を $0 < \alpha < \dfrac{\pi}{\omega} < \beta < \dfrac{2\pi}{\omega}$ にもつ。

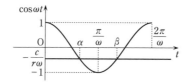

$\dfrac{dy}{dt} = 0$ とおくと　　$\sin\omega t = 0$

$0 < t < \dfrac{2\pi}{\omega}$ のとき　　$t = \dfrac{\pi}{\omega}$

したがって，$0 \le t \le \dfrac{2\pi}{\omega}$ における点Qの動きは下表のようになり，描く曲線の概形は次のようになる。

ゆえに，点Qの描く曲線は交差する。

t	0	$\cdots$	α	$\cdots$	$\dfrac{\pi}{\omega}$	$\cdots$	β	$\cdots$	$\dfrac{2\pi}{\omega}$
$\dfrac{dx}{dt}$	$+$	$+$	0	$-$	$-$	$-$	0	$+$	$+$
$\dfrac{dy}{dt}$	(0)	$+$	$+$	$+$	0	$-$	$-$	$-$	(0)
$\dfrac{dy}{dx}$	(0)	$+$		$-$	0	$+$		$-$	(0)
$(x,\ y)$	$(0,\ -r)$	$\nearrow$		$\searrow$	$\left(\dfrac{\pi c}{\omega},\ r\right)$	$\swarrow$		$\searrow$	$\left(\dfrac{2\pi c}{\omega},\ -r\right)$

（矢印は点 Q $(x,\ y)$ の動く方向を表す）

(i), (ii)より，点Qの描く曲線が交差しないための必
要十分条件は

$$\frac{c}{r\omega} \geqq 1$$

すなわち

$$c \geqq r\omega \quad \cdots\cdots (答)$$

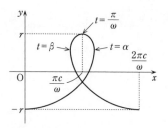

解 法 2

(2) 「$t_1 \neq t_2$ ならば $(x(t_1),\ y(t_1)) \neq (x(t_2),\ y(t_2))$」の対偶

「$(x(t_1),\ y(t_1)) = (x(t_2),\ y(t_2))$ ならば $t_1 = t_2$」が成り立つための必要十分条件を求
める。

$x(t_1) = x(t_2)$ とおくと

$$ct_1 + r\sin\omega t_1 = ct_2 + r\sin\omega t_2$$

$$c(t_1 - t_2) + r(\sin\omega t_1 - \sin\omega t_2) = 0$$

$$c(t_1 - t_2) + 2r\cos\frac{\omega(t_1 + t_2)}{2}\sin\frac{\omega(t_1 - t_2)}{2} = 0 \quad \cdots\cdots①$$

$y(t_1) = y(t_2)$ とおくと

$$-r\cos\omega t_1 = -r\cos\omega t_2$$

$$r\cos\omega t_1 - r\cos\omega t_2 = 0$$

$$-2r\sin\frac{\omega(t_1 + t_2)}{2}\sin\frac{\omega(t_1 - t_2)}{2} = 0 \quad \cdots\cdots②$$

$r > 0$ なので，②より $\quad \sin\dfrac{\omega(t_1 + t_2)}{2} = 0$ または $\sin\dfrac{\omega(t_1 - t_2)}{2} = 0$

(i) $\sin\dfrac{\omega(t_1 - t_2)}{2} = 0$ のとき

①より $\quad c(t_1 - t_2) = 0$

$c > 0$ であるので，$t_1 = t_2$ が成り立つ。

(ii) $\sin\dfrac{\omega(t_1 + t_2)}{2} = 0$ のとき

$$\cos\frac{\omega(t_1 + t_2)}{2} = \pm 1$$

①より $\quad c(t_1 - t_2) \pm 2r\sin\dfrac{\omega(t_1 - t_2)}{2} = 0$

$t_1 - t_2 = u$ とおくと

$$cu \pm 2r\sin\frac{\omega}{2}u = 0 \qquad cu = \pm 2r\sin\frac{\omega}{2}u$$

したがって $\quad cu = 2r\sin\dfrac{\omega}{2}u, \quad cu = -2r\sin\dfrac{\omega}{2}u$

が，いずれも $u=0$ のみを解にもつ条件を求めればよい。

$v = \pm 2r\sin\dfrac{\omega}{2}u$ のグラフは下のようになり，$\dfrac{dv}{du} = \pm r\omega\cos\dfrac{\omega}{2}u$ より，原点における

接線の傾きは $\quad \pm r\omega$

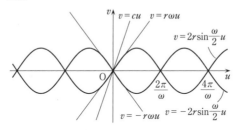

$c>0$, $r\omega>0$ であるので，求める条件は $\quad c \geqq r\omega$

(i), (ii)より，「$(x(t_1),\ y(t_1)) = (x(t_2),\ y(t_2))$ ならば $t_1 = t_2$」となる必要十分条件は

$\quad c \geqq r\omega$

したがって，点Qの描く曲線が交差しないための必要十分条件は

$\quad c \geqq r\omega \quad \cdots\cdots(答)$

85

a を正の定数とし，2曲線 $C_1 : y = \log x$，$C_2 : y = ax^2$ が点Pで接しているとする。以下の問に答えよ。

(1) Pの座標と a の値を求めよ。

(2) 2曲線 C_1，C_2 と x 軸で囲まれた部分を x 軸のまわりに1回転させてできる立体の体積を求めよ。

> **ポイント** (1) $y = f(x)$ と $y = g(x)$ のグラフが $x = t$ で接する条件は，$f(t) = g(t)$ かつ $f'(t) = g'(t)$ である。
> (2) グラフの概形をかき，積分区間等を確認する。

解法

(1) $C_1 : y = \log x$ より $\quad y' = \dfrac{1}{x}$

$C_2 : y = ax^2$ より $\quad y' = 2ax$

Pの x 座標を t $(t > 0)$ とすると，C_1, C_2 がPで接することより

$$\begin{cases} \log t = at^2 \quad \cdots\cdots ① \\ \dfrac{1}{t} = 2at \quad \cdots\cdots ② \end{cases}$$

②より $\quad at^2 = \dfrac{1}{2}$

①へ代入して $\quad \log t = \dfrac{1}{2} \quad t = \sqrt{e}$

したがって $\quad ae = \dfrac{1}{2} \quad \therefore \quad a = \dfrac{1}{2e}$

ゆえに $\quad \mathrm{P}\left(\sqrt{e},\ \dfrac{1}{2}\right),\ a = \dfrac{1}{2e} \quad \cdots\cdots$(答)

(2) C_1, C_2 の概形は右のようになるので，求める立体の体積を V とすると

$$V = \pi \int_0^{\sqrt{e}} \left(\frac{1}{2e}x^2\right)^2 dx - \pi \int_1^{\sqrt{e}} (\log x)^2 dx$$

ここで

$$\int_0^{\sqrt{e}} \left(\frac{1}{2e}x^2\right)^2 dx = \int_0^{\sqrt{e}} \frac{1}{4e^2}x^4 dx$$

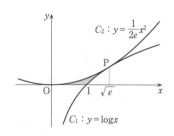

$$= \left[\frac{1}{4e^2} \cdot \frac{1}{5} x^5 \right]_0^{\sqrt{e}} = \frac{\sqrt{e}}{20}$$

$$\int_1^{\sqrt{e}} (\log x)^2 dx = \left[x (\log x)^2 \right]_1^{\sqrt{e}} - \int_1^{\sqrt{e}} x \cdot 2 \log x \cdot \frac{1}{x} dx$$

$$= \frac{\sqrt{e}}{4} - 2 \int_1^{\sqrt{e}} \log x dx$$

$$= \frac{\sqrt{e}}{4} - 2 \left[x \log x - x \right]_1^{\sqrt{e}}$$

$$= \frac{\sqrt{e}}{4} - 2 \left(\frac{\sqrt{e}}{2} - \sqrt{e} + 1 \right)$$

$$= \frac{5\sqrt{e}}{4} - 2$$

よって $\quad V = \pi \dfrac{\sqrt{e}}{20} - \pi \left(\dfrac{5\sqrt{e}}{4} - 2 \right) = \left(2 - \dfrac{6\sqrt{e}}{5} \right) \pi$ ……(答)

〔注〕 一般に，$a \leqq x \leqq b$ において，$y = f(x)$ のグラフと x 軸で囲まれた部分を x 軸のまわりに回転してできる立体の体積は，$\pi \int_a^b \{ f(x) \}^2 dx$ である。グラフの概形をかいて，どの部分を回転したものから，どの部分を回転したものを除くのかを確認することが大切である。対数関数の積分については，部分積分法を用いる。

86 　2016年度　理系〔5〕　　　　　　　　　　Level C

極方程式で表された xy 平面上の曲線 $r = 1 + \cos\theta$ $(0 \leq \theta \leq 2\pi)$ を C とする。以下の問に答えよ。

(1) 曲線 C 上の点を直交座標 (x, y) で表したとき，$\dfrac{dx}{d\theta} = 0$ となる点，および $\dfrac{dy}{d\theta} = 0$ となる点の直交座標を求めよ。

(2) $\displaystyle\lim_{\theta \to \pi} \dfrac{dy}{dx}$ を求めよ。

(3) 曲線 C の概形を xy 平面上にかけ。

(4) 曲線 C の長さを求めよ。

ポイント (1) 直交座標 (x, y) と極座標 (r, θ) の関係 $x = r\cos\theta$, $y = r\sin\theta$ と $r = 1 + \cos\theta$ から，x, y の θ による媒介変数表示が得られる。

(2) $\dfrac{dx}{d\theta} \neq 0$ のとき，$\dfrac{dy}{dx} = \dfrac{\dfrac{dy}{d\theta}}{\dfrac{dx}{d\theta}}$ である。

(3) (1), (2)から，θ の変化に対する (x, y) の動きを表にする。対称性に注意する。

(4) 曲線の長さの公式 $\displaystyle\int_{\alpha}^{\beta} \sqrt{\left(\dfrac{dx}{d\theta}\right)^2 + \left(\dfrac{dy}{d\theta}\right)^2}\, d\theta$ を用いる。

解 法

(1) $C : r = 1 + \cos\theta$ $(0 \leq \theta \leq 2\pi)$ より

$$\begin{cases} x = r\cos\theta = (1 + \cos\theta)\cos\theta \\ y = r\sin\theta = (1 + \cos\theta)\sin\theta \end{cases} \quad \cdots\cdots①$$

$$\frac{dx}{d\theta} = -\sin\theta\cos\theta + (1 + \cos\theta)(-\sin\theta)$$

$$= -\sin\theta\,(2\cos\theta + 1) \quad \cdots\cdots②$$

$\dfrac{dx}{d\theta} = 0$ とおくと　　$\sin\theta = 0$ または $\cos\theta = -\dfrac{1}{2}$

$0 \leq \theta \leq 2\pi$ より　　$\theta = 0,\ \pi,\ 2\pi,\ \dfrac{2}{3}\pi,\ \dfrac{4}{3}\pi$

よって，$\dfrac{dx}{d\theta} = 0$ となる点の直交座標は

$(2, 0)$, $(0, 0)$, $\left(-\dfrac{1}{4}, \dfrac{\sqrt{3}}{4}\right)$, $\left(-\dfrac{1}{4}, -\dfrac{\sqrt{3}}{4}\right)$ ……(答)

$$\dfrac{dy}{d\theta} = -\sin\theta \cdot \sin\theta + (1+\cos\theta)\cos\theta$$
$$= -(1-\cos^2\theta) + (1+\cos\theta)\cos\theta$$
$$= (2\cos\theta-1)(\cos\theta+1) \quad \cdots\cdots③$$

$\dfrac{dy}{d\theta}=0$ とおくと $\quad \cos\theta = \dfrac{1}{2}, \; -1$

$0 \le \theta \le 2\pi$ より $\quad \theta = \dfrac{\pi}{3}, \; \dfrac{5}{3}\pi, \; \pi$

よって，$\dfrac{dy}{d\theta}=0$ となる点の直交座標は

$\left(\dfrac{3}{4}, \dfrac{3\sqrt{3}}{4}\right)$, $\left(\dfrac{3}{4}, -\dfrac{3\sqrt{3}}{4}\right)$, $(0, 0)$ ……(答)

(2) $\dfrac{dx}{d\theta} \ne 0$, すなわち $\theta \ne 0$, π, 2π, $\dfrac{2}{3}\pi$, $\dfrac{4}{3}\pi$ のとき

$$\dfrac{dy}{dx} = \dfrac{\dfrac{dy}{d\theta}}{\dfrac{dx}{d\theta}} = \dfrac{(2\cos\theta-1)(\cos\theta+1)}{-\sin\theta(2\cos\theta+1)}$$

$$= \dfrac{(2\cos\theta-1)(1+\cos\theta)(1-\cos\theta)}{-\sin\theta(2\cos\theta+1)(1-\cos\theta)}$$

$$= -\dfrac{(2\cos\theta-1)\sin\theta}{(2\cos\theta+1)(1-\cos\theta)}$$

よって $\quad \displaystyle\lim_{\theta\to\pi}\dfrac{dy}{dx} = \lim_{\theta\to\pi}\left\{-\dfrac{(2\cos\theta-1)\sin\theta}{(2\cos\theta+1)(1-\cos\theta)}\right\} = 0$ ……(答)

〔注〕 $\dfrac{dy}{dx} = \dfrac{\dfrac{dy}{d\theta}}{\dfrac{dx}{d\theta}}$ として，$\dfrac{dy}{dx}$ を θ で表す。$\theta\to\pi$ のとき，分母，分子とも 0 に近づくので（不定形），分母，分子に $1-\cos\theta$ をかけて変形する。

(3) $\cos(2\pi-\theta) = \cos\theta$, $\sin(2\pi-\theta) = -\sin\theta$ なので，①から，曲線 C の $0 \le \theta \le \pi$ の部分と $\pi \le \theta \le 2\pi$ の部分は x 軸に関して対称である。

(1), (2)より，θ が 0 から π まで変化するとき，曲線 C 上の点 (x, y) の動きは次の表のようになる。

θ	0	$\cdots$	$\dfrac{\pi}{3}$	$\cdots$	$\dfrac{2}{3}\pi$	$\cdots$	π
$\dfrac{dx}{d\theta}$	0	$-$	$-$	$-$	0	$+$	0
$\dfrac{dy}{d\theta}$	$+$	$+$	0	$-$	$-$	$-$	0
$\dfrac{dy}{dx}$	$(-\infty)$	$-$	0	$+$	$(+\infty)\ (-\infty)$	$-$	(0)
$(x,\ y)$	$(2,\ 0)$	↖	$\left(\dfrac{3}{4},\ \dfrac{3\sqrt{3}}{4}\right)$	↙	$\left(-\dfrac{1}{4},\ \dfrac{\sqrt{3}}{4}\right)$	↘	$(0,\ 0)$

（矢印は点 $(x,\ y)$ の動く方向を表す）

よって，曲線 C の概形は下のようになる。

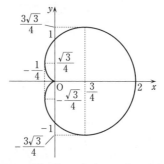

〔注〕 $x(\theta)=(1+\cos\theta)\cos\theta$, $y(\theta)=(1+\cos\theta)\sin\theta$ とおくと，$x(2\pi-\theta)=x(\theta)$,
$y(2\pi-\theta)=-y(\theta)$ であるので，$(x(\theta),\ y(\theta))$ と $(x(2\pi-\theta),\ y(2\pi-\theta))$ は x 軸に関
して対称であり，θ が 0 から π まで変化するとき，$2\pi-\theta$ は 2π から π まで変化するので，
曲線 C は x 軸に関して対称である。点 $(x,\ y)$ の動きの表を作成する際，まずポイント
となる点（(1)で求めた点）をとり，その間の動きを矢印で表すとよい。表から，$0\leqq\theta\leqq\pi$
に対応する曲線の概形をかき，さらにそれを x 軸に関して対称移動させたものをかき加
えればよい。

(4) ②，③より

$$\left(\frac{dx}{d\theta}\right)^2+\left(\frac{dy}{d\theta}\right)^2$$

$$=\sin^2\theta(2\cos\theta+1)^2+(2\cos\theta-1)^2(\cos\theta+1)^2$$

$$=(1-\cos^2\theta)(2\cos\theta+1)^2+(2\cos\theta-1)^2(\cos\theta+1)^2$$

$$=(1+\cos\theta)\{(4\cos^2\theta+4\cos\theta+1)(1-\cos\theta)+(4\cos^2\theta-4\cos\theta+1)(1+\cos\theta)\}$$

$$=2(1+\cos\theta)$$

$$=4\cos^2\frac{\theta}{2}$$

x 軸に関する対称性から，曲線 C の長さは

$$2\int_0^\pi \sqrt{\left(\frac{dx}{d\theta}\right)^2 + \left(\frac{dy}{d\theta}\right)^2}\, d\theta = 2\int_0^\pi \sqrt{4\cos^2\frac{\theta}{2}}\, d\theta$$

$$= 4\int_0^\pi \cos\frac{\theta}{2}\, d\theta \quad \left(0\leqq\theta\leqq\pi \text{ のとき, } \cos\frac{\theta}{2}\geqq0\right)$$

$$= 4\left[2\sin\frac{\theta}{2}\right]_0^\pi$$

$$= 8 \quad \cdots\cdots(\text{答})$$

87 2015年度 理系〔1〕　　　　　　　　　　Level A

座標平面上の 2 つの曲線 $y=\dfrac{x-3}{x-4}$, $y=\dfrac{1}{4}(x-1)(x-3)$ をそれぞれ C_1, C_2 とする。
以下の問に答えよ。

(1)　2 曲線 C_1, C_2 の交点をすべて求めよ。

(2)　2 曲線 C_1, C_2 の概形をかき，C_1 と C_2 で囲まれた図形の面積を求めよ。

> **ポイント**　(1)　連立方程式を解き，交点を求める。
> (2)　グラフの概形から囲まれる部分を確認し，積分により求める。

解法

(1)　$y=\dfrac{x-3}{x-4}$ と $y=\dfrac{1}{4}(x-1)(x-3)$ を連立させて

$$\dfrac{x-3}{x-4}=\dfrac{1}{4}(x-1)(x-3)$$

$$4(x-3)=(x-1)(x-3)(x-4), \quad x\neq4$$

$$\{(x-1)(x-4)-4\}(x-3)=0, \quad x\neq4$$

$$x(x-3)(x-5)=0, \quad x\neq4$$

$$x=0,\ 3,\ 5$$

ゆえに，求める交点は　　$\left(0,\ \dfrac{3}{4}\right)$, $(3,\ 0)$, $(5,\ 2)$　……(答)

(2)　$C_1 : y=\dfrac{x-3}{x-4}=\dfrac{(x-4)+1}{x-4}=\dfrac{1}{x-4}+1$

よって，C_1 は $x=4$, $y=1$ を漸近線とする双曲線。
また，C_2 は(1)の 3 交点を通る下に凸な放物線であるので，C_1, C_2 の概形は右のようになる。
したがって，囲まれた図形の面積は

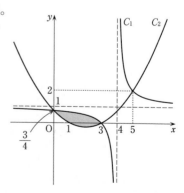

$$\int_0^3 \left\{ \left(\dfrac{1}{x-4}+1 \right) - \dfrac{1}{4}(x-1)(x-3) \right\} dx$$

$$=\int_0^3 \left(\dfrac{1}{x-4}-\dfrac{1}{4}x^2+x+\dfrac{1}{4} \right) dx$$

$$=\left[\log|x-4|-\dfrac{1}{12}x^3+\dfrac{1}{2}x^2+\dfrac{1}{4}x \right]_0^3$$

$=3-2\log 2$ ……(答)

〔注〕 グラフの概形をかく際，C_1 については，方程式を $y=\dfrac{k}{x-p}+q$ の形に変形し，漸近線を求める。C_2 については，頂点の座標は特に求めなくてよいので，(1)で求めた交点，および x 軸との交点に注意すればよい。

88

座標平面上の楕円 $\dfrac{x^2}{4}+y^2=1$ を C とする。$a>2,\ 0<\theta<\pi$ とし,x 軸上の点 A $(a,\ 0)$ と楕円 C 上の点 P $(2\cos\theta,\ \sin\theta)$ をとる。原点を O とし,直線 AP と y 軸との交点を Q とする。点 Q を通り x 軸に平行な直線と,直線 OP との交点を R とする。以下の問に答えよ。

(1) 点 R の座標を求めよ。

(2) (1)で求めた点 R の y 座標を $f(\theta)$ とする。このとき,$0<\theta<\pi$ における $f(\theta)$ の最大値を求めよ。

(3) 原点 O と点 R の距離の 2 乗を $g(\theta)$ とする。このとき,$0<\theta<\pi$ における $g(\theta)$ の最小値を求めよ。

> **ポイント** (1) AP の方程式,Q の座標,OP の方程式と順に求める。
> (2) 微分して増減を調べる。$f'(\theta)=0$ の解は具体的には求められないが,解を α とおけば,$\cos\alpha$,$\sin\alpha$ を a で表すことができる。また,$f(\theta)$ は Q の y 座標と等しいので,直線 AP が通過する範囲を考えれば〔**解法 2**〕のように求めることもできる。
> (3) $g(\theta)$ は $\cos\theta$ の式で表されるので,$\cos\theta=t$ とおけばよい。

解法 1

(1) 直線 AP の方程式は

$$y=\frac{\sin\theta}{2\cos\theta-a}(x-a)$$

$x=0$ とすると　　$y=\dfrac{-a\sin\theta}{2\cos\theta-a}=\dfrac{a\sin\theta}{a-2\cos\theta}$

よって　　$Q\left(0,\ \dfrac{a\sin\theta}{a-2\cos\theta}\right)$

$\theta\neq\dfrac{\pi}{2}$ のとき,直線 OP の方程式は

$$y=\frac{\sin\theta}{2\cos\theta}x$$

y 座標について $y=\dfrac{a\sin\theta}{a-2\cos\theta}$ とすると　　$\dfrac{\sin\theta}{2\cos\theta}x=\dfrac{a\sin\theta}{a-2\cos\theta}$

$0<\theta<\pi$ より $\sin\theta>0$ なので　　$x=\dfrac{2a\cos\theta}{a-2\cos\theta}$

よって $R\left(\dfrac{2a\cos\theta}{a-2\cos\theta},\ \dfrac{a\sin\theta}{a-2\cos\theta}\right)$

$\theta=\dfrac{\pi}{2}$ のとき，$R(0,\ 1)$ であるので，上記に含まれる。

ゆえに，R の座標は $\left(\dfrac{2a\cos\theta}{a-2\cos\theta},\ \dfrac{a\sin\theta}{a-2\cos\theta}\right)$ ……(答)

〔注〕 直線 OP の方程式については，$\theta=\dfrac{\pi}{2}$ の場合も含めて

$$(\sin\theta)x-(2\cos\theta)y=0$$

と表される。一般に，方向ベクトル $\vec{l}=(a,\ b)$ で点 $(x_1,\ y_1)$ を通る直線の方程式は

$$b(x-x_1)-a(y-y_1)=0$$

と表されるので，これを用いると場合分けしなくてすむ。

(2) (1)より $f(\theta)=\dfrac{a\sin\theta}{a-2\cos\theta}$

$\begin{aligned}f'(\theta)&=\dfrac{a\cos\theta(a-2\cos\theta)-a\sin\theta\cdot2\sin\theta}{(a-2\cos\theta)^2}\\[2mm]&=\dfrac{a^2\cos\theta-2a(\cos^2\theta+\sin^2\theta)}{(a-2\cos\theta)^2}\\[2mm]&=\dfrac{a^2\left(\cos\theta-\dfrac{2}{a}\right)}{(a-2\cos\theta)^2}\end{aligned}$

$a>2$ より $0<\dfrac{2}{a}<1$

よって，$0<\theta<\pi$ かつ $\cos\theta=\dfrac{2}{a}$ をみたす θ がただ1つ存在するので，その値を α とおくと，$f(\theta)$ の $0<\theta<\pi$ における増減表は右のようになり，$\theta=\alpha$ で $f(\theta)$ は最大となる。

θ	(0)	$\cdots$	α	$\cdots$	(π)
$f'(\theta)$		$+$	0	$-$	
$f(\theta)$		$\nearrow$	極大かつ最大	$\searrow$	

$\sin\alpha>0$ より

$$\sin\alpha=\sqrt{1-\cos^2\alpha}=\sqrt{1-\left(\dfrac{2}{a}\right)^2}=\dfrac{\sqrt{a^2-4}}{a}$$

であるので，$f(\theta)$ の最大値は

$$f(\alpha)=\dfrac{a\sin\alpha}{a-2\cos\alpha}=\dfrac{\sqrt{a^2-4}}{a-\dfrac{4}{a}}=\dfrac{a\sqrt{a^2-4}}{a^2-4}=\dfrac{a}{\sqrt{a^2-4}}\quad\cdots\cdots(答)$$

(3) (1)より

$$g(\theta)=\left(\dfrac{2a\cos\theta}{a-2\cos\theta}\right)^2+\left(\dfrac{a\sin\theta}{a-2\cos\theta}\right)^2$$

$$= \frac{4a^2\cos^2\theta + a^2\sin^2\theta}{(a-2\cos\theta)^2}$$

$$= \frac{a^2(3\cos^2\theta + 1)}{(a-2\cos\theta)^2}$$

$\cos\theta = t$ とおくと，$0 < \theta < \pi$ より　　$-1 < t < 1$

$g(\theta) = h(t) = \dfrac{a^2(3t^2+1)}{(a-2t)^2}$ とすると

$$h'(t) = \frac{6a^2t(a-2t)^2 - a^2(3t^2+1)(-4)(a-2t)}{(a-2t)^4}$$

$$= \frac{2a^2(3at+2)}{(a-2t)^3}$$

$h'(t) = 0$ とおくと　　$t = -\dfrac{2}{3a}$

$a > 2$ より $-\dfrac{1}{3} < -\dfrac{2}{3a} < 0$ であるので，$h(t)$ の増

減表は右のようになる。

t	(-1)	$\cdots$	$-\dfrac{2}{3a}$	$\cdots$	(1)
$h'(t)$		$-$	0	$+$	
$h(t)$		↘	極小 かつ 最小	↗	

よって，$g(\theta)$ の最小値は

$$h\left(-\frac{2}{3a}\right) = \frac{a^2\left(\frac{4}{3a^2}+1\right)}{\left(a+\frac{4}{3a}\right)^2} = \frac{3a^2}{3a^2+4} \quad \cdots\cdots(\text{答})$$

〔注〕　$\cos\theta = t$ とおかず，そのまま微分すると

$$g'(\theta) = \frac{-2a^2\sin\theta(3a\cos\theta+2)}{(a-2\cos\theta)^3}$$

となるので，$0 < \theta < \pi$，$\cos\theta = -\dfrac{2}{3a}$ をみたす θ を β とおき，(2)と同じように求めること

になる。

解法 2

(2)　＜Qの y 座標と，直線 AP の通過範囲から求める解法＞

$f(\theta)$ はQの y 座標と等しく，$0 < \theta < \pi$ のとき，直

線 AP の通過する範囲は右図の網かけ部分（境界は

x 軸のみ除く）であるので，$f(\theta)$ が最大となるの

は直線 AP が楕円 $\dfrac{x^2}{4} + y^2 = 1$ の接線となっていると

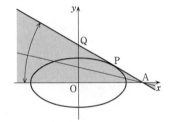

きである。

$P(2\cos\theta, \sin\theta)$ における楕円の接線の方程式は

$$\frac{(2\cos\theta)x}{4} + (\sin\theta)y = 1 \qquad \frac{\cos\theta}{2}x + (\sin\theta)y = 1$$

A $(a, 0)$ を通るので，代入して

$$\frac{\cos\theta}{2}a = 1 \qquad \cos\theta = \frac{2}{a}$$

$\sin\theta > 0$ であるので

$$\sin\theta = \sqrt{1-\cos^2\theta} = \frac{\sqrt{a^2-4}}{a}$$

よって，$f(\theta)$ の最大値は

$$\frac{a\sin\theta}{a-2\cos\theta} = \frac{a\cdot\dfrac{\sqrt{a^2-4}}{a}}{a-2\cdot\dfrac{2}{a}} = \frac{a}{\sqrt{a^2-4}} \quad \cdots\cdots(\text{答})$$

89

a を正の実数とする。座標平面上の曲線 C を
$$y = x^4 - 2(a+1)x^3 + 3ax^2$$
で定める。曲線 C が 2 つの変曲点 P，Q をもち，それらの x 座標の差が $\sqrt{2}$ であるとする。以下の問に答えよ。

(1) a の値を求めよ。

(2) 線分 PQ の中点と x 座標が一致するような，C 上の点を R とする。三角形 PQR の面積を求めよ。

(3) 曲線 C 上の点 P における接線が P 以外で C と交わる点を P′ とし，点 Q における接線が Q 以外で C と交わる点を Q′ とする。線分 P′Q′ の中点の x 座標を求めよ。

ポイント (1) $y'' = 0$ の異なる 2 つの実数解の差が $\sqrt{2}$ となる。

(2) P，Q，R の座標を求める。P，Q の y 座標については割り算を用いる。

(3) P の x 座標を α とすると，C の方程式と P における接線の方程式から y を消去してできる x の 4 次方程式は，$x = \alpha$ を重解にもつ。

解 法

(1) $f(x) = x^4 - 2(a+1)x^3 + 3ax^2$ とおくと
$$f'(x) = 4x^3 - 6(a+1)x^2 + 6ax$$
$$f''(x) = 12x^2 - 12(a+1)x + 6a$$
$$= 6\{2x^2 - 2(a+1)x + a\}$$

$f''(x) = 0$ の判別式を D とすると
$$\frac{D}{4} = (a+1)^2 - 2a = a^2 + 1 > 0$$

よって，$f''(x) = 0$ は異なる 2 つの実数解 $x = \dfrac{a+1 \pm \sqrt{a^2+1}}{2}$ をもつ。

2 つの変曲点の x 座標の差，つまり $f''(x) = 0$ の 2 つの解の差が $\sqrt{2}$ であるので
$$\frac{a+1+\sqrt{a^2+1}}{2} - \frac{a+1-\sqrt{a^2+1}}{2} = \sqrt{2}$$
$$\sqrt{a^2+1} = \sqrt{2}$$
$$a^2 + 1 = 2$$
$$a = \pm 1$$

$a>0$ であるので $a=1$ ……(答)

(2) (1)より

$$f(x) = x^4 - 4x^3 + 3x^2$$
$$f'(x) = 4x^3 - 12x^2 + 6x$$
$$f''(x) = 12x^2 - 24x + 6 = 6(2x^2 - 4x + 1)$$
$$\frac{1}{6}f''(x) = 2x^2 - 4x + 1 = 0 \quad \cdots\cdots①$$

①の解を α, β $(\alpha < \beta)$ とおくと

$$\alpha = \frac{2-\sqrt{2}}{2}, \ \beta = \frac{2+\sqrt{2}}{2}, \ \mathrm{P}(\alpha, f(\alpha)), \ \mathrm{Q}(\beta, f(\beta))$$

とおける。

$f(x)$ を $2x^2 - 4x + 1$ で割ると，商は $\frac{1}{2}x^2 - x - \frac{3}{4}$, 余りは $-2x + \frac{3}{4}$ であるので

$$f(x) = (2x^2 - 4x + 1)\left(\frac{1}{2}x^2 - x - \frac{3}{4}\right) - 2x + \frac{3}{4}$$

$2\alpha^2 - 4\alpha + 1 = 0$ より

$$f(\alpha) = -2\alpha + \frac{3}{4} = -2 \cdot \frac{2-\sqrt{2}}{2} + \frac{3}{4} = -\frac{5}{4} + \sqrt{2}$$

同様に $f(\beta) = -2\beta + \frac{3}{4} = -\frac{5}{4} - \sqrt{2}$

よって $\mathrm{P}\left(\frac{2-\sqrt{2}}{2}, \ -\frac{5}{4}+\sqrt{2}\right)$, $\mathrm{Q}\left(\frac{2+\sqrt{2}}{2}, \ -\frac{5}{4}-\sqrt{2}\right)$

また，PQ の中点の x 座標は $\frac{\alpha+\beta}{2} = 1$ で，$f(1) = 0$ より R(1, 0)

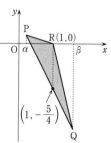

PQ の中点の y 座標は $-\frac{5}{4}$ であるので，右図から△PQR の面積は

$$\frac{1}{2}\left\{0 - \left(-\frac{5}{4}\right)\right\}(\beta - \alpha) = \frac{5\sqrt{2}}{8} \quad \cdots\cdots(答)$$

〔注〕 ベクトル $\vec{a} = (a_1, a_2)$, $\vec{b} = (b_1, b_2)$ で作られる三角形の面積の公式 $\frac{1}{2}|a_1 b_2 - a_2 b_1|$ を用いると

$$\overrightarrow{\mathrm{RP}} = \left(-\frac{\sqrt{2}}{2}, \ -\frac{5}{4}+\sqrt{2}\right), \ \overrightarrow{\mathrm{RQ}} = \left(\frac{\sqrt{2}}{2}, \ -\frac{5}{4}-\sqrt{2}\right)$$

であるので

$$\triangle\mathrm{PQR} = \frac{1}{2}\left|\left(-\frac{\sqrt{2}}{2}\right)\left(-\frac{5}{4}-\sqrt{2}\right) - \left(-\frac{5}{4}+\sqrt{2}\right)\cdot\frac{\sqrt{2}}{2}\right| = \frac{5\sqrt{2}}{8}$$

(3) P$(\alpha, \ \alpha^4 - 4\alpha^3 + 3\alpha^2)$ における接線の方程式は

$$y - (\alpha^4 - 4\alpha^3 + 3\alpha^2) = (4\alpha^3 - 12\alpha^2 + 6\alpha)(x - \alpha)$$
$$y = (4\alpha^3 - 12\alpha^2 + 6\alpha)x - 3\alpha^4 + 8\alpha^3 - 3\alpha^2$$

これと C の方程式から y を消去して

$$x^4 - 4x^3 + 3x^2 = (4\alpha^3 - 12\alpha^2 + 6\alpha)x - 3\alpha^4 + 8\alpha^3 - 3\alpha^2$$
$$x^4 - 4x^3 + 3x^2 - (4\alpha^3 - 12\alpha^2 + 6\alpha)x + 3\alpha^4 - 8\alpha^3 + 3\alpha^2 = 0$$

曲線 C と C 上の点 P における接線の方程式の連立方程式の解を考えているため，この方程式は $x = \alpha$ で重解をもつので左辺は $(x - \alpha)^2$ で割り切れる。したがって

$$(x - \alpha)^2\{x^2 + (2\alpha - 4)x + 3\alpha^2 - 8\alpha + 3\} = 0 \quad \cdots\cdots②$$

$x^2 + (2\alpha - 4)x + 3\alpha^2 - 8\alpha + 3$ を $x - \alpha$ で割ると，商は $x + 3\alpha - 4$，余りは $6\alpha^2 - 12\alpha + 3$ であり，$2\alpha^2 - 4\alpha + 1 = 0$ より

$$6\alpha^2 - 12\alpha + 3 = 3(2\alpha^2 - 4\alpha + 1) = 0$$

よって，②は $\quad (x - \alpha)^3(x + 3\alpha - 4) = 0$

したがって，P′ の x 座標は $\quad -3\alpha + 4$

同様に，Q′ の x 座標は $\quad -3\beta + 4$

よって，P′Q′ の中点の x 座標は

$$\frac{(-3\alpha + 4) + (-3\beta + 4)}{2} = -3 \cdot \frac{\alpha + \beta}{2} + 4 = 1 \quad \cdots\cdots(答)$$

参考 一般に，$f(x)$ を x の多項式とすると，曲線 $y = f(x)$ が変曲点 $(\alpha, \ f(\alpha))$ をもつとき，$y = f(x)$ と変曲点における接線の方程式 $y = f'(\alpha)(x - \alpha) + f(\alpha)$ から y を消去して得られる x の方程式は $x = \alpha$ を 3 重解にもつことが，次のようにして示される。

$g(x) = f(x) - \{f'(\alpha)(x - \alpha) + f(\alpha)\}$ とおくと

$$g(\alpha) = f(\alpha) - f(\alpha) = 0$$

$g'(x) = f'(x) - f'(\alpha)$ より $\quad g'(\alpha) = 0$

$g''(x) = f''(x)$ より $\quad g''(\alpha) = 0$ （$\because \ (\alpha, \ f(\alpha))$ は変曲点なので $f''(\alpha) = 0$）

いま，$g(x)$ を $(x - \alpha)^3$ で割った商を $h(x)$，余りを $ax^2 + bx + c$（$a, \ b, \ c$ は定数）とおくと

$$g(x) = (x - \alpha)^3 h(x) + ax^2 + bx + c$$
$$g'(x) = 3(x - \alpha)^2 h(x) + (x - \alpha)^3 h'(x) + 2ax + b$$
$$g''(x) = 6(x - \alpha)h(x) + 3(x - \alpha)^2 h'(x) + 3(x - \alpha)^2 h'(x) + (x - \alpha)^3 h''(x) + 2a$$
$$= 6(x - \alpha)h(x) + 6(x - \alpha)^2 h'(x) + (x - \alpha)^3 h''(x) + 2a$$

$g(\alpha) = 0$ より $\quad a\alpha^2 + b\alpha + c = 0$

$g'(\alpha) = 0$ より $\quad 2a\alpha + b = 0$

$g''(\alpha) = 0$ より $\quad 2a = 0$

したがって $\quad a = b = c = 0$

$$g(x) = (x - \alpha)^3 h(x)$$

よって，$g(x) = 0$ は $x = \alpha$ を 3 重解にもつ。

90 2014年度 理系〔1〕 Level A

a を実数とし，$f(x) = xe^x - x^2 - ax$ とする。曲線 $y = f(x)$ 上の点 $(0, f(0))$ における接線の傾きを -1 とする。このとき，以下の問に答えよ。

(1) a の値を求めよ。

(2) 関数 $y = f(x)$ の極値を求めよ。

(3) b を実数とするとき，2つの曲線 $y = xe^x$ と $y = x^2 + ax + b$ の $-1 \leq x \leq 1$ の範囲での共有点の個数を調べよ。

> **ポイント** (3) $y = xe^x$ と $y = x^2 + ax + b$ の共有点については，y を消去して，$f(x) = b$ と変形できるので，$y = f(x)$ のグラフと $y = b$ の $-1 \leq x \leq 1$ の範囲での共有点を調べることになる。

解法

(1) $f(x) = xe^x - x^2 - ax$ より
$$f'(x) = e^x + xe^x - 2x - a = (1+x)e^x - 2x - a$$
$f'(0) = -1$ より　　$1 - a = -1$
よって　　$a = 2$　……(答)

(2) (1)より
$$f(x) = xe^x - x^2 - 2x$$
$$f'(x) = (1+x)e^x - 2x - 2 = (1+x)(e^x - 2)$$
$f'(x) = 0$ を解くと
$$x = -1,\quad e^x = 2$$
すなわち　　$x = -1,\ x = \log 2$
したがって，増減表は右のようになる。
よって

極大値は　　$f(-1) = 1 - \dfrac{1}{e}$

極小値は　　$f(\log 2) = -(\log 2)^2$　……(答)

x	$\cdots$	-1	$\cdots$	$\log 2$	$\cdots$
$f'(x)$	$+$	0	$-$	0	$+$
$f(x)$	$\nearrow$	$1-\dfrac{1}{e}$	$\searrow$	$-(\log 2)^2$	$\nearrow$

(3) $y=xe^x$ と $y=x^2+2x+b$ より y を消去すると
$$xe^x=x^2+2x+b$$
すなわち $xe^x-x^2-2x=b$
したがって，求める共有点の個数は，$y=f(x)$
と $y=b$ の $-1\leqq x\leqq 1$ における共有点の個数と
一致する。

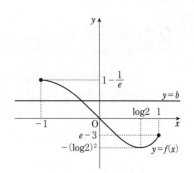

$y=f(x)$ のグラフは図のようになり，
$f(1)=e-3$ であるので，$-1\leqq x\leqq 1$ における共
有点の個数は

$$b<-(\log 2)^2,\ 1-\frac{1}{e}<b\ \text{のとき}\qquad\qquad 0\ \text{個}$$

$$b=-(\log 2)^2,\ e-3<b\leqq 1-\frac{1}{e}\ \text{のとき}\qquad 1\ \text{個}$$

$$-(\log 2)^2<b\leqq e-3\ \text{のとき}\qquad\qquad 2\ \text{個}$$

$\Big\}$ ……(答)

【注】 (2)の極小値の計算で $x=\log 2$ を代入すると
$$f(\log 2)=(\log 2)\,e^{\log 2}-(\log 2)^2-2\log 2$$
となり $e^{\log 2}$ が現れるが，$e^{\log 2}=2$ であることに注意。
一般に $a^{\log_a b}=b$ である。

91

　a, b を正の実数とし，xy 平面上に 3 点 O$(0, 0)$，A$(a, 0)$，B(a, b) をとる。三角形 OAB を，原点 O を中心に 90° 回転するとき，三角形 OAB が通過してできる図形を D とする。このとき，以下の問に答えよ。

⑴　D を xy 平面上に図示せよ。

⑵　D を x 軸のまわりに 1 回転してできる回転体の体積 V を求めよ。

⑶　$a+b=1$ のとき，⑵で求めた V の最小値と，そのときの a の値を求めよ。

> **ポイント**　⑴　三角形 OAB を図示し，回転させてみる。A，B を 90° 回転した点をそれぞれ A′，B′ とすれば，三角形 OAB，三角形 OA′B′ の辺と，弧 BB′ が境界となる。
> ⑵　円の一部分の回転体である。
> ⑶　$b=1-a$ を代入し，V を a で表す。微分して増減を調べればよいが，a の変域に注意。また，最小値の計算では割り算を用いる。

解法

⑴　D は図の斜線部分（境界を含む）である。

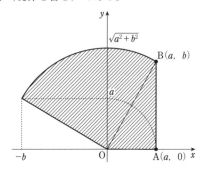

⑵　求める回転体は，円弧 $x^2+y^2=a^2+b^2$（$-b\leqq x\leqq a$, $y\geqq 0$）と x 軸で挟まれた部分を x 軸の周りに回転したものから，底面の半径 a，高さ b の円錐を除いたものなので，その体積は

$$V=\pi\int_{-b}^{a}(a^2+b^2-x^2)\,dx-\frac{1}{3}\pi a^2 b$$

$$=\pi\left[(a^2+b^2)x-\frac{1}{3}x^3\right]_{-b}^{a}-\frac{1}{3}\pi a^2 b$$

$$= \pi \left\{ (a^2+b^2)\,a - \frac{1}{3}a^3 + (a^2+b^2)\,b - \frac{1}{3}b^3 \right\} - \frac{1}{3}\pi a^2 b$$

$$= \frac{\pi}{3}(2a^3 + 2a^2 b + 3ab^2 + 2b^3) \quad \cdots\cdots (答)$$

(3)　$a+b=1$ より　　$b=1-a$

また，$a>0$，$b>0$ であるので　　$0<a<1$

$$V = \frac{\pi}{3}\{2a^3 + 2a^2(1-a) + 3a(1-a)^2 + 2(1-a)^3\}$$

$$= \frac{\pi}{3}(a^3 + 2a^2 - 3a + 2)$$

$$\frac{dV}{da} = \frac{\pi}{3}(3a^2 + 4a - 3)$$

$\dfrac{dV}{da}=0$ を解くと

$$3a^2 + 4a - 3 = 0 \qquad a = \frac{-2\pm\sqrt{13}}{3}$$

$0<a<1$ より　　$a = \dfrac{-2+\sqrt{13}}{3}$

V の増減表は右のようになるので，V は
$a = \dfrac{-2+\sqrt{13}}{3}$ のとき最小となる。

a	0	$\cdots$	$\dfrac{-2+\sqrt{13}}{3}$	$\cdots$	1
$\dfrac{dV}{da}$		$-$	0	$+$	
V		$\searrow$	極小 かつ 最小	$\nearrow$	

$a^3 + 2a^2 - 3a + 2$ を $3a^2 + 4a - 3$ で割ると，商は
$\dfrac{1}{3}a + \dfrac{2}{9}$，余りは $-\dfrac{26}{9}a + \dfrac{8}{3}$ であるので

$$a^3 + 2a^2 - 3a + 2 = (3a^2 + 4a - 3)\left(\frac{1}{3}a + \frac{2}{9}\right) - \frac{26}{9}a + \frac{8}{3}$$

したがって，$a = \dfrac{-2+\sqrt{13}}{3}$ のとき，$3a^2 + 4a - 3 = 0$ より

$$V = \frac{\pi}{3}\left(-\frac{26}{9}\cdot\frac{-2+\sqrt{13}}{3} + \frac{8}{3}\right) = \frac{124 - 26\sqrt{13}}{81}\pi$$

よって

V の最小値は　　　$\dfrac{124 - 26\sqrt{13}}{81}\pi$

そのときの a の値は　　$a = \dfrac{-2+\sqrt{13}}{3}$ $\left.\begin{array}{r}\\\\\end{array}\right\}$ $\cdots\cdots (答)$

92

c を $0<c<1$ をみたす実数とする。$f(x)$ を 2 次以下の多項式とし，曲線 $y=f(x)$ が 3 点 $(0,\ 0)$，$(c,\ c^3-2c)$，$(1,\ -1)$ を通るとする。次の問いに答えよ。

(1) $f(x)$ を求めよ。

(2) 曲線 $y=f(x)$ と曲線 $y=x^3-2x$ で囲まれた部分の面積 S を c を用いて表せ。

(3) (2)で求めた S を最小にするような c の値を求めよ。

> **ポイント** (1) 原点 $(0,\ 0)$ を通ることから $f(x)=ax^2+bx$ とおくことができる。
> (2) 条件から，2 つの曲線の 3 つの交点がわかるので，大小関係を調べ，積分する。
> (3) S を c で微分して，増減を調べる。

解 法

(1) $y=f(x)$ は $(0,\ 0)$ を通るので，$f(x)=ax^2+bx$ とおく。
$(c,\ c^3-2c)$ を通るので

$$ac^2+bc=c^3-2c \quad \cdots\cdots①$$

$(1,\ -1)$ を通るので

$$a+b=-1 \quad \cdots\cdots②$$

②より　　$b=-a-1$

①へ代入して

$$ac^2-ac-c=c^3-2c$$

$$c(c-1)a=c(c-1)(c+1)$$

$0<c<1$ より，$c(c-1)\neq0$ なので　　$a=c+1$

したがって　　$b=-(c+1)-1=-(c+2)$

よって　　$f(x)=(c+1)x^2-(c+2)x$ ……(答)

(2) $g(x)=x^3-2x$ とおくと

$$g(x)-f(x)=x^3-2x-(c+1)x^2+(c+2)x$$
$$=x\{x^2-(c+1)x+c\}$$
$$=x(x-c)(x-1)$$

$0<c<1$ なので

$0<x<c$ のとき　　$g(x)-f(x)>0$　　$g(x)>f(x)$

$c<x<1$ のとき　　$g(x)-f(x)<0$　　$g(x)<f(x)$

よって

$$S = \int_0^c \{g(x) - f(x)\}\, dx + \int_c^1 \{f(x) - g(x)\}\, dx$$

$$= \int_0^c \{x^3 - (c+1)x^2 + cx\}\, dx - \int_c^1 \{x^3 - (c+1)x^2 + cx\}\, dx$$

$$= \left[\frac{1}{4}x^4 - \frac{c+1}{3}x^3 + \frac{c}{2}x^2\right]_0^c - \left[\frac{1}{4}x^4 - \frac{c+1}{3}x^3 + \frac{c}{2}x^2\right]_c^1$$

$$= 2\left(\frac{1}{4}c^4 - \frac{c+1}{3}c^3 + \frac{c}{2}c^2\right) - \left(\frac{1}{4} - \frac{c+1}{3} + \frac{c}{2}\right)$$

$$= -\frac{1}{6}c^4 + \frac{1}{3}c^3 - \frac{1}{6}c + \frac{1}{12} \quad \cdots\cdots(\text{答})$$

(3) $S = -\dfrac{1}{6}c^4 + \dfrac{1}{3}c^3 - \dfrac{1}{6}c + \dfrac{1}{12}$ より

$$\frac{dS}{dc} = -\frac{2}{3}c^3 + c^2 - \frac{1}{6} = -\frac{1}{6}(4c^3 - 6c^2 + 1) = -\frac{1}{6}(2c-1)(2c^2 - 2c - 1)$$

$0 < c < 1$ なので

$$2c^2 - 2c - 1 = 2c(c-1) - 1 < 0$$

よって，増減表は右のようになるので，S を最小にす

るような c の値は $\quad \dfrac{1}{2} \quad \cdots\cdots(\text{答})$

c	0	$\cdots$	$\dfrac{1}{2}$	$\cdots$	1
$\dfrac{dS}{dc}$		$-$	0	$+$	
S		↘	最小	↗	

〔注〕 (3)で $\dfrac{dS}{dc}$ を因数分解する際，因数定理を用いる。

一般に，因数定理を用いるとき，代入してみる数の候補は

$$\pm \frac{(\text{定数項の約数})}{(\text{最高次の係数の約数})}$$

である。

93

a, b を実数とする。次の問いに答えよ。

(1) $f(x) = a\cos x + b$ が,

$$\int_0^\pi f(x)\,dx = \frac{\pi}{4} + \int_0^\pi \{f(x)\}^3 dx$$

をみたすとする。このとき, a, b がみたす関係式を求めよ。

(2) (1)で求めた関係式をみたす正の数 b が存在するための a の条件を求めよ。

ポイント (1) 積分を計算する。$\int_0^\pi \{f(x)\}^3 dx$ については展開して, 項別に積分する。

(2) (1)で求めた関係式を b の方程式とみて, $b>0$ の範囲に解をもつような a の値の範囲を求める。このとき, a を分離し $6a^2 = g(b)$ として, $y = 6a^2$ と $y = g(b)$ が $b>0$ の範囲に共有点をもつ条件を求める。

解 法

(1)　　$\displaystyle\int_0^\pi f(x)\,dx = \int_0^\pi (a\cos x + b)\,dx = \left[a\sin x + bx\right]_0^\pi = \pi b$

$\displaystyle\int_0^\pi \{f(x)\}^3 dx = \int_0^\pi (a\cos x + b)^3 dx$

$\displaystyle\qquad\qquad = a^3 \int_0^\pi \cos^3 x dx + 3a^2 b \int_0^\pi \cos^2 x dx + 3ab^2 \int_0^\pi \cos x dx + b^3 \int_0^\pi dx$

$\displaystyle\int_0^\pi \cos^3 x dx = \int_0^\pi (1 - \sin^2 x)(\sin x)' dx = \left[\sin x - \frac{1}{3}\sin^3 x\right]_0^\pi = 0$

$\displaystyle\int_0^\pi \cos^2 x dx = \int_0^\pi \frac{1 + \cos 2x}{2} dx = \left[\frac{1}{2}x + \frac{1}{4}\sin 2x\right]_0^\pi = \frac{\pi}{2}$

$\displaystyle\int_0^\pi \cos x dx = \left[\sin x\right]_0^\pi = 0$

$\displaystyle\int_0^\pi dx = \left[x\right]_0^\pi = \pi$

よって　　$\displaystyle\int_0^\pi \{f(x)\}^3 dx = \frac{3\pi}{2}a^2 b + \pi b^3$

ゆえに, $\displaystyle\int_0^\pi f(x)\,dx = \frac{\pi}{4} + \int_0^\pi \{f(x)\}^3 dx$ をみたすとき

$$\pi b = \frac{\pi}{4} + \frac{3\pi}{2}a^2 b + \pi b^3$$

a, b がみたす関係式は

$$4b^3+2(3a^2-2)b+1=0 \quad \cdots\cdots① \quad \cdots\cdots(答)$$

(2)　$b=0$ は①をみたさないので

$$① \Longleftrightarrow 6a^2=-4b^2-\frac{1}{b}+4$$

したがって，$g(b)=-4b^2-\dfrac{1}{b}+4$ とおくと，曲線 $y=g(b)$ と直線 $y=6a^2$ が $b>0$ の範囲に共有点をもつ条件を求めればよい。

$$g'(b)=-8b+\frac{1}{b^2}=-\frac{8b^3-1}{b^2}=-\frac{(2b-1)(4b^2+2b+1)}{b^2}$$

よって，$g(b)$ の $b>0$ における増減表は右のようになる。
また

$$\lim_{b\to+0}g(b)=-\infty,\quad \lim_{b\to\infty}g(b)=-\infty$$

b	0	$\cdots$	$\dfrac{1}{2}$	$\cdots$
$g'(b)$		$+$	0	$-$
$g(b)$		↗	1	↘

であるので，求める条件は

$$6a^2≦1$$

よって　$-\dfrac{\sqrt{6}}{6}≦a≦\dfrac{\sqrt{6}}{6}$ $\quad\cdots\cdots(答)$

【注】 (1) 積分 $\displaystyle\int_0^\pi \cos^3 x\,dx$ については，3倍角の公式 $\cos3x=4\cos^3 x-3\cos x$ から，
$\cos^3 x=\dfrac{1}{4}\cos3x+\dfrac{3}{4}\cos x$ として積分してもよい。

なお，$y=\cos x$，$y=\cos^3 x$ のグラフはいずれも点 $\left(\dfrac{\pi}{2},\ 0\right)$ に関して対称であることから，$\displaystyle\int_0^\pi \cos x\,dx=\int_0^\pi \cos^3 x\,dx=0$ である。

94 2012年度　理系〔3〕 Level B

$x>0$ に対し関数 $f(x)$ を

$$f(x) = \int_0^x \frac{dt}{1+t^2}$$

と定め，$g(x) = f\left(\dfrac{1}{x}\right)$ とおく。以下の問に答えよ。

(1) $\dfrac{d}{dx}f(x)$ を求めよ。

(2) $\dfrac{d}{dx}g(x)$ を求めよ。

(3) $f(x) + f\left(\dfrac{1}{x}\right)$ を求めよ。

> **ポイント** (1) 実際に積分してから微分するのではなく，定積分と微分の関係
> $\left(\dfrac{d}{dx}\int_a^x h(t)\,dt = h(x)\right)$ を用いる。
> (2) (1)と合成関数の微分法を用いる。
> (3) $\dfrac{d}{dx}\left\{f(x) + f\left(\dfrac{1}{x}\right)\right\}$ を計算してみる。

解 法

(1) $f(x) = \displaystyle\int_0^x \frac{dt}{1+t^2}$ より

$$\frac{d}{dx}f(x) = \frac{d}{dx}\int_0^x \frac{dt}{1+t^2} = \frac{1}{1+x^2} \quad \cdots\cdots(答)$$

(2) $g(x) = f\left(\dfrac{1}{x}\right)$ なので，(1)と合成関数の微分法により

$$\frac{d}{dx}g(x) = \frac{d}{dx}f\left(\frac{1}{x}\right) = \frac{1}{1+\left(\frac{1}{x}\right)^2}\cdot\left(\frac{1}{x}\right)' = \frac{1}{1+\frac{1}{x^2}}\cdot\left(-\frac{1}{x^2}\right)$$

$$= -\frac{1}{1+x^2} \quad \cdots\cdots(答)$$

(3) (1), (2)より

$$\frac{d}{dx}\left\{f(x)+f\left(\frac{1}{x}\right)\right\}=\frac{d}{dx}f(x)+\frac{d}{dx}f\left(\frac{1}{x}\right)=\frac{1}{1+x^2}+\left(-\frac{1}{1+x^2}\right)=0$$

よって　$f(x)+f\left(\dfrac{1}{x}\right)=C$　（C は定数）

$x=1$ とおくと

$$C=f(1)+f(1)=2f(1)=2\int_0^1\frac{dt}{1+t^2}$$

$\displaystyle\int_0^1\frac{dt}{1+t^2}$ において，$t=\tan\theta$ とおくと，$dt=\dfrac{1}{\cos^2\theta}d\theta$，

t	$0\to1$
θ	$0\to\dfrac{\pi}{4}$

より

$$\int_0^1\frac{dt}{1+t^2}=\int_0^{\frac{\pi}{4}}\frac{1}{1+\tan^2\theta}\cdot\frac{1}{\cos^2\theta}d\theta=\int_0^{\frac{\pi}{4}}d\theta=\Bigl[\theta\Bigr]_0^{\frac{\pi}{4}}=\frac{\pi}{4}$$

ゆえに　$C=2\cdot\dfrac{\pi}{4}=\dfrac{\pi}{2}$

すなわち　$f(x)+f\left(\dfrac{1}{x}\right)=\dfrac{\pi}{2}$　……（答）

95 2012年度 理系〔4〕 Level A

自然対数の底を e とする。以下の問に答えよ。

(1) $e<3$ であることを用いて，不等式 $\log 2>\dfrac{3}{5}$ が成り立つことを示せ。

(2) 関数 $f(x)=\dfrac{\sin x}{1+\cos x}-x$ の導関数を求めよ。

(3) 積分

$$\int_0^{\frac{\pi}{2}}\frac{\sin x-\cos x}{1+\cos x}dx$$

の値を求めよ。

(4) (3)で求めた値が正であるか負であるかを判定せよ。

ポイント (1) $e^{\frac{3}{5}}$ と 2 の大小を比較することになる。

(3) $\dfrac{\sin x-\cos x}{1+\cos x}=\dfrac{\sin x}{1+\cos x}-\dfrac{\cos x}{1+\cos x}=\dfrac{-(1+\cos x)'}{1+\cos x}+f'(x)$ として(2)を利用する。

(4) (1)を用いる。

解 法

(1) $\left(e^{\frac{3}{5}}\right)^5=e^3<3^3<2^5$

よって $2>e^{\frac{3}{5}}$

両辺の自然対数をとって $\log 2>\dfrac{3}{5}$ (証明終)

(2) $f(x)=\dfrac{\sin x}{1+\cos x}-x$ より

$$f'(x)=\frac{\cos x(1+\cos x)-\sin x(-\sin x)}{(1+\cos x)^2}-1=\frac{1+\cos x}{(1+\cos x)^2}-1$$

$$=\frac{1-(1+\cos x)}{1+\cos x}=-\frac{\cos x}{1+\cos x} \quad\cdots\cdots(答)$$

(3) (2)より，$\displaystyle\int\left(-\frac{\cos x}{1+\cos x}\right)dx=\frac{\sin x}{1+\cos x}-x+C$（$C$ は積分定数）なので

$$\int_0^{\frac{\pi}{2}} \frac{\sin x - \cos x}{1 + \cos x}\,dx = \int_0^{\frac{\pi}{2}} \frac{\sin x}{1 + \cos x}\,dx + \int_0^{\frac{\pi}{2}}\left(-\frac{\cos x}{1 + \cos x}\right)dx$$

$$= \int_0^{\frac{\pi}{2}} \frac{-(1 + \cos x)'}{1 + \cos x}\,dx + \int_0^{\frac{\pi}{2}}\left(\frac{\sin x}{1 + \cos x} - x\right)'dx$$

$$= \Big[-\log|1 + \cos x|\Big]_0^{\frac{\pi}{2}} + \left[\frac{\sin x}{1 + \cos x} - x\right]_0^{\frac{\pi}{2}}$$

$$= \log 2 + 1 - \frac{\pi}{2} \quad \cdots\cdots (\text{答})$$

(4) (1)より

$$\log 2 + 1 - \frac{\pi}{2} > \frac{3}{5} + 1 - \frac{\pi}{2} = \frac{16 - 5\pi}{10} = \frac{3.2 - \pi}{2} > 0 \quad (\pi < 3.2 \text{ より})$$

よって，(3)で求めた値は正である。 $\cdots\cdots$(答)

96 2012年度 理系〔5〕 Level B

座標平面上の曲線 C を，媒介変数 $0 \leqq t \leqq 1$ を用いて

$$\begin{cases} x = 1 - t^2 \\ y = t - t^3 \end{cases}$$

と定める。以下の問に答えよ。

(1) 曲線 C の概形を描け。

(2) 曲線 C と x 軸で囲まれた部分が，y 軸の周りに1回転してできる回転体の体積を求めよ。

ポイント (1) $\dfrac{dx}{dt}$, $\dfrac{dy}{dt}$ を求め，$0 \leqq t \leqq 1$ でどのように変化するか表にしてみる。

(2) y 軸の周りの回転体の体積は $\pi \displaystyle\int_{\alpha}^{\beta} x^2 dy$ で得られる。t による置換積分をして求める。

解法

(1) $\begin{cases} x = 1 - t^2 \\ y = t - t^3 \end{cases}$ $(0 \leqq t \leqq 1)$ より

$$\frac{dx}{dt} = -2t, \quad \frac{dy}{dt} = 1 - 3t^2$$

$\dfrac{dy}{dt} = 0$ とおくと $\quad t = \dfrac{1}{\sqrt{3}}$

$0 \leqq t \leqq 1$ における，$\dfrac{dx}{dt}$, $\dfrac{dy}{dt}$, (x, y) については表のようになるので，曲線 C の概形はグラフのようになる。

t	0	$\cdots$	$\dfrac{1}{\sqrt{3}}$	$\cdots$	1
$\dfrac{dx}{dt}$	(0)	$-$	$-$	$-$	(-2)
$\dfrac{dy}{dt}$	(1)	$+$	0	$-$	(-2)
(x, y)	$(1, 0)$	$\nwarrow$	$\left(\dfrac{2}{3}, \dfrac{2\sqrt{3}}{9}\right)$	$\swarrow$	$(0, 0)$

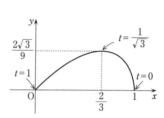

$\left(\text{矢印は，ベクトル} \left(\dfrac{dx}{dt}, \dfrac{dy}{dt}\right) \text{の向きを表す}\right)$

⑵ 曲線 C 上の点の x 座標について

$0 \leqq t \leqq \dfrac{1}{\sqrt{3}}$ の部分を x_1，$\dfrac{1}{\sqrt{3}} \leqq t \leqq 1$ の部分を x_2 とすると，求める回転体の体積を V とすると

$$V = \pi \int_0^{\frac{2\sqrt{3}}{9}} x_1{}^2 dy - \pi \int_0^{\frac{2\sqrt{3}}{9}} x_2{}^2 dy$$

第 1 項の積分について

$$x_1 = 1 - t^2, \quad \begin{array}{c|c} y & 0 \to \dfrac{2\sqrt{3}}{9} \\ \hline t & 0 \to \dfrac{1}{\sqrt{3}} \end{array}, \quad dy = (1 - 3t^2)\, dt$$

第 2 項の積分について

$$x_2 = 1 - t^2, \quad \begin{array}{c|c} y & 0 \to \dfrac{2\sqrt{3}}{9} \\ \hline t & 1 \to \dfrac{1}{\sqrt{3}} \end{array}, \quad dy = (1 - 3t^2)\, dt$$

であるので

$$V = \pi \int_0^{\frac{1}{\sqrt{3}}} (1 - t^2)^2 (1 - 3t^2)\, dt - \pi \int_1^{\frac{1}{\sqrt{3}}} (1 - t^2)^2 (1 - 3t^2)\, dt$$

$$= \pi \int_0^{\frac{1}{\sqrt{3}}} (1 - t^2)^2 (1 - 3t^2)\, dt + \pi \int_{\frac{1}{\sqrt{3}}}^1 (1 - t^2)^2 (1 - 3t^2)\, dt$$

$$= \pi \int_0^1 (1 - t^2)^2 (1 - 3t^2)\, dt$$

$$= \pi \int_0^1 (-3t^6 + 7t^4 - 5t^2 + 1)\, dt$$

$$= \pi \left[-\frac{3}{7} t^7 + \frac{7}{5} t^5 - \frac{5}{3} t^3 + t \right]_0^1$$

$$= \pi \left(-\frac{3}{7} + \frac{7}{5} - \frac{5}{3} + 1 \right) = \frac{32}{105} \pi \quad \cdots\cdots \text{(答)}$$

〔注〕 ⑴ $x = f(t)$，$y = g(t)$ で表される曲線の概形を調べるとき，$\dfrac{dx}{dt}$，$\dfrac{dy}{dt}$ の符号および $\dfrac{dx}{dt}$，$\dfrac{dy}{dt}$ が 0 となる点の座標を書き入れた表を作成し，ベクトル $\left(\dfrac{dx}{dt}, \dfrac{dy}{dt} \right)$ の向きを表す矢印を記入しておくと，t が変化するとき点 (x, y) がどの方向に動いていくかがわかる。

97 2011年度 理系〔3〕 Level B

n を 2 以上の自然数として,

$$S_n = \sum_{k=n}^{n^3-1} \frac{1}{k \log k}$$

とおく。以下の問に答えよ。

(1) $\displaystyle\int_n^{n^3} \frac{dx}{x \log x}$ を求めよ。

(2) k を 2 以上の自然数とするとき,

$$\frac{1}{(k+1)\log(k+1)} < \int_k^{k+1} \frac{dx}{x \log x} < \frac{1}{k \log k}$$

を示せ。

(3) $\displaystyle\lim_{n \to \infty} S_n$ の値を求めよ。

ポイント (1) $(\log x)' = \dfrac{1}{x}$ であるので,$\log x = t$ と置換する。

(2) $f(x) = \dfrac{1}{x \log x}$ とおくと,$x \geqq 2$ で $f(x)$ は単調に減少することから,区間 $[k, \ k+1]$ において $f(k+1) \leqq f(x) \leqq f(k)$ となる。この各辺を積分してみる。

(3) (2)の不等式で,$k = n, \ n+1, \ \cdots, \ n^3-1$ として辺々加えることにより,S_n についての不等式が得られるので,はさみうちの原理を用いる。

解法

(1) $\displaystyle\int_n^{n^3} \frac{dx}{x \log x}$ において,$\log x = t$ とおくと

$$\frac{1}{x} dx = dt, \qquad \begin{array}{c|c} x & n \to n^3 \\ \hline t & \log n \to 3\log n \end{array}$$

よって

$$\int_n^{n^3} \frac{1}{\log x} \cdot \frac{1}{x} dx = \int_{\log n}^{3\log n} \frac{1}{t} dt = \Big[\log t \Big]_{\log n}^{3\log n}$$

$$= \log(3\log n) - \log(\log n)$$

$$= \log 3 + \log(\log n) - \log(\log n)$$

$$= \log 3 \quad \cdots\cdots(答)$$

(2) $f(x) = \dfrac{1}{x\log x}$ $(x \geqq 2)$ とおくと

$x \geqq 2$ のとき $\log x > 0$ で，x, $\log x$ はいずれも単調に増加するので，$f(x)$ は $x \geqq 2$ において単調に減少する。

よって，$k \geqq 2$ より，$k \leqq x \leqq k+1$ のとき $\qquad f(k+1) \leqq f(x) \leqq f(k)$

すなわち $\qquad \dfrac{1}{(k+1)\log(k+1)} \leqq \dfrac{1}{x\log x} \leqq \dfrac{1}{k\log k}$

$k < x < k+1$ のとき，等号は成立しないので

$$\int_k^{k+1} \frac{1}{(k+1)\log(k+1)}\,dx < \int_k^{k+1} \frac{1}{x\log x}\,dx < \int_k^{k+1} \frac{1}{k\log k}\,dx$$

$$\int_k^{k+1} \frac{1}{(k+1)\log(k+1)}\,dx = \frac{1}{(k+1)\log(k+1)}\Big[x\Big]_k^{k+1}$$

$$= \frac{1}{(k+1)\log(k+1)}$$

$$\int_k^{k+1} \frac{1}{k\log k}\,dx = \frac{1}{k\log k}$$

なので

$$\frac{1}{(k+1)\log(k+1)} < \int_k^{k+1} \frac{dx}{x\log x} < \frac{1}{k\log k} \qquad\qquad \text{(証明終)}$$

(3) (2)の不等式において，$k = n,\ n+1,\ \cdots,\ n^3-1$ として辺々加えると

$$\sum_{k=n}^{n^3-1} \frac{1}{(k+1)\log(k+1)} < \sum_{k=n}^{n^3-1} \int_k^{k+1} \frac{dx}{x\log x} < \sum_{k=n}^{n^3-1} \frac{1}{k\log k}$$

$$\sum_{k=n}^{n^3-1} \frac{1}{(k+1)\log(k+1)} = \sum_{k=n+1}^{n^3} \frac{1}{k\log k} = \sum_{k=n}^{n^3-1} \frac{1}{k\log k} - \frac{1}{n\log n} + \frac{1}{n^3\log n^3}$$

$$= S_n - \frac{1}{n\log n} + \frac{1}{3n^3\log n}$$

$$\sum_{k=n}^{n^3-1} \int_k^{k+1} \frac{dx}{x\log x} = \int_n^{n^3} \frac{dx}{x\log x} = \log 3 \quad \text{((1)より)}$$

よって

$$S_n - \frac{1}{n\log n} + \frac{1}{3n^3\log n} < \log 3 < S_n$$

$$\log 3 < S_n < \log 3 + \frac{1}{n\log n} - \frac{1}{3n^3\log n}$$

$\displaystyle\lim_{n\to\infty}\left(\log 3 + \frac{1}{n\log n} - \frac{1}{3n^3\log n}\right) = \log 3$ であるので，はさみうちの原理より

$$\lim_{n\to\infty} S_n = \log 3 \quad \cdots\cdots \text{(答)}$$

98　2011年度　理系〔5〕　　　　Level B

以下の問に答えよ。

(1)　$x \geqq 1$ において，$x > 2\log x$ が成り立つことを示せ。ただし，e を自然対数の底とするとき，$2.7 < e < 2.8$ であることを用いてよい。

(2)　自然数 n に対して，
$$(2n\log n)^n < e^{2n\log n}$$
が成り立つことを示せ。

ポイント　(1)　(左辺) − (右辺) の $x \geqq 1$ における増減を，微分を用いて調べる。
(2)　(1)を利用することを考える。$e^{\log n} = n$ であることに注意。

解 法

(1)　$f(x) = x - 2\log x$　$(x \geqq 1)$　とおくと
$$f'(x) = 1 - \frac{2}{x} = \frac{x-2}{x}$$
$f'(x) = 0$ とおくと　　$x = 2$
$f(x)$ の $x \geqq 1$ における増減表は右のようになるので，最小値は　　$f(2) = 2(1 - \log 2)$

x	1	$\cdots$	2	$\cdots$
$f'(x)$		$-$	0	$+$
$f(x)$	1	$\searrow$		$\nearrow$

$2.7 < e < 2.8$ より，$2 < e$ なので　　$\log 2 < \log e = 1$
よって　　$f(2) > 0$
ゆえに，$x \geqq 1$ において　　$f(x) > 0$
すなわち　　$x > 2\log x$　　　　　　　　　　　　　　　　　　　　　（証明終）

(2)　$n \geqq 1$ であるので，(1)より　　$n > 2\log n$
両辺に n をかけて　　$n^2 > 2n\log n$
両辺は正であるので　　$(n^2)^n > (2n\log n)^n$
ここで　　$(n^2)^n = n^{2n} = (e^{\log n})^{2n} = e^{2n\log n}$
ゆえに　　$(2n\log n)^n < e^{2n\log n}$　　　　　　　　　　　　　　　（証明終）

99

a を実数とする。関数 $f(x)=ax+\cos x+\dfrac{1}{2}\sin 2x$ が極値をもたないように，a の値の範囲を定めよ。

> **ポイント**　関数 $f(x)$ が極値をもたないための条件は，つねに $f'(x)\geqq 0$ または $f'(x)\leqq 0$ が成り立つことであるので，まず $f'(x)$ を計算してみる。本問では置き換えにより，2 次関数のとりうる値の範囲に帰着できる。

解 法

$f(x)=ax+\cos x+\dfrac{1}{2}\sin 2x$ より

$$f'(x)=a-\sin x+\cos 2x=a-(2\sin^2 x+\sin x-1)$$

ここで，$\sin x=t$，$g(t)=2t^2+t-1$ とおくと

$$g(t)=2\left(t+\dfrac{1}{4}\right)^2-\dfrac{9}{8}\quad(-1\leqq t\leqq 1)$$

より

$$g\left(-\dfrac{1}{4}\right)\leqq g(t)\leqq g(1)\qquad -\dfrac{9}{8}\leqq g(t)\leqq 2\quad\cdots\cdots①$$

$f(x)$ が極値をもたないための条件は，つねに $f'(x)\geqq 0$ または $f'(x)\leqq 0$ が成り立つことである。$f'(x)=a-g(t)$ であるから

$a\geqq g(t)$ がつねに成り立つのは，①より，$a\geqq 2$ のときであり，

$a\leqq g(t)$ がつねに成り立つのは，①より，$a\leqq-\dfrac{9}{8}$ のときである。

よって，$f(x)$ が極値をもたないための条件は

$$a\leqq-\dfrac{9}{8}\quad\text{または}\quad 2\leqq a\quad\cdots\cdots\text{(答)}$$

100 2010年度 理系〔3〕 Level B

$f(x) = \dfrac{\log x}{x}$, $g(x) = \dfrac{2\log x}{x^2}$ $(x>0)$ とする。以下の問に答えよ。ただし，自然対数の底 e について，$e=2.718\cdots$ であること，$\displaystyle\lim_{x\to\infty}\dfrac{\log x}{x}=0$ であることを証明なしで用いてよい。

(1) 2曲線 $y=f(x)$ と $y=g(x)$ の共有点の座標をすべて求めよ。

(2) 区間 $x>0$ において，関数 $y=f(x)$ と $y=g(x)$ の増減，極値を調べ，2曲線 $y=f(x)$，$y=g(x)$ のグラフの概形をかけ。グラフの変曲点は求めなくてよい。

(3) 区間 $1\le x\le e$ において，2曲線 $y=f(x)$ と $y=g(x)$，および直線 $x=e$ で囲まれた図形の面積を求めよ。

> **ポイント** (1) 方程式 $f(x)=g(x)$ を解く。
> (2) それぞれ微分し，増減，極値を調べる。$x\to\infty$ の極限については与えられたものを用いる。
> (3) 区間における $f(x)$，$g(x)$ の大小関係を調べ，積分する。

解 法

(1) $f(x)=g(x)$ とおくと

$$\dfrac{\log x}{x} = \dfrac{2\log x}{x^2}$$

$$(x-2)\log x = 0$$

$$x=2,\ 1$$

よって，$y=f(x)$ と $y=g(x)$ の共有点は

$$\left(2,\ \dfrac{\log 2}{2}\right),\ (1,\ 0)\ \ \cdots\cdots(答)$$

(2) $f(x)=\dfrac{\log x}{x}$ より

$$f'(x) = \dfrac{\dfrac{1}{x}\cdot x - \log x \cdot 1}{x^2} = \dfrac{1-\log x}{x^2}$$

$f'(x)=0$ とおくと $\log x = 1$ $x=e$

$f(x)$ の増減表は下のようになり，$x=e$ で極大値 $\dfrac{1}{e}$，極小値はなし。

また $\displaystyle\lim_{x\to+0}\dfrac{\log x}{x}=-\infty,\ \lim_{x\to\infty}\dfrac{\log x}{x}=0$

であるので，x 軸および y 軸が曲線の漸近線であり，グラフは下のようになる。

x	0	$\cdots$	e	$\cdots$
$f'(x)$		$+$	0	$-$
$f(x)$		$\nearrow$	$\dfrac{1}{e}$	$\searrow$

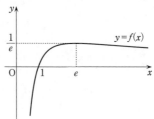

次に，$g(x)=\dfrac{2\log x}{x^2}$ より

$$g'(x)=\dfrac{2\left\{\dfrac{1}{x}\cdot x^2-(\log x)(2x)\right\}}{x^4}=\dfrac{2(1-2\log x)}{x^3}$$

$g'(x)=0$ とおくと $\log x=\dfrac{1}{2}$ $x=\sqrt{e}$

$g(x)$ の増減表は下のようになり，$x=\sqrt{e}$ で極大値 $\dfrac{1}{e}$，極小値はなし。

また $\displaystyle\lim_{x\to+0}\dfrac{2\log x}{x^2}=-\infty,\ \lim_{x\to\infty}\dfrac{2\log x}{x^2}=\lim_{x\to\infty}\dfrac{2}{x}\cdot\dfrac{\log x}{x}=0$

であるので，x 軸および y 軸が曲線の漸近線であり，グラフは下のようになる。

x	0	$\cdots$	$\sqrt{e}$	$\cdots$
$g'(x)$		$+$	0	$-$
$g(x)$		$\nearrow$	$\dfrac{1}{e}$	$\searrow$

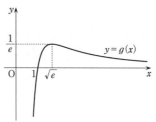

(3) $f(x)-g(x)=\dfrac{(x-2)\log x}{x^2}$ より

$2\leqq x\leqq e$ のとき $f(x)\geqq g(x)$

$1\leqq x\leqq 2$ のとき $f(x)\leqq g(x)$

よって，求める面積を S とおくと

$$S=\int_1^2\{g(x)-f(x)\}\,dx+\int_2^e\{f(x)-g(x)\}\,dx$$

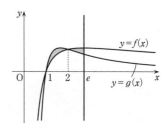

$$= \int_1^2 \left(\frac{2\log x}{x^2} - \frac{\log x}{x} \right) dx + \int_2^e \left(\frac{\log x}{x} - \frac{2\log x}{x^2} \right) dx$$

ここで, $x>0$ の範囲で

$$\int \frac{2\log x}{x^2} dx = 2 \left\{ \left(-\frac{1}{x} \right) \log x - \int \left(-\frac{1}{x} \right) \cdot \frac{1}{x} dx \right\}$$

$$= -\frac{2\log x}{x} - \frac{2}{x} + C \quad (C \text{ は積分定数})$$

$$\int \frac{\log x}{x} dx = \int (\log x) \cdot (\log x)' dx$$

$$= \frac{1}{2} (\log x)^2 + C \quad (C \text{ は積分定数})$$

であるので

$$S = \left[-\frac{2\log x}{x} - \frac{2}{x} - \frac{1}{2} (\log x)^2 \right]_1^2 + \left[\frac{1}{2} (\log x)^2 + \frac{2\log x}{x} + \frac{2}{x} \right]_2^e$$

$$= \frac{4}{e} + \frac{1}{2} - (\log 2)^2 - 2\log 2 \quad \cdots\cdots (\text{答})$$

101

　a, b は実数で $a>b>0$ とする。区間 $0\leqq x\leqq 1$ で定義される関数 $f(x)$ を次のように定める。

$$f(x) = \log(ax + b(1-x)) - x\log a - (1-x)\log b$$

　ただし，log は自然対数を表す。このとき，以下のことを示せ。

(1)　$0<x<1$ に対して $f''(x)<0$ が成り立つ。

(2)　$f'(c)=0$ をみたす実数 c が，$0<c<1$ の範囲にただ1つ存在する。

(3)　$0\leqq x\leqq 1$ をみたす実数 x に対して，

$$ax + b(1-x) \geqq a^x b^{1-x}$$

が成り立つ。

　ポイント　(1)　正確に $f''(x)$ を計算する。
　(2)　c の存在については，$0\leqq x\leqq 1$ において，平均値の定理を利用する。そのような c がただ1つであることについては，(1)を用いる。
　なお，(1)より $f'(x)$ は単調に減少するので，$f'(0)>0$，$f'(1)<0$ を示す方法もある。
　(3)　(1)・(2)から，$f(x)$ の $0\leqq x\leqq 1$ における増減表を作成する。

解　法

(1)　a, b は $a>b>0$ の定数（実数），$0\leqq x\leqq 1$ で定義された関数
$f(x) = \log\{ax + b(1-x)\} - x\log a - (1-x)\log b$ より

$$f'(x) = \frac{a-b}{ax + b(1-x)} - \log a + \log b \quad (0<x<1)$$

$$f''(x) = -\frac{(a-b)^2}{\{ax + b(1-x)\}^2} < 0 \quad (0<x<1) \tag{証明終}$$

(2)　$f(0) = \log b - \log b = 0$, $\quad f(1) = \log a - \log a = 0$

であり，関数 $f(x)$ は，閉区間 $0\leqq x\leqq 1$ で連続で，開区間 $0<x<1$ で微分可能であるから，平均値の定理により

$$f'(c) = \frac{f(1)-f(0)}{1-0} = 0 \quad (0<c<1)$$

をみたす実数 c が少なくとも1つ存在する。
また，(1)より $f''(x)<0$ $(0<x<1)$ であるから，$f'(x)$ は区間 $0<x<1$ で単調に減少するので，$f'(c)=0$ をみたす実数 c が，$0<c<1$ の範囲にただ1つ存在する。

（証明終）

(3) (1)・(2)により，右の増減表ができる。

x	0	$\cdots$	c	$\cdots$	1
$f'(x)$		+	0	−	
$f(x)$	0	↗		↘	0

この表より

$0 \leqq x \leqq 1$ において　　$f(x) \geqq 0$

すなわち

$$\log\{ax + b(1-x)\} \geqq x\log a + (1-x)\log b = \log a^x b^{1-x}$$

底 $e > 1$ であるので

$$ax + b(1-x) \geqq a^x b^{1-x} \quad (0 \leqq x \leqq 1) \qquad\qquad （証明終）$$

参考　(2)で $f'(0) > 0$, $f'(1) < 0$ を示す方法の例。

$$f'(0) = \frac{a-b}{b} - \log a + \log b$$

$$\qquad = (a-b)\left(\frac{1}{b} - \frac{\log a - \log b}{a-b}\right)$$

$$f'(1) = \frac{a-b}{a} - \log a + \log b$$

$$\qquad = (a-b)\left(\frac{1}{a} - \frac{\log a - \log b}{a-b}\right)$$

ここで，関数 $g(x) = \log x$ とおくと，$g(x)$ は $x > 0$ で微分可能であるので，平均値の定理より

$$\frac{g(a) - g(b)}{a-b} = g'(d)$$

すなわち，$\dfrac{\log a - \log b}{a-b} = \dfrac{1}{d}$ となる d が $0 < b < d < a$ に存在する。

$\dfrac{1}{b} > \dfrac{1}{d} > \dfrac{1}{a}$ であるので

$$f'(0) = (a-b)\left(\frac{1}{b} - \frac{1}{d}\right) > 0, \quad f'(1) = (a-b)\left(\frac{1}{a} - \frac{1}{d}\right) < 0$$

(1)より $f'(x)$ は単調に減少するので，$f'(c) = 0$ をみたす実数 c が，$0 < c < 1$ の範囲にただ1つ存在する。

102 2009 年度 理系〔2〕 Level C

$f(x) = x^3 - 3x + 1$, $g(x) = x^2 - 2$ とし,方程式 $f(x) = 0$ について考える。このとき,以下のことを示せ。

(1) $f(x) = 0$ は絶対値が 2 より小さい 3 つの相異なる実数解をもつ。

(2) α が $f(x) = 0$ の解ならば,$g(\alpha)$ も $f(x) = 0$ の解となる。

(3) $f(x) = 0$ の解を小さい順に α_1, α_2, α_3 とすれば,

$$g(\alpha_1) = \alpha_3, \quad g(\alpha_2) = \alpha_1, \quad g(\alpha_3) = \alpha_2$$

となる。

ポイント (1) $f(x)$ の増減を調べてグラフを描き,3 つの相異なる実数解が $-2 < x < 2$ の範囲に存在することを示す。

(2) $f(g(\alpha)) = 0$ を示す。

(3) (1)から α_1, α_2, α_3 の存在範囲がわかるので,$g(\alpha_1)$, $g(\alpha_2)$, $g(\alpha_3)$ の存在範囲を調べ,対応を調べる。その際,より精密に(対応がわかる程度に)調べるため,α_1, α_3 の存在範囲を絞る必要がある。〔解法 2〕のように,$g(\alpha_1)$, $g(\alpha_2)$, $g(\alpha_3)$ の大小を調べてもよい。

解法 1

(1) $f(x) = x^3 - 3x + 1$ より

$$f'(x) = 3x^2 - 3 = 3(x+1)(x-1)$$

$f(x)$ の増減表は次のようになる。

x	$\cdots$	-1	$\cdots$	1	$\cdots$
$f'(x)$	$+$	0	$-$	0	$+$
$f(x)$	↗	3	↘	-1	↗

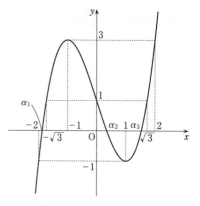

また,$f(-2) = -1 < 0$,$f(2) = 3 > 0$ であるから,グラフより,方程式 $f(x) = 0$ は $-2 < x < 2$ の範囲に 3 つの相異なる実数解をもつ。

すなわち,$f(x) = 0$ は絶対値が 2 より小さい 3 つの相異なる実数解をもつ。 (証明終)

(2) α が方程式 $f(x)=0$ の解ならば，$f(\alpha)=0$ である。

このとき，$g(x)=x^2-2$ に対して

$$\begin{aligned} f(g(\alpha)) &= (g(\alpha))^3 - 3g(\alpha) + 1 = (\alpha^2-2)^3 - 3(\alpha^2-2) + 1 \\ &= \alpha^6 - 6\alpha^4 + 9\alpha^2 - 1 = (\alpha^3 - 3\alpha)^2 - 1 \\ &= (\alpha^3 - 3\alpha + 1)(\alpha^3 - 3\alpha - 1) = f(\alpha)(\alpha^3 - 3\alpha - 1) \\ &= 0 \end{aligned}$$

よって，$g(\alpha)$ は，方程式 $f(x)=0$ の解である。　　　　　　　　（証明終）

(3) (1)のグラフより，次の(i), (ii), (iii)が成り立つ。

(i) $f(-\sqrt{3})=1>0$ より

$$-2<\alpha_1<-\sqrt{3} \qquad 4>\alpha_1{}^2>3$$

であるから，$g(\alpha_1)=\alpha_1{}^2-2$ より　　　$2>g(\alpha_1)>1$

(ii) $-1<\alpha_2<1$ より　　　$0\leqq\alpha_2{}^2<1$

であるから，$g(\alpha_2)=\alpha_2{}^2-2$ より　　　$-2\leqq g(\alpha_2)<-1$

(iii) $f(\sqrt{3})=1>0$ より

$$1<\alpha_3<\sqrt{3} \qquad 1<\alpha_3{}^2<3$$

であるから，$g(\alpha_3)=\alpha_3{}^2-2$ より　　　$-1<g(\alpha_3)<1$

また，(2)より $g(\alpha_1)$, $g(\alpha_2)$, $g(\alpha_3)$ は，α_1, α_2, α_3 のいずれかに該当するため，(i), (ii), (iii)より

$$g(\alpha_1)=\alpha_3, \ g(\alpha_2)=\alpha_1, \ g(\alpha_3)=\alpha_2$$　　　　（証明終）

解法 2

(3) (1)より　　　$\alpha_1<0<\alpha_2<\alpha_3$

したがって　　　$|\alpha_1|=-\alpha_1$ であり

$$\begin{aligned} f(|\alpha_1|)=f(-\alpha_1) &= -\alpha_1{}^3 + 3\alpha_1 + 1 \\ &= -(\alpha_1{}^3 - 3\alpha_1 + 1) + 2 \\ &= -f(\alpha_1) + 2 = 2 \end{aligned}$$

よって，グラフより　　　$0<\alpha_2<\alpha_3<|\alpha_1|$

したがって　　　$\alpha_2{}^2<\alpha_3{}^2<\alpha_1{}^2$

$$\alpha_2{}^2-2<\alpha_3{}^2-2<\alpha_1{}^2-2$$

すなわち　　　$g(\alpha_2)<g(\alpha_3)<g(\alpha_1)$

(2)から，$g(\alpha_1)$, $g(\alpha_2)$, $g(\alpha_3)$ は $\alpha_1<\alpha_2<\alpha_3$ に1つずつ対応するので

$$g(\alpha_1)=\alpha_3, \ g(\alpha_2)=\alpha_1, \ g(\alpha_3)=\alpha_2$$　　　　（証明終）

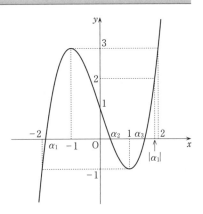

103 2009年度 理系〔3〕 Level B

a を $0 \leqq a < \dfrac{\pi}{2}$ の範囲にある実数とする。2つの直線 $x=0$, $x=\dfrac{\pi}{2}$ および2つの曲線 $y=\cos(x-a)$, $y=-\cos x$ によって囲まれる図形を G とする。このとき，以下の問に答えよ。

(1) 図形 G の面積を S とする。S を a を用いた式で表せ。

(2) a が $0 \leqq a < \dfrac{\pi}{2}$ の範囲を動くとき，S を最大にするような a の値と，そのときの S の値を求めよ。

(3) 図形 G を x 軸の周りに1回転させてできる立体の体積を V とする。V を a を用いた式で表せ。

> **ポイント** (1) 曲線の概形を描き，定積分により求める。
> (2) S は $\sin a$, $\cos a$ の1次式で表されるので三角関数の合成を用いる。
> (3) 図形 G は回転軸の両側にあるので，まず，一方を回転軸に関して対称移動し，重なる部分を確認してから求める。

解 法

(1) $0 \leqq a < \dfrac{\pi}{2}$ より，2つの曲線の概形は図のようになるので

$$\begin{aligned}
S &= \int_0^{\frac{\pi}{2}} \{\cos(x-a) - (-\cos x)\}\, dx \\
&= \left[\sin(x-a) + \sin x \right]_0^{\frac{\pi}{2}} \\
&= \sin\left(\frac{\pi}{2}-a\right) + 1 - (-\sin a) \\
&= \sin a + \cos a + 1 \quad \left(0 \leqq a < \frac{\pi}{2}\right) \quad \cdots\cdots\text{(答)}
\end{aligned}$$

(2) (1)より $\quad S = \sqrt{2}\sin\left(a + \dfrac{\pi}{4}\right) + 1$

$\dfrac{\pi}{4} \leqq a + \dfrac{\pi}{4} < \dfrac{3}{4}\pi$ であるから，$a + \dfrac{\pi}{4} = \dfrac{\pi}{2}$ のときに $\sin\left(a + \dfrac{\pi}{4}\right) = 1$ となって，S は最大と

なる。すなわち

S は $a=\dfrac{\pi}{4}$ のとき最大で，このとき $S=\sqrt{2}+1$ ……(答)

(3) $\quad \cos(x-a)-\cos x = 2\sin\left(x-\dfrac{a}{2}\right)\sin\dfrac{a}{2} \begin{cases} <0 & \left(0\leqq x<\dfrac{a}{2}\right) \\ =0 & \left(x=\dfrac{a}{2}\right) \\ >0 & \left(\dfrac{a}{2}<x\leqq\dfrac{\pi}{2}\right) \end{cases}$

であるから，問題の立体は，曲線

$y=\begin{cases} \cos x & \left(0\leqq x\leqq\dfrac{a}{2}\right) \\ \cos(x-a) & \left(\dfrac{a}{2}<x\leqq\dfrac{\pi}{2}\right) \end{cases}$

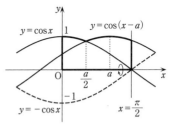

と，直線 $x=0$, $x=\dfrac{\pi}{2}$, および $y=0$ で囲まれる図形を，x 軸のまわりに 1 回転させてできる立体と考えられる。よって

$$V=\int_0^{\frac{a}{2}}\pi\cos^2 x\,dx+\int_{\frac{a}{2}}^{\frac{\pi}{2}}\pi\cos^2(x-a)\,dx$$

$$=\pi\int_0^{\frac{a}{2}}\frac{1+\cos 2x}{2}dx+\pi\int_{\frac{a}{2}}^{\frac{\pi}{2}}\frac{1+\cos 2(x-a)}{2}dx$$

$$=\frac{\pi}{2}\left[x+\frac{\sin 2x}{2}\right]_0^{\frac{a}{2}}+\frac{\pi}{2}\left[x+\frac{\sin 2(x-a)}{2}\right]_{\frac{a}{2}}^{\frac{\pi}{2}}$$

$$=\frac{\pi}{4}(a+\sin a)+\frac{\pi}{4}(\pi+\sin 2a-a+\sin a)$$

$$=\frac{\pi}{4}(\sin 2a+2\sin a+\pi) \quad ……(答)$$

104

xy 平面上に 5 点 A$(0,2)$，B$(2,2)$，C$(2,1)$，D$(4,1)$，P$(0,3)$ をとる。点 P を通り傾き a の直線 l が，線分 BC と交わり，その交点は B，C と異なるとする。このとき，次の問に答えよ。

(1)　a の値の範囲を求めよ。

(2)　直線 l と線分 AB，線分 BC で囲まれる図形を x 軸のまわりに 1 回転させてできる回転体の体積を V_1，直線 l と線分 BC，線分 CD で囲まれる図形を x 軸のまわりに 1 回転させてできる回転体の体積を V_2 とするとき，それらの和 $V=V_1+V_2$ を a の式で表せ。

(3)　(1)で求めた a の値の範囲で，(2)で求めた V は，$a=-\dfrac{3}{4}$ のとき最小値をとることを示せ。

ポイント　(1)　l の $x=2$ における y の値が $1<y<2$ を満たす。

(2)　x 軸のまわりの回転体の体積は定積分により求めることができる。本問の場合，回転する図形は直線で囲まれているので，円柱，円錐の体積を用いて求めることもできる（〔解法2〕）。

(3)　微分して増減を調べる。$a=-\dfrac{3}{4}$ で最小値をとることが与えられているので，$\dfrac{dV}{da}=0$ は $a=-\dfrac{3}{4}$ を解にもつ，すなわち，$\dfrac{dV}{da}$ は因数 $(4a+3)$ を分子に含むと考えられる。

解法 1

(1)　点 P$(0,3)$ を通り傾き a の直線 l の方程式は

$$y=ax+3 \quad \cdots\cdots ①$$

これが，点 B$(2,2)$，C$(2,1)$ を結ぶ線分 $x=2$ $(1<y<2)$ と交わるための条件は

$$1<2a+3<2$$

これより　　$-1<a<-\dfrac{1}{2}$ ……(答)

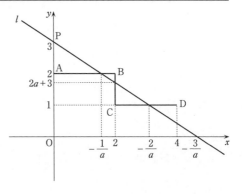

(2) 直線 l と線分 AB，線分 BC で囲まれる図形と，直線 l と線分 BC，線分 CD で囲まれる図形が，いずれも存在するための必要十分条件は，(1)より

$$-1 < a < -\frac{1}{2} \quad \cdots\cdots ②$$

である。

このとき，直線 l と線分 AB との交点の x 座標は，①，②より

$$ax + 3 = 2 \qquad x = -\frac{1}{a}$$

直線 l と線分 CD との交点の x 座標は，①，②より

$$ax + 3 = 1 \qquad x = -\frac{2}{a}$$

よって

$$V_1 = \pi \int_{-\frac{1}{a}}^{2} 2^2 dx - \pi \int_{-\frac{1}{a}}^{2} (ax+3)^2 dx = \pi \int_{-\frac{1}{a}}^{2} (-a^2 x^2 - 6ax - 5)\, dx$$

$$= \pi \left[-\frac{a^2 x^3}{3} - 3ax^2 - 5x \right]_{-\frac{1}{a}}^{2} = \pi \left(-\frac{8a^2}{3} - 12a - 10 - \frac{7}{3a} \right)$$

$$V_2 = \pi \int_{2}^{-\frac{2}{a}} (ax+3)^2 dx - \pi \int_{2}^{-\frac{2}{a}} 1^2 dx = \pi \int_{2}^{-\frac{2}{a}} (a^2 x^2 + 6ax + 8)\, dx$$

$$= \pi \left[\frac{a^2 x^3}{3} + 3ax^2 + 8x \right]_{2}^{-\frac{2}{a}} = \pi \left(-\frac{8a^2}{3} - 12a - 16 - \frac{20}{3a} \right)$$

$$V = V_1 + V_2$$

$$= -\pi \left(\frac{16a^2}{3} + 24a + 26 + \frac{9}{a} \right) \quad \cdots\cdots (答)$$

(3) $$\frac{dV}{da} = -\pi \left(\frac{32a}{3} + 24 - \frac{9}{a^2} \right) = -\pi \frac{32a^3 + 72a^2 - 27}{3a^2}$$

$$= -\pi \frac{(4a+3)(8a^2 + 12a - 9)}{3a^2}$$

ここで，$f(a) = 8a^2 + 12a - 9$ とおくと

$$f(-1) = -13 < 0, \quad f\left(-\frac{1}{2}\right) = -13 < 0$$

$f(a)$ のグラフは下に凸であるので

$-1 < a < -\frac{1}{2}$ のとき $\quad f(a) < 0$

すなわち

$$8a^2 + 12a - 9 < 0 \quad \left(-1 < a < -\frac{1}{2} \right)$$

よって，$-1<a<-\dfrac{1}{2}$ における V の増減
表は右のようになる。
この表より，V は，$a=-\dfrac{3}{4}$ のとき最小値
をとる。 （証明終）

a	-1	$\cdots$	$-\dfrac{3}{4}$	$\cdots$	$-\dfrac{1}{2}$
$\dfrac{dV}{da}$		$-$	0	$+$	
V		$\searrow$	極小(最小)	$\nearrow$	

解法 2

(2) 直線 l と線分 AB，CD，x 軸との交点の x 座標はそれぞれ $-\dfrac{1}{a}$，$-\dfrac{2}{a}$，$-\dfrac{3}{a}$

V_1 は，底面の半径 2，高さ $2-\left(-\dfrac{1}{a}\right)=2+\dfrac{1}{a}$ の円柱と，底面の半径 $2a+3$，高さ

$-\dfrac{3}{a}-2=-\dfrac{2a+3}{a}$ の円錐の体積を加えたものから，底面の半径 2，高さ

$-\dfrac{3}{a}-\left(-\dfrac{1}{a}\right)=-\dfrac{2}{a}$ の円錐の体積を引いたものなので

$$V_1=\pi\cdot2^2\left(2+\dfrac{1}{a}\right)+\dfrac{1}{3}\pi(2a+3)^2\cdot\left(-\dfrac{2a+3}{a}\right)-\dfrac{1}{3}\pi\cdot2^2\left(-\dfrac{2}{a}\right)$$

$$=\pi\left(-\dfrac{8a^2}{3}-12a-10-\dfrac{7}{3a}\right)$$

同様にして

$$V_2=\dfrac{1}{3}\pi(2a+3)^2\left(-\dfrac{2a+3}{a}\right)-\pi\cdot1^2\left(-\dfrac{2}{a}-2\right)-\dfrac{1}{3}\pi\cdot1^2\left\{-\dfrac{3}{a}-\left(-\dfrac{2}{a}\right)\right\}$$

$$=\pi\left(-\dfrac{8a^2}{3}-12a-16-\dfrac{20}{3a}\right)$$

$$V=V_1+V_2=-\pi\left(\dfrac{16a^2}{3}+24a+26+\dfrac{9}{a}\right)\ \ \cdots\cdots(\text{答})$$

§7 複素数平面

105 2003年度 文系〔1〕 Level A

複素数平面上の3点 $A(z_1)$, $B(z_2)$, $C(z_3)$ は正三角形の頂点であり，左まわり（反時計まわり）に並んでいるとする。次の問に答えよ。

(1) 2つの複素数 $\dfrac{z_2-z_1}{z_3-z_1}$, $\dfrac{z_2-z_3}{z_1-z_3}$ の値を求めよ。

(2) $z_1=2i$, $z_2=-2-2\sqrt{2}i$ のとき，z_3 の値を求めよ。ただし，i は虚数単位とする。

ポイント (1) 図形を複素数を用いて扱う場合，回転移動を考えることが多い。複素数平面上で，点 z を点 α のまわりに角 θ だけ回転した点 w は
$$w=(\cos\theta+i\sin\theta)(z-\alpha)+\alpha$$
と表される。本問では，△ABC が正三角形であるという条件を，点Bは点Cを点Aのまわりに $-60°$ 回転した点と考える。
(2) (1)と同様に，点Cは点Bを点Aのまわりに $60°$ 回転した点として求める。また，(1)の結果を利用して求めることもできる。

解 法

(1) $B(z_2)$ は $C(z_3)$ を $A(z_1)$ のまわりに $-60°$ 回転した点であるので

$$z_2=\{\cos(-60°)+i\sin(-60°)\}(z_3-z_1)+z_1$$

$z_1 \neq z_3$ より

$$\frac{z_2-z_1}{z_3-z_1}=\cos(-60°)+i\sin(-60°)$$

$$=\frac{1}{2}-\frac{\sqrt{3}}{2}i \quad \cdots\cdots(答)$$

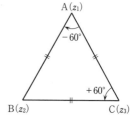

また，$B(z_2)$ は $A(z_1)$ を $C(z_3)$ のまわりに $60°$ 回転した点であるので

$$z_2=(\cos60°+i\sin60°)(z_1-z_3)+z_3$$

$z_1 \neq z_3$ より

$$\frac{z_2-z_3}{z_1-z_3}=\cos60°+i\sin60°$$

$$=\frac{1}{2}+\frac{\sqrt{3}}{2}i \quad \cdots\cdots(答)$$

(2) $C(z_3)$ は $B(z_2)$ を $A(z_1)$ のまわりに $60°$ 回転した点であるので

$$z_3 = (\cos 60° + i\sin 60°)(z_2 - z_1) + z_1$$

$$= \left(\frac{1}{2} + \frac{\sqrt{3}}{2}i\right)(-2 - 2\sqrt{2}i - 2i) + 2i$$

$$= (-1 + \sqrt{3} + \sqrt{6}) + (1 - \sqrt{2} - \sqrt{3})i \quad \cdots\cdots(答)$$

〔注〕 (2) (1)より，$\dfrac{z_2 - z_1}{z_3 - z_1} = \dfrac{1}{2} - \dfrac{\sqrt{3}}{2}i$ であるから

$$z_3 = \frac{z_2 - z_1}{\dfrac{1}{2} - \dfrac{\sqrt{3}}{2}i} + z_1$$

$$= \frac{-2 - 2(\sqrt{2}+1)i}{\dfrac{1}{2} - \dfrac{\sqrt{3}}{2}i} + 2i$$

$$= -2\{1 + (\sqrt{2}+1)i\}\left(\frac{1}{2} + \frac{\sqrt{3}}{2}i\right) + 2i$$

$$= (\sqrt{6} + \sqrt{3} - 1) - (\sqrt{3} + \sqrt{2} - 1)i$$

参考 一般に 3 点 $A(\alpha)$，$B(\beta)$，$C(\gamma)$ に対し，複素数 $\dfrac{\gamma - \alpha}{\beta - \alpha}$ の偏角は向きを考えた角 $\angle BAC$（AB から AC に測った角），絶対値は線分の比 $\dfrac{AC}{AB}$ を表すので，本問では $\angle CAB = -60°$，$\dfrac{AB}{AC} = 1$ から $\dfrac{z_2 - z_1}{z_3 - z_1} = 1 \cdot \{\cos(-60°) + i\sin(-60°)\}$ として直接求めることもできる。

106

　整式 $f(x)$ は実数を係数にもつ 3 次式で，3 次の係数は 1，定数項は -3 とする。方程式 $f(x)=0$ は，1 と虚数 α，β を解にもつとし，α の実部は 1 より大きく，α の虚部は正とする。複素数平面上で α，β，1 が表す点を順に A，B，C とし，原点を O とする。以下の問に答えよ。

(1)　α の絶対値を求めよ。

(2)　θ を α の偏角とする。$\triangle$ABC の面積 S を θ を用いて表せ。

(3)　S を最大にする θ $(0 \leqq \theta < 2\pi)$ とそのときの整式 $f(x)$ を求めよ。

ポイント　(1)　係数は実数であることから α と β は互いに共役であるので，α，β を解とする 2 次方程式において，解と係数の関係を用いる。3 次方程式の解と係数の関係を用いてもよい。
(2)　α，β を極形式で表す。
(3)　θ で微分して増減を調べる。

解 法

(1)　$f(x) = x^3 + ax^2 + bx - 3$　$(a, b$ は実数$)$ とおくと
$f(1) = 0$ より　　$1 + a + b - 3 = 0$　　$b = -a + 2$
したがって
$$f(x) = x^3 + ax^2 + (-a+2)x - 3$$
$$= (x-1)\{x^2 + (a+1)x + 3\}$$
ゆえに，α，β は $x^2 + (a+1)x + 3 = 0$　……① の解である。
解と係数の関係より　　$\alpha\beta = 3$
また，a は実数であるので，α と β は互いに共役な複素数，すなわち
$$\beta = \overline{\alpha}$$
よって　　$|\alpha|^2 = \alpha\overline{\alpha} = \alpha\beta = 3$　　$|\alpha| = \sqrt{3}$　……(答)

(2) (1)より

$$\alpha = \sqrt{3}\,(\cos\theta + i\sin\theta),\quad \beta = \sqrt{3}\,(\cos\theta - i\sin\theta)$$

α の実部 $\sqrt{3}\cos\theta > 1$，虚部 $\sqrt{3}\sin\theta > 0$ であるので，△ABC は右図のようになり，AB と x 軸との交点を H とすると

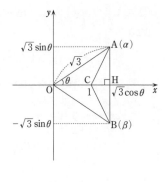

$$AB = 2\sqrt{3}\sin\theta,\quad CH = \sqrt{3}\cos\theta - 1$$

よって

$$S = \frac{1}{2}\,AB\cdot CH$$

$$= \frac{1}{2}\cdot 2\sqrt{3}\sin\theta\,(\sqrt{3}\cos\theta - 1)$$

$$= 3\sin\theta\cos\theta - \sqrt{3}\sin\theta \quad \cdots\cdots(\text{答})$$

(3) $\quad S' = 3\cos^2\theta - 3\sin^2\theta - \sqrt{3}\cos\theta$

$$= 6\cos^2\theta - \sqrt{3}\cos\theta - 3$$

$$= (2\cos\theta - \sqrt{3})(3\cos\theta + \sqrt{3})$$

$\sqrt{3}\cos\theta > 1$ であるので $\quad \cos\theta > \dfrac{\sqrt{3}}{3}$

また，$\sin\theta > 0$ であるので，$\cos\theta_1 = \dfrac{\sqrt{3}}{3}$，$0 < \theta_1 < \dfrac{\pi}{2}$ をみたす θ_1 について

$$0 < \theta < \theta_1$$

$S' = 0$ とおけば，$\cos\theta > \dfrac{\sqrt{3}}{3}$ より

$$\cos\theta = \frac{\sqrt{3}}{2}$$

$0 < \theta < \theta_1$ より $\quad \theta = \dfrac{\pi}{6}$

増減表は右のようになるので，S を最大にする θ の値は

$$\theta = \frac{\pi}{6}$$

このとき

θ	(0)	$\cdots$	$\dfrac{\pi}{6}$	$\cdots$	(θ_1)
S'		$+$	0	$-$	
S		↗		↘	

$$\alpha + \beta = \alpha + \bar{\alpha} = 2\sqrt{3}\cos\frac{\pi}{6} = 3$$

であるので，①において，解と係数の関係より

$$-(a+1) = 3 \qquad a = -4$$

また $\quad b = -a + 2 = 6$

ゆえに $f(x) = x^3 - 4x^2 + 6x - 3$

したがって

$$\theta = \frac{\pi}{6},\ f(x) = x^3 - 4x^2 + 6x - 3 \quad \cdots\cdots (\text{答})$$

参考 ＜3次方程式の解と係数の関係を用いる場合＞

(1) $f(x) = x^3 + ax^2 + bx - 3$ とおく。

$x^3 + ax^2 + bx - 3 = 0$ の解が 1, α, β であるので，解と係数の関係より

$1 + \alpha + \beta = -a \quad \cdots\cdots (\mathcal{P})$

$1 \cdot \alpha + \alpha\beta + \beta \cdot 1 = b \quad \cdots\cdots (\mathcal{A})$

$1 \cdot \alpha \cdot \beta = 3 \quad \cdots\cdots (\mathcal{V})$

$\beta = \bar{\alpha}$ なので，(ウ)より

$\alpha\bar{\alpha} = 3 \qquad |\alpha|^2 = 3 \qquad |\alpha| = \sqrt{3}$

(3) 後半について，$\alpha + \beta = 2\sqrt{3}\cos\dfrac{\pi}{6} = 3$, $\alpha\beta = 3$ を(ア)，(イ)に代入して

$a = -4,\ b = 6$

107

$\alpha = \cos\dfrac{360°}{5} + i\sin\dfrac{360°}{5}$ とする。ただし，i は虚数単位である。100 個の複素数 z_1, z_2, …, z_{100} を

$$z_1 = \alpha, \quad z_n = z_{n-1}{}^3 \quad (n = 2, \ \cdots, \ 100)$$

で定める。次の問に答えよ。

(1) z_5 を α を用いて表せ。

(2) $z_n = \alpha$ となるような n の個数を求めよ。

(3) $\displaystyle\sum_{n=1}^{100} z_n$ の値を求めよ。

ポイント (1) ド・モアブルの定理 $(\cos\theta + i\sin\theta)^n = \cos n\theta + i\sin n\theta$ から，$\alpha^5 = 1$ となるので，これを用いて順次計算する。

(2) (1)から z_n は周期をもつことがわかるので，それを数学的帰納法で証明する。〔**解法 2**〕のように周期性を直接示してもよい。

(3) 周期性から4項ずつまとめて和を求める。

解法 1

(1) $\quad \alpha^5 = \left(\cos\dfrac{360°}{5} + i\sin\dfrac{360°}{5}\right)^5 = \cos 360° + i\sin 360° = 1$

よって $\quad z_2 = z_1{}^3 = \alpha^3$

$\qquad z_3 = z_2{}^3 = (\alpha^3)^3 = \alpha^9 = \alpha^5 \cdot \alpha^4 = \alpha^4$

$\qquad z_4 = z_3{}^3 = (\alpha^4)^3 = \alpha^{12} = (\alpha^5)^2 \cdot \alpha^2 = \alpha^2$

$\qquad z_5 = z_4{}^3 = (\alpha^2)^3 = \alpha^6 = \alpha^5 \cdot \alpha = \alpha \quad \cdots\cdots$（答）

(2) (1)より $z_{4m-3} = \alpha$ $(m = 1, 2, 3, \cdots)$ と推測できるので，このことを数学的帰納法で証明する。

(I) $m = 1$ のとき，$z_1 = \alpha$ なので成立する。

(II) $m = k$ のとき，$z_{4k-3} = \alpha$ と仮定すると

$\qquad z_{4k-2} = z_{4k-3}{}^3 = \alpha^3$

$\qquad z_{4k-1} = z_{4k-2}{}^3 = (\alpha^3)^3 = \alpha^4$

$\qquad z_{4k} = z_{4k-1}{}^3 = (\alpha^4)^3 = \alpha^2$

$\qquad z_{4k+1} = z_{4k}{}^3 = (\alpha^2)^3 = \alpha$

すなわち，$z_{4(k+1)-3}=\alpha$ なので，$m=k+1$ のときも成り立つ。

(I)，(II)より，$z_{4m-3}=\alpha$ $(m=1,\ 2,\ 3,\ \cdots)$ が成り立つ。

したがって，$m=1,\ 2,\ 3,\ \cdots$ に対し

$$z_{4m-2}=\alpha^3,\quad z_{4m-1}=\alpha^4,\quad z_{4m}=\alpha^2$$

も成り立つので，$z_1,\ z_2,\ \cdots,\ z_{100}$ のうち $z_n=\alpha$ となるのは $n=4m-3$ $(m=1,\ 2,\ \cdots,\ 25)$ の 25 個である。 ……(答)

(3) $\displaystyle\sum_{n=1}^{100}z_n=\sum_{m=1}^{25}(z_{4m-3}+z_{4m-2}+z_{4m-1}+z_{4m})$

$\displaystyle\qquad=\sum_{m=1}^{25}(\alpha+\alpha^3+\alpha^4+\alpha^2)\quad((2)より)$

$\displaystyle\qquad=25(\alpha+\alpha^2+\alpha^3+\alpha^4)$

ここで，$\alpha^5=1$ より

$$\alpha^5-1=0\qquad(\alpha-1)(\alpha^4+\alpha^3+\alpha^2+\alpha+1)=0$$

$\alpha\neq1$ なので

$$\alpha^4+\alpha^3+\alpha^2+\alpha+1=0\quad\text{すなわち}\quad\alpha+\alpha^2+\alpha^3+\alpha^4=-1$$

ゆえに $\displaystyle\sum_{n=1}^{100}z_n=25\cdot(-1)=-25$ ……(答)

〔注〕 $\alpha+\alpha^2+\alpha^3+\alpha^4$ を，初項 α，公比 α $(\neq1)$ の等比数列の和と考えて，
$\alpha+\alpha^2+\alpha^3+\alpha^4=\dfrac{\alpha(1-\alpha^4)}{1-\alpha}=\dfrac{\alpha-\alpha^5}{1-\alpha}=\dfrac{\alpha-1}{1-\alpha}=-1$ としてもよい。

解法 2

(2) ＜周期性を直接示す方法＞

$z_n=\alpha^k$ $(k=1,\ 2,\ 3,\ 4)$ のとき

$z_{n+1}=z_n{}^3=(\alpha^k)^3=\alpha^{3k}$

$z_{n+2}=z_{n+1}{}^3=(\alpha^{3k})^3=(\alpha^9)^k=(\alpha^5)^k\cdot\alpha^{4k}=\alpha^{4k}$

$z_{n+3}=z_{n+2}{}^3=(\alpha^{4k})^3=(\alpha^{12})^k=(\alpha^5)^{2k}\cdot\alpha^{2k}=\alpha^{2k}$

$z_{n+4}=z_{n+3}{}^3=(\alpha^{2k})^3=(\alpha^6)^k=(\alpha^5)^k\cdot\alpha^k=\alpha^k$

よって，$z_{n+4}=z_n$ であり，$z_1=\alpha$，$z_2=\alpha^3$，$z_3=\alpha^4$，$z_4=\alpha^2$ より

$$z_{4m-3}=\alpha,\quad z_{4m-2}=\alpha^3,\quad z_{4m-1}=\alpha^4,\quad z_{4m}=\alpha^2\quad(m=1,\ 2,\ 3,\ \cdots)$$

したがって，$z_1,\ z_2,\ \cdots,\ z_{100}$ のうち $z_n=\alpha$ となるのは $n=4m-3$ $(m=1,\ 2,\ \cdots,\ 25)$ の 25 個である。 ……(答)

108 2003年度 理系〔1〕 Level B

次の問に答えよ。ただし、i は虚数単位とする。

(1) 複素数 z に対し、$w = \dfrac{z-i}{z+i}$ とする。z が実軸上を動くとき、複素数平面上で w を表す点が描く図形を求めよ。

(2) 複素数 z とその共役複素数 $\bar{z}$ に対し、$w_1 = \dfrac{z-i}{z+i}$、$w_2 = \dfrac{\bar{z}-i}{z+i}$ とする。$z \neq \pm i$ のとき、複素数平面上で w_1 を表す点を P、w_2 を表す点を Q とする。P、Q と原点 O が同一直線上にあることを示せ。

ポイント (1) z が実数 $\iff z = \bar{z}$ であるので z と w の関係式を z について解き、$z = \bar{z}$ から w の満たす式を求める。他に図を利用し、$|w|$, $\arg w$ を考える方法もある（〔**解法2**〕）。

(2) O, P, Q が同一直線上 $\iff w_1 = kw_2$ (k は実数) $\iff \dfrac{w_1}{w_2}$ が実数 であるので、w_1 を w_2 で表す、あるいは〔**解法2**〕のように、$\dfrac{w_1}{w_2}$ を計算する方法が考えられる。

解法1

(1) $w = \dfrac{z-i}{z+i}$ より $wz + wi = z - i$

$$(w-1)z = -(w+1)i$$

したがって、$w \neq 1$ で $z = -\dfrac{w+1}{w-1}i$

z が実軸上を動くとき、$z = \bar{z}$ であるので

$$-\frac{w+1}{w-1}i = \overline{\left(-\frac{w+1}{w-1}i\right)}$$

$$-\frac{w+1}{w-1}i = \frac{\bar{w}+1}{\bar{w}-1}i$$

$$-(w+1)(\bar{w}-1) = (\bar{w}+1)(w-1) \quad \text{かつ} \quad w \neq 1$$

$$w\bar{w} = 1 \quad \text{かつ} \quad w \neq 1$$

$$|w| = 1 \quad \text{かつ} \quad w \neq 1$$

よって、w を表す点が描く図形は、原点を中心とする半径1の円（ただし、点1を除く）である。……(答)

(2)　$w_1 = \dfrac{z-i}{z+i} = \overline{\left(\dfrac{\overline{z}+i}{\overline{z}-i}\right)} = \dfrac{1}{\overline{w_2}} = \dfrac{w_2}{w_2 \overline{w_2}} = \dfrac{1}{|w_2|^2} w_2$

$\dfrac{1}{|w_2|^2}$ は実数であるので，O，P，Qは同一直線上にある。　　　　　（証明終）

解 法 2

(1)　＜図を利用する解法＞

z が実数のとき

　　$|z-i| = |z+i| = \sqrt{z^2+1}$

であるから

　　$|w| = \dfrac{|z-i|}{|z+i|} = 1$

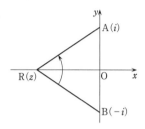

また，i，$-i$，z を表す点をそれぞれA，B，Rとする

と　　$\arg w = \arg \dfrac{z-i}{z+i} = \angle \mathrm{BRA}$

で，z が実軸上を動くとき，$0° < \angle \mathrm{BRA} < 360°$ である。

よって，w を表す点が描く図形は，原点を中心とする半径1の円（ただし，点1を除く）である。……（答）

(2)　$<\dfrac{w_1}{w_2}$ を計算する解法＞

　　$\dfrac{w_1}{w_2} = \dfrac{z-i}{z+i} \cdot \dfrac{\overline{z}+i}{\overline{z}-i} = \dfrac{(z-i)\overline{(z-i)}}{(z+i)\overline{(z+i)}} = \dfrac{|z-i|^2}{|z+i|^2}$

$\dfrac{|z-i|^2}{|z+i|^2}$ は実数であるので，O，P，Qは同一直線上にある。　　　（証明終）

〔注〕(2)　$\dfrac{w_1}{w_2}$ が実数であることを示すとき，次のようにしてもよい。

　　$\dfrac{w_1}{w_2} = \dfrac{z-i}{z+i} \cdot \dfrac{\overline{z}+i}{\overline{z}-i}$

　　$\overline{\left(\dfrac{w_1}{w_2}\right)} = \overline{\left(\dfrac{z-i}{z+i}\right)} \cdot \overline{\left(\dfrac{\overline{z}+i}{\overline{z}-i}\right)} = \dfrac{\overline{z}+i}{\overline{z}-i} \cdot \dfrac{z-i}{z+i}$

よって，$\dfrac{w_1}{w_2} = \overline{\left(\dfrac{w_1}{w_2}\right)}$ であるので，$\dfrac{w_1}{w_2}$ は実数である。

109　2002年度　理系〔1〕　Level B

0でない複素数 z に対して，$w=u+iv$ を

$$w=\frac{1}{2}\left(z+\frac{1}{z}\right)$$

とするとき，次の問に答えよ。ただし，u，v は実数，i は虚数単位である。

(1)　複素数平面上で，z が単位円 $|z|=1$ 上を動くとき，w はどのような曲線を描くか。u，v がみたす曲線の方程式を求め，その曲線を図示せよ。

(2)　複素数平面上で，z が実軸からの偏角 α $\left(0<\alpha<\dfrac{\pi}{2}\right)$ の半直線上を動くとき，w はどのような曲線を描くか。u，v がみたす曲線の方程式を求め，その曲線を図示せよ。

> **ポイント**　(1)　z は単位円 $|z|=1$ 上にあることから，$z=\cos\theta+i\sin\theta$ とおき，u，v を θ で表す。〔注〕のように，$|z|^2=1$ より，$z\bar{z}=1$ を用いることもできる。
> (2)　半直線上にあることから，$z=r(\cos\alpha+i\sin\alpha)$ とおき，u，v を r，α で表す。α は定数であるので，r を消去して u，v のみたす方程式を求めればよい。変域に注意。

解　法

(1)　z は単位円 $|z|=1$ 上を動くので

$$z=\cos\theta+i\sin\theta \quad (0\leqq\theta<2\pi)$$

とおくと

$$\begin{aligned}
w&=\frac{1}{2}\left(\cos\theta+i\sin\theta+\frac{1}{\cos\theta+i\sin\theta}\right)\\
&=\frac{1}{2}(\cos\theta+i\sin\theta+\cos\theta-i\sin\theta)\\
&=\cos\theta
\end{aligned}$$

よって　　$u=\cos\theta$，$v=0$

$0\leqq\theta<2\pi$ より，$-1\leqq\cos\theta\leqq1$ であるので，u，v のみたす方程式は

$$v=0 \quad (-1\leqq u\leqq1) \quad \cdots\cdots(答)$$

であり，右図の線分を描く。

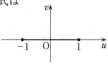

(2)　z が半直線上を動くことから，$z=r(\cos\alpha+i\sin\alpha)$ $(r>0)$ とおくと

$$w=\frac{1}{2}\left\{r(\cos\alpha+i\sin\alpha)+\frac{1}{r(\cos\alpha+i\sin\alpha)}\right\}$$

$$= \frac{1}{2}\left\{r(\cos\alpha + i\sin\alpha) + \frac{1}{r}(\cos\alpha - i\sin\alpha)\right\}$$

$$= \frac{1}{2}\left(r + \frac{1}{r}\right)\cos\alpha + \frac{i}{2}\left(r - \frac{1}{r}\right)\sin\alpha$$

よって $u = \frac{1}{2}\left(r + \frac{1}{r}\right)\cos\alpha, \quad v = \frac{1}{2}\left(r - \frac{1}{r}\right)\sin\alpha$

$0 < \alpha < \dfrac{\pi}{2}$ より，$\cos\alpha > 0$，$\sin\alpha > 0$ であるので

$$\frac{u}{\cos\alpha} = \frac{1}{2}\left(r + \frac{1}{r}\right) \quad \cdots\cdots①$$

$$\frac{v}{\sin\alpha} = \frac{1}{2}\left(r - \frac{1}{r}\right) \quad \cdots\cdots②$$

①^2－②^2 より $\dfrac{u^2}{\cos^2\alpha} - \dfrac{v^2}{\sin^2\alpha} = 1$

ここで，$r > 0$，$\cos\alpha > 0$ より，相加平均と相乗平均の関係から

$$u = \frac{1}{2}\left(r + \frac{1}{r}\right)\cos\alpha \geqq \sqrt{r \cdot \frac{1}{r}}\cos\alpha = \cos\alpha \quad (等号は r = 1 のとき成立)$$

また

$$\lim_{r \to +\infty} v = \lim_{r \to +\infty} \frac{1}{2}\left(r - \frac{1}{r}\right)\sin\alpha = +\infty$$

$$\lim_{r \to +0} v = \lim_{r \to +0} \frac{1}{2}\left(r - \frac{1}{r}\right)\sin\alpha = -\infty$$

であるので，v はすべての実数値をとる。

よって，w の描く曲線は双曲線の一部

$$\frac{u^2}{\cos^2\alpha} - \frac{v^2}{\sin^2\alpha} = 1 \quad (u \geqq \cos\alpha) \quad \cdots\cdots(答)$$

で，図のようになる。

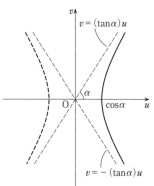

【注】 (1) $<z\bar{z} = 1$ を用いる解法$>$

$|z| = 1$ より $|z|^2 = 1$ $z\bar{z} = 1$ $\dfrac{1}{z} = \bar{z}$

したがって $w = \dfrac{1}{2}\left(z + \dfrac{1}{z}\right) = \dfrac{1}{2}(z + \bar{z}) = \mathrm{Re}\,(z)$

z は単位円周上を動くので $-1 \leqq \mathrm{Re}\,(z) \leqq 1$

よって，w の描く図形は，線分 $-1 \leqq u \leqq 1$，$v = 0$ である。

参考 一般に，複素数 z の実部を $\mathrm{Re}\,(z)$ と表す。

(2)で，①，②を r，$\dfrac{1}{r}$ について解き

$$r = \frac{u}{\cos\alpha} + \frac{v}{\sin\alpha}, \quad \frac{1}{r} = \frac{u}{\cos\alpha} - \frac{v}{\sin\alpha}$$

として，辺々かけあわせてもよい。

§8 行 列

110 2012年度 理系〔2〕 Level B

x を実数とし，$A = \begin{pmatrix} 4 & -1 \\ 2 & 1 \end{pmatrix}$, $E = \begin{pmatrix} 1 & 0 \\ 0 & 1 \end{pmatrix}$, $P = A - xE$ とおく。P は $P^2 = P$ をみたすとする。以下の問に答えよ。

(1) x の値を求めよ。

(2) n を自然数とする。

$$A^n = a_n P + b_n E$$

をみたす a_n, b_n を n を用いて表せ。

> **ポイント** (1) P^2, P を計算し，成分を比較する。
> (2) $A^{n+1} = AA^n$, $A = P + xE$ を用いて，$\{a_n\}$, $\{b_n\}$ についての漸化式を立てる。

解 法

(1) $A = \begin{pmatrix} 4 & -1 \\ 2 & 1 \end{pmatrix}$, $E = \begin{pmatrix} 1 & 0 \\ 0 & 1 \end{pmatrix}$ より

$$P = A - xE = \begin{pmatrix} 4 & -1 \\ 2 & 1 \end{pmatrix} - \begin{pmatrix} x & 0 \\ 0 & x \end{pmatrix} = \begin{pmatrix} 4-x & -1 \\ 2 & 1-x \end{pmatrix}$$

$$P^2 = \begin{pmatrix} 4-x & -1 \\ 2 & 1-x \end{pmatrix}^2 = \begin{pmatrix} 4-x & -1 \\ 2 & 1-x \end{pmatrix}\begin{pmatrix} 4-x & -1 \\ 2 & 1-x \end{pmatrix}$$

$$= \begin{pmatrix} (4-x)^2-2 & -(4-x)-(1-x) \\ 2(4-x)+2(1-x) & -2+(1-x)^2 \end{pmatrix}$$

$$= \begin{pmatrix} x^2-8x+14 & 2x-5 \\ 10-4x & x^2-2x-1 \end{pmatrix}$$

$P^2 = P$ より

$$\begin{cases} x^2-8x+14 = 4-x \\ 2x-5 = -1 \\ 10-4x = 2 \\ x^2-2x-1 = 1-x \end{cases} \iff \begin{cases} (x-2)(x-5) = 0 \\ x = 2 \\ x = 2 \\ (x-2)(x+1) = 0 \end{cases}$$

列

行

したがって　　$x=2$　……(答)

(2)　(1)より
$$P=A-2E\qquad A=P+2E$$
したがって
$$A^1=a_1P+b_1E=P+2E\qquad(a_1-1)P=(2-b_1)E$$
P は E の実数倍ではないので
$$a_1=1,\ b_1=2$$
$A^n=a_nP+b_nE$ より
$$A^{n+1}=a_{n+1}P+b_{n+1}E\quad……①$$
また
$$\begin{aligned}A^{n+1}&=AA^n=(P+2E)(a_nP+b_nE)\\&=a_nP^2+(2a_n+b_n)P+2b_nE\\&=a_nP+(2a_n+b_n)P+2b_nE\quad(P^2=P)\\&=(3a_n+b_n)P+2b_nE\quad……②\end{aligned}$$
①，②より
$$a_{n+1}P+b_{n+1}E=(3a_n+b_n)P+2b_nE$$
$$\{a_{n+1}-(3a_n+b_n)\}P=-(b_{n+1}-2b_n)E$$
P は E の実数倍ではないので
$$a_{n+1}-(3a_n+b_n)=0\quad かつ\quad b_{n+1}-2b_n=0$$
すなわち
$$a_{n+1}=3a_n+b_n\quad……③$$
$$b_{n+1}=2b_n\qquad……④$$
④から，$\{b_n\}$ は初項 $b_1=2$，公比 2 の等比数列なので
$$b_n=2\cdot2^{n-1}=2^n$$
また，③＋④より
$$a_{n+1}+b_{n+1}=3(a_n+b_n)$$
よって，$\{a_n+b_n\}$ は初項 $a_1+b_1=3$，公比 3 の等比数列なので
$$a_n+b_n=3\cdot3^{n-1}=3^n\qquad a_n=3^n-b_n=3^n-2^n$$
以上より
$$a_n=3^n-2^n,\ b_n=2^n\quad……(答)$$

111 2010 年度 理系〔5〕 Level B

座標平面において，点 $P_n(a_n,\ b_n)$ $(n\geqq1)$ を

$$\begin{pmatrix}a_1\\b_1\end{pmatrix}=\begin{pmatrix}1\\0\end{pmatrix}$$

$$\begin{pmatrix}a_n\\b_n\end{pmatrix}=\frac{1}{2}\begin{pmatrix}\cos\theta & -\sin\theta\\\sin\theta & \cos\theta\end{pmatrix}\begin{pmatrix}a_{n-1}\\b_{n-1}\end{pmatrix}\quad(n\geqq2)$$

で定める。このとき，以下の問に答えよ。

(1) $a_n,\ b_n$ を n と θ を用いて表せ。

(2) $\theta=\dfrac{\pi}{3}$ のとき，自然数 n に対して，線分 P_nP_{n+1} の長さ l_n を求めよ。

(3) (2)で求めた l_n に対して，$\displaystyle\sum_{n=1}^{\infty}l_n$ を求めよ。

ポイント (1) 行列 $\begin{pmatrix}\cos\theta & -\sin\theta\\\sin\theta & \cos\theta\end{pmatrix}$ は原点の周りの角 θ の回転移動を表すので，n 乗

が容易に求められる。
(2) (1)の結果を用いて l_n を計算することができる。
(3) $\displaystyle\sum_{n=1}^{\infty}l_n$ は無限等比級数となる。収束条件をきちんと確認しておく。

解 法

(1) $A=\dfrac{1}{2}\begin{pmatrix}\cos\theta & -\sin\theta\\\sin\theta & \cos\theta\end{pmatrix}$ とおくと

$$\begin{pmatrix}a_n\\b_n\end{pmatrix}=A\begin{pmatrix}a_{n-1}\\b_{n-1}\end{pmatrix}=A^2\begin{pmatrix}a_{n-2}\\b_{n-2}\end{pmatrix}=\cdots=A^{n-1}\begin{pmatrix}a_1\\b_1\end{pmatrix}$$

$\begin{pmatrix}\cos\theta & -\sin\theta\\\sin\theta & \cos\theta\end{pmatrix}$ は原点の周りの角 θ の回転移動を表す行列であるので

$$\begin{pmatrix}\cos\theta & -\sin\theta\\\sin\theta & \cos\theta\end{pmatrix}^{n-1}=\begin{pmatrix}\cos(n-1)\theta & -\sin(n-1)\theta\\\sin(n-1)\theta & \cos(n-1)\theta\end{pmatrix}$$

よって $\begin{pmatrix}a_n\\b_n\end{pmatrix}=\left(\dfrac{1}{2}\right)^{n-1}\begin{pmatrix}\cos(n-1)\theta & -\sin(n-1)\theta\\\sin(n-1)\theta & \cos(n-1)\theta\end{pmatrix}\begin{pmatrix}1\\0\end{pmatrix}$

$$a_n = \frac{1}{2^{n-1}} \cos (n-1)\theta, \quad b_n = \frac{1}{2^{n-1}} \sin (n-1)\theta \quad \cdots\cdots (\text{答})$$

(2) $\mathrm{P}_n(a_n,\ b_n)$, $\mathrm{P}_{n+1}(a_{n+1},\ b_{n+1})$ であるので

$$\begin{aligned}
l_n{}^2 &= (a_{n+1} - a_n)^2 + (b_{n+1} - b_n)^2 \\
&= \left\{ \frac{1}{2^n} \cos n\theta - \frac{1}{2^{n-1}} \cos (n-1)\theta \right\}^2 + \left\{ \frac{1}{2^n} \sin n\theta - \frac{1}{2^{n-1}} \sin (n-1)\theta \right\}^2 \\
&= \frac{1}{2^{2n}} (\cos^2 n\theta + \sin^2 n\theta) + \frac{1}{2^{2n-2}} \{\cos^2 (n-1)\theta + \sin^2 (n-1)\theta\} \\
&\qquad\qquad\qquad\qquad - \frac{1}{2^{2n-2}} \{\cos n\theta \cos (n-1)\theta + \sin n\theta \sin (n-1)\theta\} \\
&= \frac{1}{2^{2n}} + \frac{1}{2^{2n-2}} - \frac{1}{2^{2n-2}} \cos\{n\theta - (n-1)\theta\} \\
&= \frac{1}{2^{2n}} (5 - 4\cos\theta)
\end{aligned}$$

$\theta = \dfrac{\pi}{3}$ より $\qquad l_n{}^2 = \dfrac{1}{2^{2n}} \left(5 - 4 \cdot \dfrac{1}{2} \right) = \dfrac{3}{2^{2n}}$

$l_n > 0$ より $\qquad l_n = \dfrac{\sqrt{3}}{2^n} \quad \cdots\cdots (\text{答})$

(3) (2)より $\displaystyle\sum_{n=1}^{\infty} l_n$ は初項 $\dfrac{\sqrt{3}}{2}$, 公比 $\dfrac{1}{2}$ の無限等比級数であり, $\left| \dfrac{1}{2} \right| < 1$ より, 収束して, 和は

$$\sum_{n=1}^{\infty} l_n = \frac{\dfrac{\sqrt{3}}{2}}{1 - \dfrac{1}{2}} = \sqrt{3} \quad \cdots\cdots (\text{答})$$

112

n, k を自然数とする。このとき，次の問に答えよ。

(1) $(1+x)^n$ の展開式を用いて，次の等式を示せ。

$$2^n = {}_nC_0 + {}_nC_1 + {}_nC_2 + {}_nC_3 + \cdots + {}_nC_n$$

$$0 = {}_nC_0 - {}_nC_1 + {}_nC_2 - {}_nC_3 + \cdots + (-1)^n {}_nC_n$$

(2) $\begin{pmatrix} 0 & 1 \\ 1 & 0 \end{pmatrix}^k$ を求めよ。

(3) 2 次の正方行列 M_1, M_2, M_3, $\cdots$, M_n は，それぞれが $\dfrac{1}{3}$ の確率で，$\begin{pmatrix} 1 & 0 \\ 0 & 1 \end{pmatrix}$,

$\begin{pmatrix} 0 & 1 \\ 1 & 0 \end{pmatrix}$, $\begin{pmatrix} 0 & 0 \\ 0 & 0 \end{pmatrix}$ のいずれかになるとする。n 個の行列の積 $M_1M_2M_3\cdots M_n$ が $\begin{pmatrix} 1 & 0 \\ 0 & 1 \end{pmatrix}$

と等しくなる確率を求めよ。

ポイント (1)　二項定理により $(1+x)^n$ を展開し，x に適当な値を代入する。

(2)　まず $\begin{pmatrix} 0 & 1 \\ 1 & 0 \end{pmatrix}^2$ を計算してみる。

(3)　(2)から，偶数個が $\begin{pmatrix} 0 & 1 \\ 1 & 0 \end{pmatrix}$，残りが $\begin{pmatrix} 1 & 0 \\ 0 & 1 \end{pmatrix}$ となることがわかる。反復試行の確率の

和となるが，${}_nC_0 + {}_nC_2 + \cdots$ については(1)を利用する。

解 法

(1)　二項定理より，x の恒等式

$$(1+x)^n = {}_nC_0 + {}_nC_1x + {}_nC_2x^2 + {}_nC_3x^3 + \cdots + {}_nC_nx^n$$

が成り立つ。

$x = 1$ のとき

$$2^n = {}_nC_0 + {}_nC_1 + {}_nC_2 + {}_nC_3 + \cdots + {}_nC_n \qquad \cdots\cdots①$$

$x = -1$ のとき

$$0 = {}_nC_0 - {}_nC_1 + {}_nC_2 - {}_nC_3 + \cdots + (-1)^n {}_nC_n \quad \cdots\cdots②$$

（証明終）

(2) $\begin{pmatrix} 0 & 1 \\ 1 & 0 \end{pmatrix}^2 = \begin{pmatrix} 0 & 1 \\ 1 & 0 \end{pmatrix}\begin{pmatrix} 0 & 1 \\ 1 & 0 \end{pmatrix} = \begin{pmatrix} 1 & 0 \\ 0 & 1 \end{pmatrix}$ （単位行列）であるので

偶数 $2m$（m は自然数）について

$$\begin{pmatrix} 0 & 1 \\ 1 & 0 \end{pmatrix}^{2m} = \left\{\begin{pmatrix} 0 & 1 \\ 1 & 0 \end{pmatrix}^2\right\}^m = \begin{pmatrix} 1 & 0 \\ 0 & 1 \end{pmatrix}^m = \begin{pmatrix} 1 & 0 \\ 0 & 1 \end{pmatrix}$$

したがって

k が偶数のとき　$\begin{pmatrix} 0 & 1 \\ 1 & 0 \end{pmatrix}^k = \begin{pmatrix} 1 & 0 \\ 0 & 1 \end{pmatrix}$

k が奇数のとき　$\begin{pmatrix} 0 & 1 \\ 1 & 0 \end{pmatrix}^k = \begin{pmatrix} 0 & 1 \\ 1 & 0 \end{pmatrix}$　……(答)

(3) $M_1 M_2 \cdots M_n = \begin{pmatrix} 1 & 0 \\ 0 & 1 \end{pmatrix}$ となるのは，(2)より，M_1, M_2, …, M_n のうち $\begin{pmatrix} 0 & 1 \\ 1 & 0 \end{pmatrix}$ が偶

数個で，残りが $\begin{pmatrix} 1 & 0 \\ 0 & 1 \end{pmatrix}$ となる場合である。

$\begin{pmatrix} 0 & 1 \\ 1 & 0 \end{pmatrix}$ が $2m$ 個（m は 0 以上の整数），$\begin{pmatrix} 1 & 0 \\ 0 & 1 \end{pmatrix}$ が $n-2m$ 個である確率は

$$ {}_n C_{2m}\left(\frac{1}{3}\right)^{2m}\left(\frac{1}{3}\right)^{n-2m} = {}_n C_{2m}\left(\frac{1}{3}\right)^n $$

したがって，n 以下の最大の偶数を $2l$ とおくと

求める確率は　　$({}_n C_0 + {}_n C_2 + \cdots + {}_n C_{2l})\left(\frac{1}{3}\right)^n$

ここで，(1)の①，②について，①＋② より

$$ 2^n = 2\,({}_n C_0 + {}_n C_2 + \cdots + {}_n C_{2l}) $$
$$ {}_n C_0 + {}_n C_2 + \cdots + {}_n C_{2l} = 2^{n-1} $$

ゆえに，$M_1 M_2 \cdots M_n = \begin{pmatrix} 1 & 0 \\ 0 & 1 \end{pmatrix}$ となる確率は　　$\dfrac{2^{n-1}}{3^n}$　……(答)

年度別出題リスト

年度	文/理	大問	セクション		番号	レベル	問題編	解答編
2022 年度	文系	〔1〕	§ 6	微・積分法	64	B	46	221
		〔2〕	§ 4	図形と方程式	45	B	35	178
		〔3〕	§ 2	整数，数列，式と証明	5	B	13	82
	理系	〔1〕	§ 2	整数，数列，式と証明	17	B	18	110
		〔2〕	§ 2	整数，数列，式と証明	18	B	18	113
		〔3〕	§ 6	微・積分法	72	B	49	237
		〔4〕	§ 4	図形と方程式	51	B	37	193
		〔5〕	§ 2	整数，数列，式と証明	19	B	19	115
2021 年度	文系	〔1〕	§ 2	整数，数列，式と証明	6	B	13	84
		〔2〕	§ 2	整数，数列，式と証明	7	B	13	86
		〔3〕	§ 4	図形と方程式	46	B	35	181
	理系	〔1〕	§ 2	整数，数列，式と証明	20	B	19	117
		〔2〕	§ 6	微・積分法	73	A	50	239
		〔3〕	§ 5	ベクトル	63	B	43	219
		〔4〕	§ 4	図形と方程式	52	B	37	195
		〔5〕	§ 6	微・積分法	74	B	50	241
2020 年度	文系	〔1〕	§ 6	微・積分法	65	A	46	223
		〔2〕	§ 2	整数，数列，式と証明	8	B	14	88
		〔3〕	§ 3	場合の数と確率	36	B	29	154
	理系	〔1〕	§ 6	微・積分法	75	A	51	243
		〔2〕	§ 6	微・積分法	76	B	51	245
		〔3〕	§ 3	場合の数と確率	36	B	29	154
		〔4〕	§ 6	微・積分法	77	B	52	248
		〔5〕	§ 2	整数，数列，式と証明	21	C	19	119
2019 年度	文系	〔1〕	§ 6	微・積分法	66	A	47	225
		〔2〕	§ 2	整数，数列，式と証明	15	B	17	104
		〔3〕	§ 5	ベクトル	58	B	41	208
	理系	〔1〕	§ 6	微・積分法	78	A	52	250
		〔2〕	§ 5	ベクトル	58	B	41	208
		〔3〕	§ 3	場合の数と確率	40	C	31	166
		〔4〕	§ 2	整数，数列，式と証明	15	B	17	104
		〔5〕	§ 6	微・積分法	79	B	53	252
2018 年度	文系	〔1〕	§ 5	ベクトル	59	A	41	210
		〔2〕	§ 2	整数，数列，式と証明	9	B	14	90
		〔3〕	§ 3	場合の数と確率	37	B	29	157
	理系	〔1〕	§ 5	ベクトル	59	A	41	210
		〔2〕	§ 6	微・積分法	80	B	53	255

年度	文/理	大問	セクション	番号	レベル	問題編	解答編
		〔3〕	§6 微・積分法	92	A	58	290
		〔4〕	§6 微・積分法	93	B	59	292
		〔5〕	§3 場合の数と確率	42	B	32	170
2012 年度	文系	〔1〕	§4 図形と方程式	50	C	36	190
		〔2〕	§6 微・積分法	69	A	48	231
		〔3〕	§2 整数, 数列, 式と証明	12	B	16	98
	理系	〔1〕	§4 図形と方程式	50	C	36	190
		〔2〕	§8 行列	110	B	69	327
		〔3〕	§6 微・積分法	94	B	59	294
		〔4〕	§6 微・積分法	95	A	60	296
		〔5〕	§6 微・積分法	96	B	60	298
2011 年度	文系	〔1〕	§6 微・積分法	70	A	49	233
		〔2〕	§4 図形と方程式	49	B	36	187
		〔3〕	§3 場合の数と確率	33	B	27	147
	理系	〔1〕	§2 整数, 数列, 式と証明	25	B	22	130
		〔2〕	§4 図形と方程式	54	C	38	199
		〔3〕	§6 微・積分法	97	B	61	300
		〔4〕	§2 整数, 数列, 式と証明	26	A	23	133
		〔5〕	§6 微・積分法	98	B	61	302
2010 年度	文系	〔1〕	§1 2次関数	2	B	9	75
		〔2〕	§5 ベクトル	56	B	40	204
		〔3〕	§2 整数, 数列, 式と証明	13	B	16	100
	理系	〔1〕	§6 微・積分法	99	A	61	303
		〔2〕	§2 整数, 数列, 式と証明	27	B	23	135
		〔3〕	§6 微・積分法	100	B	62	304
		〔4〕	§3 場合の数と確率	43	B	32	173
		〔5〕	§8 行列	111	B	69	329
2009 年度	文系	〔1〕	§5 ベクトル	57	B	40	206
		〔2〕	§1 2次関数	3	B	9	77
		〔3〕	§3 場合の数と確率	34	B	28	149
	理系	〔1〕	§6 微・積分法	101	B	62	307
		〔2〕	§6 微・積分法	102	C	63	309
		〔3〕	§6 微・積分法	103	B	63	311
		〔4〕	§3 場合の数と確率	44	B	33	176
		〔5〕	§2 整数, 数列, 式と証明	28	C	24	137
2008 年度	文系	〔1〕	§6 微・積分法	71	B	49	235
		〔2〕	§2 整数, 数列, 式と証明	14	B	16	102
		〔3〕	§3 場合の数と確率	35	B	28	152
	理系	〔1〕	§2 整数, 数列, 式と証明	29	A	24	140
		〔2〕	§4 図形と方程式	55	B	38	202

（注）　2002～2004 年度は，複素数平面に関する問題のみを収録。